地质知识图谱的构建与推理应用

邱芹军　陶留锋　谢　忠　陈建国　吴　亮　著

科学出版社

北　京

内 容 简 介

本书系统地介绍了地质知识图谱构建及应用的基本框架与原理，重点分析面向文本的地质信息抽取、面向矢栅地质图件的信息抽取、面向表格的地质信息抽取、地质知识图谱的构建及应用场景等。全书分为 8 章：第 1 章侧重描述地质大数据的内涵、海量地质大数据的信息抽取及知识图谱构建、知识图谱的推理及应用场景；第 2 章描述了地质知识图谱构建中的本体语义层，讲述了基础地质领域本体构建、面向灾害应急的地质灾害链本体与知识图谱构建及应用；第 3~6 章侧重面向图–文–表数据的地质信息抽取关键技术；第 7 章侧重多模态多源地质信息融合、关联及知识图谱构建；第 8 章侧重大规模高质量地质知识图谱应用场景及展望。

本书对运用大数据挖掘技术与知识图谱算法解决地球科学问题大有裨益。适用于地球科学领域研究生和高年级本科生科研辅导，也可供行业从业者做决策时参考。

图书在版编目（CIP）数据

地质知识图谱的构建与推理应用 / 邱芹军等著 . -- 北京：科学出版社，2025. 3. -- ISBN 978-7-03-081399-2

Ⅰ．P5

中国国家版本馆 CIP 数据核字第 2025F72L43 号

责任编辑：刘　超 / 责任校对：樊雅琼
责任印制：徐晓晨 / 封面设计：无极书装

科 学 出 版 社 出版

北京东黄城根北街 16 号
邮政编码：100717
http://www.sciencep.com

北京九州迅驰传媒文化有限公司印刷
科学出版社发行　各地新华书店经销
*
2025 年 3 月第　一　版　开本：787×1092　1/16
2025 年 5 月第二次印刷　印张：14
字数：330 000

定价：170.00 元
（如有印装质量问题，我社负责调换）

前　言

随着对野外调查、钻探槽探等山地工程、地球物理探测、地球化学探测、遥感、分析测试和综合研究等采集技术的快速发展及相关研究的深入，由矢量地图、遥感影像等空间数据，以及物联感知、网络文本、时空语义网、科技文献等组成的群智感知时空大数据已经形成并持续快速增长。作为典型的数据密集型科学，地球科学在数据集成与共享、数据挖掘与知识发现等方面面临如数据混杂、机理缺乏的空间统计分析等诸多挑战，知识驱动的地球科学大数据分析的理论与方法亟待发展，构建地质知识图谱、探讨地质知识演化等，是当代地学知识研究的前沿领域和战略重点。

大数据背景下的地学科学发现通常涉及多源、多模态数据，面对多模态地质信息的爆炸式增长与有效利用之间的矛盾，从多模态数据中获取隐藏的、非显性的地质信息，建立统一的语义表达基础，实现地质数据的整合共享、关联集成和挖掘分析已成为当前地质信息科学迫切需要解决的问题。解决上述问题的关键在于利用知识工程技术为新范式下的地质研究建立统一的、形式化的、计算机可理解的知识基础。目前，知识图谱被广泛应用于知识工程领域，成为最先进的技术之一。它通过有向图的方式对人类知识进行形式化表达和组织，将人类的知识构建成一种计算机可理解、可计算、可推理的语义网络，从而有效地组织和管理知识。已有的地质知识图谱研究主要集中在利用自然语言处理和深度学习等技术方法上。已经取得了许多成果，如实体抽取、属性抽取、关系抽取、地质图件抽取、地质表格抽取、知识表示等方面的研究已经取得了较大的进展。借助于这些技术方法以及知识图谱本身强大的知识表达能力、开放互联能力和推理预测能力，知识图谱已成为人工智能的重要基石之一，并在智能问答、语义搜索、成矿预测、三维地质建模等领域得到广泛应用。

地质知识图谱旨在建立将地学领域知识表示为计算机可理解的知识网络，已经逐渐成为地质信息科学领域的研究热点，但尚处于概念探讨和初步实验阶段，其基本原因是地质知识不仅具有通用知识的内涵和特点，还与地质对象的演化过程相关，具有特定的时空特征与地学机理特性。尽管地质知识图谱已在地学领域得到了初步的实践与探索，但都是在通用领域知识图谱模式上开展实验，暂未考虑多源多模态数据中地质知识时空及演化特性，不能充分、准确地表达复杂时空关系与演化关系，不足以充分关联、深入挖掘地质时空大数据中蕴含的丰富地质隐式知识。

本书在系统总结近十年信息技术视角下地质信息化领域的相关技术和研究成果的基础上，重点阐述了作者及其团队地质大数据挖掘分析相关研究成果。本书得到了众多科研工作者和从业人员的大力支持与帮助，作者要感谢中国地质大学（武汉）谢忠教授，作为作者的博士生导师长期的指导与支持；感谢马凯教授、吴亮教授、陈占龙教授、陶留锋博士等团队老师在地质大数据领域做出的贡献。作者还要感谢在实验室为地质大数据的科研工作做出重要贡献的研究生，他们是田苗、吴麒瑞、郑诗语、李伟杰、段雨希、刘志豪、李佳丽、马云霞、王洋、卢思琦等。本书的撰写得到国家自然科学基金指南引导类原创探索计划项目（42050101）、国家重点研发计划项目（2022YFB3904200、2022YFF0711600、2022YFF0801201、2023YFC2906404）、国家自然科学基金项目（41671400、42301492）、中国博士后科学基金（2021M702991）、湖北省自然科学基金（2022CFB640）、地质探测与评估教育部重点实验室主任基金（GLAB2023ZR01）的大力支持，在此表示衷心的感谢。由于作者水平有限，在撰写本书时难免存在疏漏，欢迎读者指正，或者读者有好的建议，都可以联系作者。

作　者

2024 年 5 月 16 日

目　　录

前言

第1章　绪论 ··· 1
  1.1　地质大数据特点及来源 ··· 1
  1.2　地质大数据信息抽取概述及现状 ····································· 5
  1.3　地质知识图谱概述及现状 ··· 8
  1.4　地质知识图谱推理与应用 ·· 14
  参考文献 ··· 15

第2章　地质知识图谱本体设计与构建 ···································· 19
  2.1　引言 ··· 19
  2.2　相关工作 ··· 20
  2.3　基础地质领域本体构建 ·· 20
  2.4　多层次滑坡地质灾害本体构建与应用 ································· 23
  2.5　面向灾害应急的地质灾害链本体、知识图谱构建及应用 ·················· 33
  参考文献 ··· 47

第3章　面向文本的地质命名实体识别 ···································· 50
  3.1　引言 ··· 50
  3.2　相关工作 ··· 51
  3.3　顾及地学知识的预训练模型 CnGeoPLM 构建 ························· 53
  3.4　矿产资源命名实体识别语料库构建及预处理 ·························· 63
  3.5　基于领域预训练模型的地质命名实体识别数据增强 ····················· 69
  3.6　融合汉字结构特征与词汇增强的地质命名实体识别 ····················· 77
  参考文献 ··· 86

第4章　面向文本的地质实体关系抽取 ···································· 89
  4.1　引言 ··· 89
  4.2　基于提示学习的地质实体关系抽取 ··································· 90
  4.3　基于图卷积神经网络的地质实体关系抽取 ··························· 102
  参考文献 ·· 111

第5章　面向矢栅地质图件的信息抽取 ··································· 113
  5.1　引言 ·· 113
  5.2　多源数据驱动下的地质图知识表达框架 ····························· 116
  5.3　基于迁移学习及通道先验注意力机制的地质构造识别 ·················· 121
  5.4　面向矢栅格地质图件的对象及语义关系抽取 ························· 135

参考文献 ··· 146

第6章　面向多类型表格的地质信息抽取 ································· 148

6.1　引言 ··· 148

6.2　数据集 ··· 149

6.3　基于 Attention-MaskR-CNN 模型的表格位置识别 ············· 151

6.4　基于 MaskGTabNet 模型的单元格位置识别 ····················· 155

6.5　基于 PP-OCR 的单元格内容提取 ·································· 159

6.6　基于 GeoTab 算法的地质表格结构解析 ························· 160

参考文献 ··· 163

第7章　多模态地质信息融合、关联及知识图谱构建 ··············· 164

7.1　引言 ··· 164

7.2　知识表达框架的地质图及上下文的地质知识图谱构建 ······· 165

7.3　顾及表格内容及上下文的地质知识图谱构建 ··················· 178

7.4　面向图–文–表多源地质数据的融合、消歧与关联 ············ 184

参考文献 ··· 191

第8章　地质知识图谱推理应用 ··· 193

8.1　推理概述 ··· 193

8.2　知识的表示与推理 ·· 195

8.3　基于地质知识图谱的智能问答 ··································· 200

8.4　面向不同应用场景的地质知识图谱推理及应用展望 ·········· 210

参考文献 ··· 214

第1章 绪 论

1.1 地质大数据特点及来源

地质大数据是服务国家能源资源安全、重大基础设施建设与国民经济可持续发展的重要战略性数据资源。地质大数据与新一代信息技术的融合发展为地质科学带来新的机遇与挑战。一方面，地质数据类型更加丰富、数据观测尺度更加精细、数据时效性更好，为全息数字地球基准构建、地球系统知识挖掘、地球系统模拟预测等提供了新的可能。另一方面，地质大数据多源异构、多维、多尺度、模糊性、时空不均匀性和过程的非线性等特征给地质大数据的存储管理、知识挖掘和应用服务等均提出了难题（瞿明国等，2018），不同领域的地质数据特点差异大，缺乏多维时空统一的数据模型，严重限制了地质时空大数据知识挖掘和应用服务水平。因此，现有的地质信息化技术对数据融合、高效计算、知识提取、动态模拟等处理分析能力有待提升。

在过去的十年中，我国致力于提升地质科学数据服务信息化水平，建立有效的数据汇聚共享和服务机制。按照地球系统科学理论，依托大数据、云计算等前沿信息化技术，整合多圈层、多专业、多要素的地球科学数据（涵盖基础地质、矿产地质、水文地质、环境地质、灾害地质、地球物理、地球化学等多个门类），搭建了国家地质大数据共享服务平台"地质云3.0"，建成了地质科学"一张图"大数据体系（表1-1）。当前，"地质云"平台实现了43家单位节点全覆盖，并拓展接入省级、行业、高校节点，集成整合11.9万个地质信息产品，接入440余万件存量地质资料服务，初步解决了地质调查成果共享利用周期长、效率低、共享难的问题，实现了地质信息服务从线下服务向线上服务、基础服务向专题服务等模式的转变，有效推动了地质数据信息高效便捷服务。可以看到，地质信息化建设已经取得显著成效，初步形成了完备的地质信息化基础设施和信息资源"汇聚–应用–回馈"的云生态（谭永杰等，2023）。然而，目前地质信息化工作重点主要聚焦在地质数据资源整合与共享服务，而分布式环境下多维、多尺度、大规模地质数据的高效存储、检索、可视化、分析能力亟待提升，且已成为限制地质时空大数据知识挖掘和领域应用的瓶颈之一。

表 1-1 国家级地球科学核心数据库体系

一级分类	二级分类	主库序号	主库名称	分库序号	分库名称
一、地质调查	（一）基础地质	1	国家地质图空间数据库	1	国家1∶5万地质图空间数据库
				2	国家1∶20万地质图空间数据库

一级分类	二级分类	主库序号	主库名称	分库序号	分库名称
一、地质调查	（一）基础地质	1	国家地质图空间数据库	3	国家1:25万地质图空间数据库
				4	国家1:50万地质图空间数据库
				5	国家1:100万地质图空间数据库
				6	国家1:150万地质图空间数据库
				7	国家1:250万地质图空间数据库
				8	国家1:500万地质图空间数据库
				9	国家1:25万建造构造数据库
		2	国家构造地质数据库	10	全国活动断裂数据库
				11	全国地应力测量与监测数据库
				12	全国深部隐伏地质构造数据库
		3	岩石数据库	13	
		4	岩石地层单位数据库	14	
		5	全国岩溶地质数据库	15	
		6	全国古生物化石数据库	16	
		7	全国同位素地质年代数据库	17	
		8	全国地质志数据库	18	
		9	全国地质剖面数据库	19	
		10	全国三维地质调查数据库	20	
		11	极地质调查数据库	21	
		12	月球地质图数据库	22	
	（二）矿产地质	13	国家矿产地质调查数据库	23	全国区域矿产地质调查与评价数据库
				24	全球地质矿产数据库
		14	全国矿产志数据	25	
		15	矿产勘查专题数据库	26	金矿勘查专题数据库
				27	全国典型矿床及模型数据库
	（三）能源地质	16	国家油气调查数据库	28	
		17	国家页岩气调查数据库	29	
		18	国家天然气水合物调查数据库	30	
		19	国家地热调查数据库	31	
		20	全国煤层气调查数据库	32	
		21	全国页岩油调查数据库	33	
		22	全国干热岩调查数据库	34	
		23	全国铀矿地质调查数据库	35	

续表

一级分类	二级分类	主库序号	主库名称	分库序号	分库名称
一、地质调查	（四）水文地质	24	国家水文地质调查数据库	36	国家 1∶5 万水文地质调查数据库
				37	国家 1∶20 万水文地质图空间数据库
	（五）生态环境地质	25	国家生态环境地质调查评价数据库	38	国家生态地质调查与修复数据库
				39	国家城市地质调查数据库
				40	国家地质遗迹调查数据库
				41	全国环境地质调查数据库
				42	全国地质环境承载能力评价成果数据库
				43	全国二氧化碳地质储存适宜性数据库
				44	健康地质调查数据库
		26	国家岩溶地质调查数据库	45	国家岩溶环境调查数据库
				46	全球岩溶关键带数据库
		27	国家矿山地质环境调查与监测数据库	47	全国矿山地质环境调查数据库
				48	全国矿山地质环境现状遥感监测数据库
				49	全国矿山地质环境恢复治理遥感监测数据库
	（六）工程地质	28	国家重大工程建设地质安全风险调查评价数据库	50	
	（七）灾害地质	29	国家地质灾害数据库（含调查、监测、预警、防治、灾情等）	51	
	（八）海洋地质	30	国家海洋地质调查数据库	52	国家 1∶5 万海洋地质调查数据库
				53	国家 1∶25 万海洋地质调查数据库
				54	国家 1∶100 万海洋地质调查数据库
				55	全国海岸带地质环境调查数据库
	（九）应用地质	31	国家应用地质调查数据库	56	
	（十）地球物理	32	国家地球物理测量数据库	57	国家重力调查数据库
				58	国家磁法测量数据库
				59	全国古地磁测量数据库
				60	全国电磁法测量数据库
				61	全国地震测量数据库
				62	全国地球物理测井数据库
				63	全国岩石物性数据库

一级分类	二级分类	主库序号	主库名称	分库序号	分库名称
一、地质调查	（十一）地球化学	33	国家地球化学测量数据库	64	国家区域地球化学调查数据库
				65	国家地球化学基准值数据库
				66	全国地球化学样品数据库
				67	全国地球化学标准物质数据库
				68	全球地球化学调查数据库
				69	全国自然重砂数据库
	（十二）遥感	34	国家遥感影像数据库	70	国家航空遥感影像数据库
				71	全国国产资源卫星影像数据库
	（十三）钻孔	35	国家地质钻孔数据库	72	国家地质钻孔数据库
				73	全国钻探工程数据库
	（十四）地质资料	36	国家馆藏地质资料数据库	74	国家原始与成果地质资料数据库
				75	国家实物地质资料数据库（全国数字岩心数据库）
				76	地学文献数据库
	（十五）综合支撑	37	综合支撑数据库	77	全国地质工作程度数据库
				78	地质术语库
				79	地学知识库
二、自然资源	（一）矿产资源	38	国家矿产地数据库	80	
		39	全国重要矿产资源潜力评价数据库	81	
		40	重要矿产资源节约与综合利用数据库	82	矿产资源及综合利用数据库
				83	全国重要矿山"三率"数据库
				84	全国尾矿综合利用特征数据库
		41	矿产资源国情调查数据库	85	
		42	全球矿业资源数据库	86	全球矿产资源储量数据库
				87	全球战略性矿产资源投资环境与矿业活动数据库
				88	全球稀土信息数据库
	（二）能源资源	43	国家油气资源数据库	89	
			全球油气资源数据库	90	
	（三）土地资源	44	国家土地资源数据库	91	全国土地质量地球化学调查数据库
				92	富硒土地资源数据库
				93	全国土地利用类型遥感解译数据库
				94	东北黑土地关键带数据库
				95	全球黑土地数据库

一级分类	二级分类	主库序号	主库名称	分库序号	分库名称
二、自然资源	（四）森林资源	45	国家森林资源数据库	96	国家森林资源调查数据库
				97	全国森林资源遥感解译数据库
	（五）草原资源	46	国家草原资源数据库	98	国家草原资源调查数据库
				99	全国草原资源遥感解译数据库
	（六）湿地资源	47	国家湿地资源数据库	100	国家湿地资源调查数据库
				101	全国湿地资源遥感解译数据库
	（七）水资源	48	国家水资源数据库	102	国家水资源调查数据库
				103	国家水资源监测数据库
				104	国家地下水资源水质数据库
	（八）海洋资源	49	国家海洋资源数据库	105	
	（九）地下资源	50	国家地下空间资源数据库	106	
	（十）地表基质	51	国家地表基质层调查数据库	107	
	（十一）自然资源监测	52	国家自然资源监测数据库	108	国家自然资源综合调查监测数据库
				109	国家土地质量地球化学监测数据库
				110	国家海岸带地质环境监测数据库
	（十二）综合管理	53	全国国土空间用途管制与督察数据库	111	

因此，科学系统地认知复杂多维动态的地学过程，能够更直观地理解地球深部过程与动力学、地球环境演化、重大灾害形成等机理，有助于深化地学大数据与地球系统知识发现研究。立足当前地质信息化建设成果，如何充分利用国家地质数据共享服务平台的数据，实现多维、多尺度地质时空数据的统一表达，并突破分布式计算环境下的地质大数据存储检索、可视化、计算分析等技术瓶颈，支撑构建新一代空间基础设施体系"全息数字地球"，成为当前服务新时期国家能源资源安全保障、生态文明建设、自然资源精细化管理、地球生命共同体构建等的必然趋势。

1.2　地质大数据信息抽取概述及现状

1.2.1　信息抽取

信息抽取（information extraction）是指从非结构化/半结构化文本（如网页、新闻、论文文献、微博等）中提取指定类型的信息（如实体、属性、关系、事件、商品记录等），并通过信息归并、冗余消除和冲突消解等手段将非结构化文本转换为结构化信息的一项综合技术，是组织、管理和分析海量文本信息的核心技术和重要手段，具有重要的经济和应用意义。

随着互联网的迅猛发展，大量的信息以数字化文档的形式被存储在计算机里。这些数据与自然资源、人力资源一样，是重要的战略资源，隐含着巨大的经济价值。如何充分组织、管理和利用万维网（Web）发展带来的海量数据，有效解决信息爆炸带来的严重挑战，已经成为信息科学的核心问题。信息抽取技术可以实现从海量文本中抽取得到结构化知识，形成大规模知识图谱，为后续进行知识分析、组织、管理、计算、查询和推理提供重要支撑。目前，信息抽取的核心研究内容可以划分为命名实体识别（named entity recognization，NER）、关系抽取（relation extraction）、事件抽取和信息集成（information integration）。以下分别介绍具体的研究内容。

（1）命名实体识别。命名实体识别是指识别文本中指定类别的实体，主要包括人名、地名、机构名、专有名词等的任务。命名实体识别系统通常包含两个部分：实体边界识别和实体分类，其中实体边界识别是指判断一个字符串是否是一个实体，而实体分类将识别出的实体划分到预先给定的不同类别。

（2）关系抽取。关系抽取是指识别文本中实体及实体间的语义关系。关系抽取的输出通常是一个三元组（实体1，关系，实体2），表示实体1和实体2之间存在特定类别的语义关系。关系抽取通常包含两个核心模块：关系检测和关系分类，其中关系检测判断两个实体之间是否存在语义关系，而关系分类将存在语义关系的实体对划分到预先指定的类别中。

（3）事件抽取。事件抽取是指从非结构化文本中抽取事件信息，并将其以结构化形式呈现。事件抽取任务通常包含事件类型识别和事件元素填充两个子任务。其中，事件类型决定了事件表示的模板，不同类型的事件具有不同的模板，因此事件类型识别是指判断一句话是否包含特定类型的事件。事件元素指组成事件的关键元素，事件元素识别指的是根据所属的事件模板，抽取相应的元素，并为其标上正确元素标签的任务。

（4）信息集成。在很多应用中，需要将不同数据源的信息综合起来进行决策，这就需要研究信息集成技术。目前，信息抽取研究中的信息集成技术主要包括共指消解技术和实体链接技术。共指消解是指检测同一实体、关系、事件的不同提及，并将其链接在一起的任务，实体链接的目的是确定实体名所指向的真实世界实体。

信息抽取目前主要面临如下三个关键科学问题，分别为自然语言表达的多样性、歧义性和结构性；目标知识的复杂性、开放性和巨大规模；多源异构信息的融合与验证，其具体内容如下：

信息抽取的核心是将自然语言表达映射到目标知识结构上。然而，自然语言表达具有多样性、歧义性和结构性，导致信息抽取任务极具挑战性。自然语言表达的多样性指的是同一种意思可以有多种表达方式，如"位于"这个语义关系可用"铜陵市位于安徽省南部""铜陵市坐落于安徽省南部"等不同的文本表达方式。自然语言表达的歧义性指的是同一自然语言表达在不同上下文中可以表示不同的意思，如"仙桃"这个词在"仙桃市位于湖北省"和"他拿起手中的仙桃"这两句话中指向不同的真实世界实体。自然语言表达的结构性指的是自然语言具有内在结构，如"我从北京飞到了上海"和"我从上海飞到了北京"虽然使用了相同的词语，但是由于结构不同导致表达的语义不同。因此，如何有效处理自然语言表达的多样性、歧义性和结构性，建立从自然语言文本到无歧义、语义一致且结构明确的目标知识表示的映射，是信息抽取的第一个关键科学问题。

信息抽取的目标是将文本表达的信息转换为可供计算机处理的知识。然而，人类的知识具有复杂性、开放性以及规模巨大的特点，其中复杂性是指人类知识多种多样且知识和知识间相互关联、相互交互（如关系论元的类别选择约束，事件的模板结构等），具有多种不同的结构关系；人类知识的开放性是指知识并不是一个封闭的集合，而是随着时间增加、演化和失效。由于存在上述问题，使得现有的监督方法无法适应开放知识的抽取，且简单的模型无法解决信息抽取问题。此外，知识的巨大规模使得无法使用枚举或者人工编写的方式来处理信息抽取。因此，构建可以表示、建模并处理知识复杂性、开放性和巨大规模的技术，是信息抽取的关键科学问题。

1.2.2　地质信息抽取

地质信息的抽取涉及文本分词、实体抽取、主题抽取及关键词提取等单项任务或协同任务。为解决多元特征抽取的问题，学术界做了大量的努力（Wang et al., 2018；Mantovani et al., 2020；Ma et al., 2020）。张雪英等（2012）结合具体的地理命名实体描述的自然语言特点，构建了中文本文的地理命名实体体系及标注规范，解决了当前在相关标准及规范化方面的数据缺乏问题。张雪英等（2018）详细分析了地质实体文本描述信息的特点，基于深度信念网络（deep belief networks）对地质实体进行识别，有效解决了文本数据中实体信息的规范化等问题。Qiu 等（2019a）基于双向循环神经网络对地质报告中实体信息进行识别，通过构建训练语料库，有效地实现了对地质资料实体信息的抽取。Qiu 等（2019b）针对监督学习中语料库标注耗时耗力的问题，提出了一种基于弱监督的语料生成算法，通过深度学习强大的自学习能力自动化生成所需语料库，较好地解决了地质实体识别数据匮乏问题。Qiu（2019c）等针对传统通用领域主题提取方法存在无法量化关键词的缺陷，基于语言模型提出了一种定量的关键词定义及计算方法；利用朴素贝叶斯假设计算句子中词与词之间的转移概率，通过引入词向量中的 Skip-Gram 模型解决定义的主题表示，具有较强的通用性。储德平等（2021）基于预训练模型 ELMO 并联合 CNN-BiLSTM-CRF 模型对地质文本中的实体进行识别，以铜矿勘探地质报告为数据源模型识别 $F1$ 值达 95.21%。

然而，目前大部分方法（包括基于规则的方法及主流的深度学习方法）还是基于地质实体、时空、主题等单一特征操作层次上的文本分析，能够描述与提取客观存在的地质体对象的特征非常有限，从而造成模型与方法在精度上欠缺。例如，受限于语料库领域特性及词典完备性，通用领域成熟信息抽取模型及开源工具在进行地质文本多元特征提取时，会导致精度不高等问题，直接对后续文本多元特征的抽取造成级联影响；地学领域实体抽取需要大量领域知识的指导，尽管已有针对地质领域的众多研究，但依然还没有形成体系与标准。

在多元特征抽取的基础上，对地质报告形成以地质实体为核心的地质文本对象化研究是知识图谱构建的关键问题之一。在对象理解研究方面，一些学者基于全空间信息系统理论，对多粒度时空实体进行了结构化表达。于天星等（2017）提出了一种"全局—相对—对象"的三级空间，以期支持地质实体时空位置多粒度表达方式；刘朝辉等（2017）面对传统的时空对象在属性特征表达层次上存在层次结构特征不清晰及冗余等问题，构建了一套顾及语义尺度和动态特征的地理实体属性特征分类及表达方法；张政等（2017）基于已有的全空间信息系统理论及方法（周成虎，2015），依据是否实时构建，将时空对象关联关系的构建方式划分成为静态及动态两种方式，从而构建了多粒度时空对象之间的关联关系。李锐等（2021）基于面向对象思想，提出了一种时空对象表达及操作方法，将时空对象组成划分为实体对象组成及关系，构建了时空对象信息集族、对象组成集族、关系组成集族，并对时空对象的组成结构进行了形式化的描述，进一步对多粒度时空对象组成结构表达进行了完善。谢雨芮等（2021）在对作战实体信息及特点描述的基础上，构建了面向作战实体的对象模型，并对战争当中的时空实体的关联关系、组成结构及行为能力等要素特征进行了抽象与表达，从多维度及多角度对作战实体的特征变化进行了描述。曾梦熊等（2021）从多粒度时空对象这一角度出发，详细描述了多粒度时空对象动态行为的结构化表达思想，提出了一种多粒度时空对象个体和对象世界的动态行为表达模型，为从整体上认知与表达空间对象的动态变化提供了方法。

虽然这些方法从主题、关键词、时空对象等方面展开了相关研究工作，但由于地质实体基本单元无法与客观现实世界中的地质对象相对应，无法从整体上刻画地质报告信息及知识，地质主题、关键词等层次上的文本分析与客观存在及描述地质对象的方式实际上是脱节的，造成模型与方法存在难以克服的局限性，迫切需要寻找新的解决方法。

1.3　地质知识图谱概述及现状

1.3.1　知识图谱

知识图谱本质是一种用图模型来描述复杂的知识和建模世界万物之间关联关系的技术方法，其概念由谷歌公司于 2012 年 5 月正式提出，旨在揭示领域知识的动态发展规律（Nickel et al.，2015）。知识图谱因其具有大规模、多语义和高质量的特点被广泛应用于语义搜索、智能问答、医疗服务和推荐系统等多领域（饶子昀等，2020；王智悦等，2020）。知识图谱通常由节点和边组成，其中节点代表实体或概念，边表示节点之间的关系。通过知识图谱，可以更好地理解和组织知识，帮助机器理解人类语言和推理。知识图谱在信息检索、自然语言处理、推荐系统等领域有着广泛的应用，它可以更快速地获取所需信息，提升信息检索的准确性和效率。

知识图谱起源于 20 世纪 60 年代的语义网络，标志着人类对知识表示方法探索的初步尝试。在这一时期，知识结构通过网络图的方式进行表达，其中对象、概念及其相互之间的关系主要通过节点和边的形式予以展现。但是这种方式由于缺乏统一的定义标准，使得用户在定义节点和边时具有较大的自由度，这直接导致了概念与对象节点之间难以区分，以及多源数据间难以实现共享，从而限制了其在实际应用中的推广与使用。

进入20世纪80年代，随着"本体"概念的引入，知识表示方法迎来了重要的发展。本体，作为一种对概念模型进行明确、形式化及规范化描述的方法，不仅为概念之间的层次关系及定义提供了一种树状框架结构，而且极大地促进了知识工程领域中构建本体知识库的研究热潮。通过利用本体知识库及本体推理机，建立起智能专家系统，从而使计算机能够更加有效地理解和运用专家知识，推动了人工智能技术的进一步发展。

随着万维网技术的不断进步，人类的信息互联方式从文档互联转向了数据互联，原本封闭的知识共享模式也开始向开放共享模式转变。这一时期，语义网络开始向语义 Web 转型，旨在将互联网内容以结构化的形式进行表达。在此过程中，万维网联盟（W3C）逐步提出了三种本体描述语言（RDF、RDFS 以及 OWL），有效地解决了最初语义网络存在的标准化问题，为互联网上的语义描述提供了统一的规范，进一步推动了语义 Web 的发展。

伴随着开放链接数据（linked data）的发展，大规模互联网数据的相互链接成为可能，基于知识互联的新时代悄然到来。2012 年 5 月，谷歌公司正式提出了知识图谱（knowledge mapping）的概念，标志着知识图谱技术的正式诞生。知识图谱以其强大的知识整合与推理能力，在各个行业中得到了广泛的应用。通用知识图谱主要针对广泛的领域，以百科和常识性知识为主，重点在于知识的广度；而领域知识图谱则专注于特定行业，基于领域数据构建知识库，侧重于挖掘知识的深度。这两种知识图谱的发展，不仅极大地丰富了人类的知识体系，也为人工智能技术的应用提供了强有力的支持。表 1-2 展示了现有主流知识图谱。

表 1-2　现有主流知识图谱汇总

名称	来源	网址	机构	特点
Freebase	Metaweb 公司	https://www.freebase.com/	Metaweb 公司	大规模、多语言百科知识图谱
DBpedia	维基百科	http://wiki.dbpedia.org/	柏林自由大学莱比锡大学	大规模、多语言百科知识图谱
YAGO	维基百科、WordNet 等公开来源	http://yago-knowledge.org/	德国马克斯·普朗克研究所	从维基百科与 WordNet 抽取多语言实体信息
Wikidata	维基媒体项目（如维基百科、维基文库等）、用户贡献，以及其他开放数据源	https://www.wikidata.org/	维基媒体基金会	可协同编辑的多语言百科知识
BabelNet	多种在线资源（如维基百科、WordNet 等）	https://babelnet.org/	罗马大学	多语言百科同义词典
ConceptNet	维基百科、WordNet、Open Mind Common Sense 以及其他公共资源的数据	https://conceptnet.io/	麻省理工学院媒体实验室	多语言常识知识库

续表

名称	来源	网址	机构	特点
IMDb	电影制作公司、电视网、影迷以及 IMDb 自己的编辑团队	https://www.imdb.com/	亚马逊公司	电影知识图谱
SciKG	科学文献、学术期刊、专利数据库、科学百科全书等科学信息资源	https://www.scikg.com/	清华大学	面向科技领域

1.3.2 地质知识图谱

地质知识图谱（geological knowledge mapping，GKG）可视为知识图谱技术在地学领域的延伸（Sun et al.，2020），主要通过结构化和形式化的方式来组织、表示和存储地学知识，并服务于基于地学知识的查询发现、推荐等应用。

从知识的不同层次上区分，地学知识图谱可分为模式层和实例层，如图 1-1 所示。其中，模式层，又称本体层，指知识图谱所涉及的概念、属性、关系和规则等的形式化定义，它构成知识图谱的概念模型和逻辑基础；实例层，又称数据层，是模式层的实例化，包含概念的实例及其属性，实例间的关系等。模式层是实例层的约束和抽象化，实例层是模式层的实现。地学知识图谱如果仅包含模式层，则被称为地学本体；但如果只包含实例层，由于没有模式层对于关系和规则等的定义，将无法支持地学知识推理。

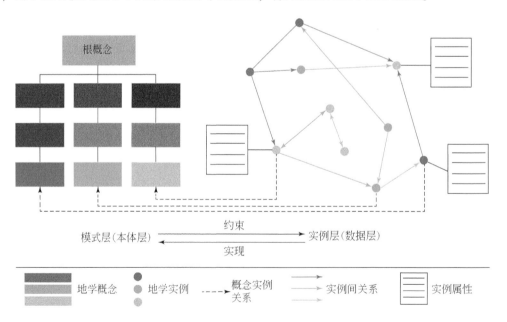

图 1-1　地学知识图谱示意图（诸云强等，2023）

在知识图谱构建研究方面，陈述彭（2000）首次提出了地学图谱概念并将图谱应用到地学研究中，其认为地学图谱是对地学现象中的时空规律的进一步描述与解释，涵盖的内容包括地带性、区域分异及空间格局的示意图等。周成虎和鲁学军（1998）认为地学信息图谱代表的是计算机化后的图谱，对于数据的挖掘及其知识的发现具有非常重要的意义。陆锋等（2017）以网络文本为出发点，认为地理知识图谱是将传统的地理信息服务进一步拓展成为地理知识服务的关键技术，并对构建网络文本知识图谱中的关键技术如地理信息语义的理解、语义模型的构建及计算、实体对齐等关键科学问题进行了详细阐述。Wang等（2018）在对地质报告资料进行分词、主题抽取的基础上构建了地质文本关系，并采用知识图谱技术对其进行了可视化表达。蒋秉川等（2018）从多源异构大规模知识图谱构建出发，对地理知识图谱的构建内涵及流程进行了描述，详细探讨了知识图谱构建的关键技术与应用方向。陈军等（2019）从知识图谱最新进展角度出发，对基础地理知识服务中的相关科学问题及研究方向进行了重点性的描述，其认为从网络文本中提取数据（感知）—形成信息（理解）—结构化知识（认知）还处于探讨与初步实验阶段。刘俊楠（2020）基于地理空间数据与百度百科数据构建了地理知识图谱，其中以地理空间数据为核心抽取地理实体信息，然后以百度百科辅助补充地理实体中所缺失的属性信息，有效地扩充了地理实体中的概念描述信息，对于地理数据到地理知识的拓展具有很好的实践意义。齐浩等（2020）深入分析了地球科学知识图谱构建的内涵与特点，详细地梳理了地球科学知识图谱构建的主要方法，对其中的数据字典、知识体系及知识图谱之间的关系进行了归纳总结，对地球科学知识图谱构建中所存在的问题进行了分析。张雪英等（2020）梳理了地理知识图谱构建的基本思路及技术流程，详细地描述了知识的获取、知识的抽象与表达、地理知识的组织与管理的主要核心内容及进展情况，并对地理实体的时空演化过程及复杂的地理实体关系进行了形式化的描述与表达。张洪岩等（2020）系统性地梳理了地学信息图谱的内涵，认为地学信息图谱是对地学领域中的现象与过程的图谱。

尽管现有方法针对知识图谱构建取得了不错的效果，但存在如下的局限：首先，现有的关系抽取都是抽取显式的实体及对象关系，这意味着对多尺度动态实体及对象关系的抽取能力有限；其次，由于地质数据是一种典型的时空大数据，多尺度动态时空关系是知识图谱构建及知识推理的关键，故亟须开展多尺度动态对象关系精准化提取的研究，以揭示地质体时空演化机理。地学领域国际相关知识图谱如表 1-3 所示。

表 1-3　地学领域国际相关知识图谱列表（诸云强等，2023）

知识图谱	发布网址	定位目标	创建年份	创建者及所在国家	知识规模	是否开源	最新版本
GeoSciML	http://geosciml.org/	创建一套服务于地学数据共享传输的数据模型	2003	国际地球科学信息委员会，—	1 772 个概念	是	4.1
OSM Semantic Network	https://www.open-streetmap.org/	创建一个内容自由的、免费的且能让所有人编辑的世界地图	2004	Stephen Coast，英国	60 亿个点状要素，6.89 亿个线状或面状要素	是	2014 *

续表

知识图谱	发布网址	定位目标	创建年份	创建者及所在国家	知识规模	是否开源	最新版本
GeoNames Ontology	http://www. geonames. org/	创建覆盖全球的地名词典	2005	Marc Wick，瑞士	全球约 1 200 万个地理实体的约2500 万个地名	是	3.3
LinkedGeoData	http://linkedgeodata. org/	以 OpenStreetMap 为数据源，创建大型知识库	2009	莱比锡大学，德国	超过30 亿个节点和3 亿条边，约 200 亿个三元组	是	2016*
SWEET	https://github. com/ ESIPFed/sweet	创建一套描述地球科学领域的本体库	2009	国家航空航天局，美国	4 533 个概念以及 359 个属性	是	3.5.0
GeoWordNet	—	通过集成 WordNet 和 GeoNames 形成一个语义信息更丰富的地名词典	2010	特伦托大学，意大利	3 698 238 个实例，334 个概念，182 个概念间关系	是	2016*
GCIS Ontology	https://data. globalchange. gov/gcis. owl	集成开源和基于网络的资源，以协调和整合全球环境变化相关的数据资源	2013	全球变化研究计划，美国	2 106 个报告，7 406 篇文章，1 277 个期刊，3 220 个数据集等	是	2.0
Linked Earth Ontology	http://linked. earth/ ontology/	以支撑古气候研究为应用场景，创建古气候数据集成和归档的语义平台	2015	国家自然科学基金会，美国	6 个子本体，148 个概念，55 种关系	是	1.2.0
CYC	https://cyc. com/ knowledge-layer/	创建一个包含人类常识背景知识的本体库	1984	Douglas Lenat，美国	50 万条术语和 700 万条断言	否	2017*
DBpedia	https://www. dbpedia. org/	以维基百科为信息源，从中提取结构化的知识并构建知识图谱	2007	莱比锡大学等，德国	1 219 个本体，2.2 亿个实体，14.5 亿个三元组	是	Largest Diamond
YAGO	https://yago-knowledge. org/	创建包含人、城市、国家和组织等通用性知识的知识图谱	2007	马克斯·普朗克信息学研究所，德国	超过 5 000 万实体，20 亿事实	是	4
Freebase	https://developers. google. com/freebase	创建一个允许所有人（机器）快捷访问的知识库	2007	Metaweb 公司，美国	超过1.25 亿个三元组，4 000 个概念，7 000 种属性	是	2013*

续表

知识图谱	发布网址	定位目标	创建年份	创建者及所在国家	知识规模	是否开源	最新版本
NELL	http://rtw. ml. cmu. edu/rtw/	通过自学习的方式不断从网络资源上学习和抽取新的知识	2010	卡内基梅隆大学，美国	2 810 379 个实例，1 186 个概念及关系	是	2018 *
Wikidata	https://www. wikidata. org/ wiki/Wikidata:Main_Page	创建一个可自由协作编辑的结构化知识库，为维基媒体项目提供支撑	2012	维基媒体基金会，美国	超过 12 亿个三元组，超过 9 500 万个实体	是	2021 *
Knowledge Vault	https://developers. google. com/knowledge-graph	从互联网数据中抽取知识并构建知识图谱	2014	谷歌公司，美国	16 亿个三元组，4 500 个概念，4 469 种关系	否	—
Microsoft Concept Graph	https://concept. research. microsoft. com/Home/ Introduction	以数以亿计的网页和数年积累的搜索日志为数据源，创建知识图谱	2016	微软，美国	超过 1 255 万个实体，540 万个概念以及 8 760 万个关系	是	v1

注：*表示该知识图谱未提供版本信息，因而以最新版本的更新年份指代版本信息；—表示未发现相关信息。

在知识图谱构建方面，构建方式大体分为两种：自顶向下和自底向上。开放知识图谱的本体构建通常用自底向上的方法，自动地从各文本数据中抽取概念或实体以及它们之间的关系，典型的如 Google 的 Knowledge Vault。专业领域知识图谱多采用自顶向下的方法，即事先规划好需要构建的本体和实体，以保证专业知识的高精确。两种方式也可以混合使用。自顶向下的人工构建通常规模会受到各种因素的限制，而自底向上的自动构建涉及概念或实体提取、关系体系、消歧等，自动构建会带来误差，通常需要人工检验才能保证精度。面对全域复杂的地学知识，需要协同各个地学子领域，如何结合这两种方式，以协同构建的方式提高知识图谱构建效率和准确性既是地学知识图谱构建的难点，也是空白。

地质领域知识图谱包含了地质学领域相关知识的结构化知识图谱，它可以帮助人们更好地理解地球的演化过程、地质事件的发生机制以及地质资源的分布情况。与通用领域知识图谱相比，地质领域知识图谱更加专业化和深度化，涵盖了地质学领域特有的术语、概念和理论。地质领域知识图谱的构建需要依托地质学专家的知识和经验，同时还需要结合地质数据和地质模型进行知识抽取与建模。在实际应用中，地质领域知识图谱可以帮助地质工作者快速获取所需信息，支持地质勘探、地质灾害防治、矿产资源评价等工作。总的来说，地质领域知识图谱的建立和应用对于促进地质学科的发展和推动地质领域的科研和实践具有重要意义。

本书结合现有地学领域知识服务的实际需求与现有知识图谱构建方法的特点，采用专家群智协同（自顶向下）与多源异构地学数据智能挖掘（自底向上）相结合的方法进行地质领域知识图谱的构建，并通过知识图谱嵌入表示学习技术实现知识推理，实现地学知识图谱应用，形成了一套面向多源异构地学数据的知识图谱高质量迭代建模框架，如图 1-2 所示。

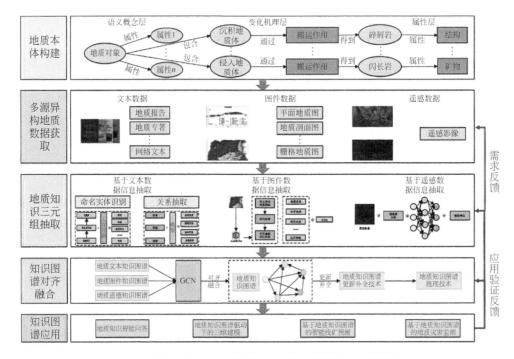

图 1-2　面向多模态地质数据的领域知识图谱迭代建模框架

其中，第一层为地质本体构建，按照"语义概念层—变化机理层—属性层"的结构模式构建了地质本体；第二层为多源异构地质数据的获取，本书数据类型主要包括文本数据、图件数据以及遥感数据三种；第三层为地质知识三元组抽取，主要针对上述三种数据对其中蕴含的实体及实体间的三元组进行抽取，形成知识图谱；第四层为知识图谱对齐融合，主要对其中存在的同义词或近义词进行对齐融合，以减少知识图谱的冗余；第五层主要描述了地质知识图谱的应用场景，可有效支撑地学领域知识的精准检索、智能问答、三维建模等多种应用。

1.4　地质知识图谱推理与应用

21 世纪以来，地球科学研究正进入一个以建立新知识体系为核心和以大数据驱动为手段的重大转折时期（周成虎等，2021），从大数据中挖掘、提取信息或知识，进而建立知识图谱，不仅可以推动地学大数据分析的发展，而且可以推进大数据驱动的大模型的发展及人工智能的发展（周成虎等，2021）。

由于人类知识和语料库的有限性以及不完善的知识提取方法，知识图谱往往是不完备的，而知识图谱推理能够通过对已有事实的推理来预测缺失的事实，逐渐受到研究者的关注（许鑫冉等，2023）。知识图谱推理是指在知识图谱上进行推理推断，通过推理关系和属性之间的逻辑关系，进一步挖掘和发现知识之间的内在联系（张仲伟等，2019）。按照推理模式，知识图谱推理可分为演绎推理，归纳推理和溯因推理（常万军和王果，2010）。演绎推理是一种从一般原则或前提出发，运用逻辑推理得出特定结论的过程，包括规则推理、推理机推理等（丁志劼等，2013；张洪亮等，2000）。归纳推理是一种从特殊案例中概括出一般规律的推理过程，包括统计学习（Hassner and Skansky，1980）、概率推理（陈华钧，2021）等，在机器学习中主要使用归纳推理。溯因推理是一种从观察到的现象出发，寻找可能的解释或原因的推理过程，多用于医学诊断及事故原因排查等。按照推理方法，知识图谱推理可分为基于规则的推理、基于分布式表示的推理、基于神经网络的推理和混合推理（许鑫冉等，2023）。按照知识表示方法，知识图谱推理可分为基于符号空间的推理、基于向量空间推理以及神经-符号联合推理。知识图谱推理可以帮助补全缺失的知识、发现新知识、提高知识图谱的应用效果，并进一步扩展知识图谱的覆盖范围和深度，促进知识的共享和交流（Ji et al.，2022）。

目前，知识图谱推理已经成为知识图谱领域的研究热点之一，涵盖了知识表示与推理规则等多个方面，包括知识表示学习（Galárraga et al.，2013）、推理规则建模（Ortona et al.，2018；Zhang et al.，2019）、知识补全与预测（Cai et al.，2022；Jin et al.，2019）、知识问答（Wang et al.，2023；Xiong et al.，2023）等。然而，知识图谱推理仍然面临许多挑战和限制，如大规模知识图谱推理（Demir and Ngomo，2022；Abe et al.，2023）、不完整和不准确的知识推理（Shen et al.，2022）、复杂推理任务的处理（Xu et al.，2023；Bi et al.，2022）以及实现跨模态推理（Singh et al.，2022；He et al.，2022）等。

地学知识推理是指从地学知识图谱中的实体概念间关系出发，经过计算机推理，建立地学实体间的新关联，理解地学知识体系演化特征，发现地学新知识。目前，常用的知识推理方法包括符号推理和统计推理。符号推理的核心是利用相关规则，从已有的实体关系推理出新的实体关系并检测其中的可能的逻辑冲突；统计推理则是根据以往的经验和分析，利用机器学习等方法发展知识图谱中新的实体之间关系，并利用最大化后验概率等统计方法对推理假设进行验证或推测。无论是符号推理，还是统计推理，都未能有效地表达地学知识所具有时空依赖性与非平稳性（异质性），尚未充分利用地学大数据的多模态特征间关联进行建模，难以实现对地学知识多属性的挖掘与预测。

地学知识图谱的广泛应用可以推动地球科学与信息科学、数据科学的交叉融合，促进学科发展。基于知识驱动的时空地学大数据分析有助于实现更加精准的地学分析，推动基于统计表征和物理表征的地学大数据综合分析；基于已有地学知识库和知识引擎，可以推动地学知识体系研究，理解地学知识演化的特征，发现新的地学知识，形成新的研究突破点和创新点；将地学知识和地图编制知识融合，可以推动地图制图的智能化与自动化发展；将地学知识与地球系统模型结合，可以推动矿产资源的探测与预测研究。

参 考 文 献

常万军，王果，2010. Owl 的本体推理方法研究. 计算机时代，（10）：27-29.

陈华钧，2021. 知识图谱导论. 北京：电子工业出版社.

陈军，刘万增，武昊，等，2019. 基础地理知识服务的基本问题与研究方向. 武汉大学学报（信息科学版），44（1）：38-47.

陈述彭，岳天祥，励惠国，2000. 地学信息图谱研究及其应用. 地理研究，19（4）：337-343.

储德平，万波，李红，等，2021. 基于 ELMO-CNN-BiLSTM-CRF 模型的地质实体识别. 地球科学，46（8）：3039-3048.

丁志劼，何骏，应捷，2013. 基于 owl 的规则推理研究及应用. 计算机技术与发展，23（7）：144-146，166.

蒋秉川，万刚，许剑，等，2018. 多源异构数据的大规模地理知识图谱构建. 测绘学报，47（8）：1051-1061.

李锐，石佳豪，董广胜，等，2021. 多粒度时空对象组成结构表达研究. 地球信息科学学报，23（1）：113-123.

刘朝辉，李锐，王璟琦，2017. 顾及语义尺度的时空对象属性特征动态表达. 地球信息科学学报，19（9）：1185-1194.

刘俊楠，刘海砚，陈晓慧，等，2020. 面向多源地理空间数据的知识图谱构建. 地球信息科学学报，22（7）：1476-1486.

陆锋，余丽，仇培元，2017. 论地理知识图谱. 地球信息科学学报，19（6）：723-734.

齐浩，董少春，张丽丽，等，2020. 地球科学知识图谱的构建与展望. 高校地质学报，26（1）：2-10.

饶子昀，张毅，刘俊涛，等，2021. 应用智识图谱的推荐方法与系统. 自动化学报，47（9）：2061-2077.

谭永杰，刘荣梅，朱月琴，等，2023. 论地质大数据的特点与发展方向. 时空信息学报，30（3）：313-320.

王智悦，于倩，王楠，等，2020. 基于知识图谱的智能问答研究综述. 计算机工程与应用，56（23）：1-11.

谢雨芮，江南，赵文双，等，2021. 基于多粒度时空对象的作战实体对象化建模研究. 地球信息科学学报，23（1）：84-92.

许鑫冉，王腾宇，鲁才，2023. 图神经网络在知识图谱构建与应用中的研究进展. 计算机科学与探索，17（10）：2278-2299.

于天星，李锐，吴华意，2017. 面向对象的地理实体时空位置多粒度表达. 地球信息科学学报，19（9）：1208-1216.

曾梦熊，华一新，张江水，等，2021. 多粒度时空对象动态行为表达模型与方法研究. 地球信息科学学报，23（1）：104-112.

翟明国，杨树锋，陈宁华，等，2018. 大数据时代：地质学的挑战与机遇. 中国科学院院刊，33（8）：825-831.

张洪亮，李芝喜，王人潮，等，2000. 基于 gis 的贝叶斯统计推理技术在印度野牛生境概率评价中的应用. 遥感学报，4（1）：66-70，83.

张洪岩，周成虎，闾国年，等，2020. 试论地学信息图谱思想的内涵与传承. 地球信息科学学报，22（4）：653-661.

张雪英，叶鹏，王曙，等，2018. 基于深度信念网络的地质实体识别方法. 岩石学报，34（2）：343-351.

张雪英，张春菊，杜超利，2012. 空间关系词汇与地理实体要素类型的语义约束关系构建方法. 武汉大学学报（信息科学版），37（11）：1266-1270.

张雪英，张春菊，吴明光，等，2020. 顾及时空特征的地理知识图谱构建方法. 中国科学：信息科学，50（7）：1019-1032.

张政，华一新，张晓楠，等，2017. 多粒度时空对象关联关系基本问题初探. 地球信息科学学报，19（9）：1158-1163.

张仲伟，曹雷，陈希亮，等，2019. 基于神经网络的知识推理研究综述. 计算机工程与应用，55（12）：8-19，36.

周成虎，2015. 全空间地理信息系统展望. 地理科学进展，34（2）：129-131.

周成虎，鲁学军，1998. 对地球信息科学的思考. 地理学报，（4）：86-94.

周成虎，王华，王成善，等，2021. 大数据时代的地学知识图谱研究. 中国科学：地球科学，51（7）：1070-1079.

诸云强，孙凯，李威蓉，等，2023. 地球科学知识图谱比较分析与启示：构建方法与内容视角. 高校地质学报，29（3）：382-394.

Abe S, Tago S, Yokoyama K, et al, 2023. Explainable AI for estimating pathogenicity of genetic variants using large-scale knowledge graphs. Cancers, 15（4）：1118.

Bi X, Nie H J, Zhang X Y, et al, 2022. Unrestricted multi-hop reasoning network for interpretable question answering over knowledge graph. Knowledge-Based Systems, 243：108515.

Cai B R, Xiang Y, Gao L X, et al, 2022. Temporal knowledge graph completion: a survey. arXiv, 2201：08236.

Demir C, Ngomo A C N, 2022. Hardware-agnostic computation for large-scale knowledge graph embeddings. Software Impacts, 13：100377.

Galárraga L A, Teflioudi C, Hose K, et al, 2013. AMIE: association rule mining under incomplete evidence in ontological knowledge bases. //Proceedings of the 22nd international conference on World Wide Web. Rio de Janeiro.

Hassner M, Sklansky J, 1980. The use of Markov Random Fields as models of texture. Computer Graphics and Image Processing, 12（4）：357-370.

He Q B, Sun X, Diao W H, et al, 2022. Transformer-induced graph reasoning for multimodal semantic segmentation in remote sensing. ISPRS Journal of Photogrammetry and Remote Sensing, 193：90-103.

Ji S X, Pan S R, Cambria E, et al, 2022. A survey on knowledge graphs: representation, acquisition, and applications. IEEE Transactions on Neural Networks and Learning Systems, 33（2）：494-514.

Jin W, Qu M, Jin X, et al, 2019. Recurrent event network: Autoregressive structure inference over temporal knowledge graphs. arXiv, 1904：05530.

Ma X G, Ma C, Wang C B, 2020. A new structure for representing and tracking version information in a deep time knowledge graph. Computers & Geosciences, 145：104620.

Mantovani A, Piana F, Lombardo V, 2020. Ontology-driven representation of knowledge for geological maps. Computers & Geosciences, 139：104446.

Nickel M, Murphy K, Tresp V, et al, 2015. A review of relational machine learning for knowledge graphs. Proceedings of IEEE, 104（1）：11-33.

Ortona S, Meduri V V, Papotti P, 2018. RuDiK: rule discovery in knowledge bases. Proceedings of the VLDB Endowment, 11（12）：1946-1949.

Qiu Q J, Xie Z, Wu L, et al, 2019a. BiLSTM-CRF for geological named entity recognition from the geoscience literature. Earth Science Informatics, 12（4）：565-579.

Qiu Q J, Xie Z, Wu L, et al, 2019b. Geoscience keyphrase extraction algorithm using enhanced word embedding. Expert Systems with Applications, 125：157-169.

Qiu Q J, Xie Z, Wu L, et al, 2019c. GNER: a generative model for geological named entity recognition without labeled data using deep learning. Earth and Space Science, 6（6）：931-946.

Shen T, Zhang F, Cheng J W, 2022. A comprehensive overview of knowledge graph completion. Knowledge-Based Systems, 255：109597.

Singh P, Srivastava R, Rana K P S, et al, 2022. Semi-fnd: Stacked ensemble based multimodal inference for faster fake news detection. arXiv, 2205：08159.

Sun K, Hu Y, Song J, et al, 2021. Aligning geographic entities from historical maps for building knowledge graphs. International Journal of Geographical Information Science, 35 (10): 2078-2107.

Wang C B, Ma X G, Chen J G, et al, 2018. Information extraction and knowledge graph construction from geoscience literature. Computers & Geosciences, 112: 112-122.

Wang H, Liu C, Xi N, et al, 2023. Huatuo: Tuning llama model with Chinese medical knowledge. arXiv, 2304: 06975.

Xiong H, Wang S, Zhu Y, et al, 2023. Doctorglm: Fine-tuning your Chinese doctor is not a herculean task. arXiv: 2304: 01097.

Xu Z, Gu J, Liu M, et al, 2023. A question-guided multi-hop reasoning graph network for visual question answering. Information Processing & Management, 60 (2): 103207.

Zhang W, Paudel B, Wang L, et al, 2019. Iteratively learning embeddings and rules for knowledge graph reasoning. arXiv, 1903: 08948.

第2章 地质知识图谱本体设计与构建

2.1 引　　言

根据美国地质调查领域的全球数字化的趋势，美国地质调查局（https://www.usgs.gov/）和中国地质调查局（https://www.cgs.gov.cn/）已经成功地实施了专业的、可广泛获取的地质数据库系统。这些举措旨在提高地质数据的生产力，促进地质大数据的广泛利用（Ma et al.，2010；Ma et al.，2012；Ma et al.，2014；Zhang et al.，2022；Qiu et al.，2023）。地质大数据是指在地质调查、矿产勘探和科研工作中形成的各种结果，通常以各种数据形式存在，如文本、图表、声音、图像和标本等（Ma and Mei，2021），其主要来源于国家地质数据库和各级地质图书馆、国家矿产资源评价数据、中国地质调查数据库及相关地质文献数据库（Karpatne et al.，2018；Qiu et al.，2018a，2018b；Qiu et al.，2022a、2022b），大多数数据通常存储为 TXT、PDF、JPG、TIFF 或空间数据文件。此外，这些数据包含对图形信息的详细解释，提供了丰富的信息和潜在的关键见解（Ma，2018；Li et al.，2018；Qiu et al.，2019a、2019b、2019c；Zhou et al.，2021）。与数据采集技术的快速发展相比，数据应用相关技术的进展相对缓慢。因此，在积累的大量数据中，只有一小部分被利用或转化为有价值的信息和领域知识。如何利用探索嵌入到大数据中的知识来提供智能服务和应用程序，以及建立一个迭代过程来增强知识和数据的能力，是灾害响应领域的关键组成部分。

地质灾害是指对环境、人类生命和财产构成风险的地质现象或行为，其原因分为自然原因或人为原因（Niu，2020；Ma and Mei，2021）。这些危害分布的时空变化是由自然过程和人类活动之间复杂的相互作用造成的（Gan et al.，2022）。其中，滑坡表现为岩石和土体沿斜坡突然下降，主要受重力驱动，也受社会环境因素的影响（Malone et al.，2022）。滑坡灾害的影响不仅来自个别灾害事件，而且还来自多重灾害的复合效应，通常主要危险的发生会引发后续危险的连锁反应，统称为危险链。然而，由于不同灾害类型之间复杂多样的概念和相互关系，仍然缺乏统一的灾害描述机制。因此，在地质灾害领域有效地分享和重用丰富的结构化和非结构化知识是一个挑战。为了解决这一问题，学者们提出了地质数据的时间本体模型和知识表示的形式化方法（Ma，2017；Wang et al.，2018）。利用根植于上一世纪哲学和信息科学参考文献的本体论技术，建立地质灾害知识体系变得可行。因此，构建滑坡灾害领域知识的统一描述机制及其计算辅助表示已成为需要解决的关键目标。

领域本体用于表示特定领域的概念定义和可重用的概念之间的关系（Mantovani et al.，2020；Xu et al.，2023）。通过建立滑坡本体的概念、关系、属性和约束等知识之间的相互关系，形成了地质灾害知识的显式表示（Hwang et al.，2012）。在滑坡本体建模的背景下，可重点在逻辑上表达灾害知识和阐明灾害事件之间的相互联系。这种建模方法通过调查灾害发生、传播和表现的一系列相关事件的时空特征力求从灾害链的视角来解释地质灾害的影响和动态，但现有的地质灾害研究机构在灾害链中纳入综合的时空变化方面受到了局限。此外，这些研究只关注于在危害事件的本体建模中描述个别类型的危害信息，而忽略了级联效应和次要危害。这些限制阻碍了对地质灾害与地质环境、地理实体等各种要素之间关系的全面了解和应急管理，而且正规化地质灾害链的演化过程和应用知识驱动的智能服务也受到了障碍。因此，迫切需要构建一个专门针对滑坡灾害的本体论知识框架，利用现有的灾害本体论知识，促进与滑坡灾害相关的信息提取和分析。

2.2　相关工作

本体论作为一种描述性工具，它可以有效地表达概念的语义及其关系（Mantovani et al.，2020；Xu et al.，2023）。目前，对本体论的应用和研究主要包括以下两个方面：首先，本体论领域的理论研究主要集中在概念的分类上（Tripathi and Babaie，2008），对本体中的概念、属性和关系提供精确的定义，可以为各种本体形式化建模方法的提出提供基础，从而实现一定层次的自动信息分类。然而，由于这些方法产生的分类结果可能会产生对单个词的多种解释，因此存在潜在的歧义。其次，本体作为知识表示的强大工具，在不同领域得到了广泛的应用（Lumb et al.，2009；Zhong et al.，2020）。具体来说，特定领域的本体已经在自然危害领域中被设计和实现，但由于本体中的某些概念往往会重叠和交叉，限制了它们仅对特定灾难领域的适用性，因此当应用于其他领域时，尽管相关知识可以有效地表达，但来自这些本体的已有知识的利用率仍然相对较低。

目前，大多数关于灾害链建模的研究都依赖于单个的数学模型，为了解决目前存在的内容不完整、形式不充分以及特定领域的灾难知识的有限互操作性等问题，本书将本体技术引入了地质灾害领域，通过将七步法与骨架法相结合，构建了一个专门针对滑坡灾害的本体。通过七步法和骨架法相结合，实现了对滑坡灾害概念进行分类，明确了滑坡灾害中的语义、时空关系，构建了滑坡灾害本体，并以滑坡灾害为例，全面实现滑坡灾害本体的构建和形式表达。

2.3　基础地质领域本体构建

2.3.1　领域本体构建流程

领域本体的构建一般包含三个部分：构建本体概念树、知识的获取和知识的表示。其中，构建本体概念树主要是把抽取得到的概念以及概念之间的关系以树形结构表示；知识获取是将从领域本体采集的数据转换成容易处理和存储的格式，使计算机可以识别本体中的知识；知识的表示是实现本体结构与信息数据的连接。在领域本体的构建过程中，通常有相关领域的专家参与，以确保定义概念关系的正确性，实现推理的一致性检测并提高检索的精确度。同时，整个领域本体的构建还需要从描述性和验证性两个方面对所构建本体进行评估，不断地修正本体直至本体结构最终完善。领域本体的知识获取和概念树的构建过程如图 2-1 所示，构建过程主要包含的步骤有：①定义本体结构的类及其层次关系；②定义并应用各类之间的关系；③确定本体类的属性及其属性之间的关系；④定义概念间的词义扩展关系；⑤修正本体模型；⑥确定本体的存储方式；⑦实例填充。

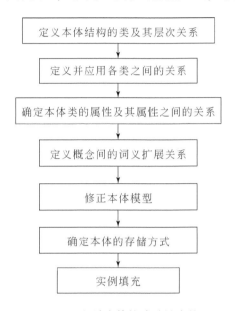

图 2-1　领域本体构建关键步骤

2.3.2　地质领域本体

地质领域本体是一种描述地质领域知识的专门本体，它给出了地质领域实体概念、地质领域活动相互关系、地质领域所具有的特性和规律的形式化描述。地质领域本体对地质内容检索和发现而言，将有助于消除地质概念和地质术语存在的分歧，从而对地质领域内的概念理解达成共识，从不同层次的形式化模式上给出词汇间相互关系的明确定义。

在前期的大量研究中，中国地质调查局的地质专家们已经构建出了一套比较完善的地质领域本体概念树并将其存储在 Access 数据库中，如图 2-2 所示。该本体主要包含岩石、地层、地质构造等 23 个大类，共计 5 万多个地质领域专业名词和概念，并详细列举了地质领域内容分类、概念出处、概念之间的上下位关系、部分等同词、用代词等。本书借助 Apache 组织下的开源语义网构建框架 Jena，将现有地质领域本体中所有的地质概念和地质概念间的上位关系（super Class Of）、下位关系（sub Class Of）、等同关系（equivalent Class Of）、相关关系（related Class Of）进行了抽取和重新组织，实现了地质领域本体的知识表示。此外，本书将基于关系型数据库表达的地质领域本体转换为基于 RDF/XML 表达的本体模型，从而使计算机能够识别和理解本体中包含的地质领域概念关系，其地质领域本体概念树部分内容如图2-3所示。在地质内容检索系统中，地质领域本体将作为系统的基础，为检索部分提供地质领域语义和知识上的支撑。

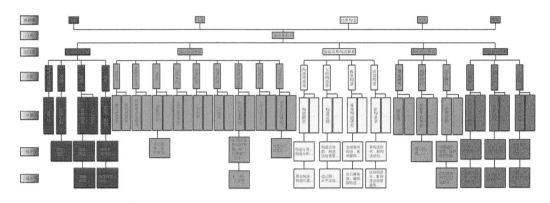

图2-2 已构建基础地质本体

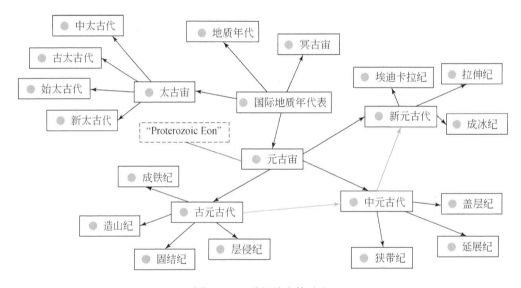

图2-3 地质领域本体片段

2.3.3 地名本体

地质行业的相关研究具有典型的空间属性。在地质调查报告中，不仅包含着地质领域知识，同样也包含大量以空间位置为中心的相关内容，因此地质调查成果报告中的空间信息同样应该作为地质内容检索系统中重要的组成部分。由于地质调查报告中的内容一般是围绕着某一区域来展开分析和描述，因此在地质内容检索过程中以位置为检索词或过滤条件的应用场景十分常见。

在地质调查成果报告的文本内容中，包含着大量的地名信息，这些信息反映了地质文档片段的空间属性，对每个地质文档片段中的地名进行抽取，并组织在单独的字段中，方便在内容检索过程中通过地名来发现或过滤内容。然而，地质内容的检索更多的是基于文本的检索，在基于地名进行检索时存在语义等问题。例如，本书以"新疆地区火山岩"为关键词进行搜索，期望的结果是找到新疆地区内所有的火山岩相关片段，但如果简单以"新疆"为过滤条件，那么一些在行政区划上属于新疆但文本内容中没有明确表达新疆概念的片段就会被过滤掉。例如，文本中包含"阿尔金火山岩"的片段，事实上阿尔金是新疆地区的一部分，"阿尔金火山岩"语义上包含在"新疆地区火山岩"概念内，但由于缺乏地名上的语义关系，使得相应的结果被误筛。基于上述考虑，本书建立了地名本体来解决这一问题。

地名本体旨在将地名之间的层次关系明确定义，帮助计算机系统理解行政区划上的包含关系，使计算机可以通过地名本体自动发现某区域中包含的子区域名称，进行地名上的扩展，辅助内容的查询和过滤。本书通过收集我国村和街道的行政区域名称，自上而下建立了省（自治区）、市、县、区（镇）、社区（乡）、街道（村）的关联关系，如图2-4所示。通过subRegionOf关系，可以扩展出某地区下属的行政区划名称。在内容检索过程中，可以根据扩展后的地名进行内容的搜索和过滤，从而发现在地理语义上具有关联性的内容片段，有效提高了检索系统的召回率。

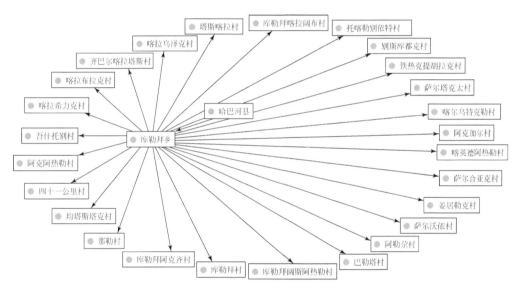

图 2-4 地名本体片段

2.4 多层次滑坡地质灾害本体构建与应用

滑坡灾害学科是地质灾害领域的一个级别，滑坡灾害链可看作是地质灾害领域本体的一个子集，因此滑坡灾害的概念表达必须从语义和逻辑两个方面出发。构建多次层次滑坡地质灾害本体有助于清晰地描述滑坡灾害信息以及灾害链之间的联系和作用，形成一个围绕滑坡灾害的知识系统和形式化表达。滑坡灾害链的本体建模包括三个部分：前（灾害发生主体）、期间（灾害发生环境）和后（灾害影响主体）。其中，初级灾害可由人为因素或自然因素引起，这些因素可直接或间接引发灾害，作为造成次生灾害的关系，因此滑坡灾害既可以是初级灾害，也可以是次级灾害，灾害与灾害体之间的语义关系是表达灾害发生作用的直接影响对象。

2.4.1 滑坡危险分类

地质灾害形成和时空演化过程的复杂性导致文本数据具有多源、多维、多时和多任务性（Han et al., 2007；Liu et al., 2015）。由于滑坡灾害的分类分层可以明确灾害链发生的起源和方向，因此滑坡的语义完整性应考虑其物质组成部分和灾害发展的时空状态，并将其属性概括为时空性、相关性、物质性、多维度和多层次。其中，"时空"是指滑坡要素的区域和空间分布，一般指各类滑坡的分布区域；"相关性"是指滑坡灾害在成因上的相关性，影响灾害的集群和严重性；"多维"是指滑坡灾害发生过程相互结合形成不同特征的多维表达；"多级"是指滑坡灾害多功能和要素之间结构、功能和性质的差异所区分的多层次。

根据《地质灾害分类和分级标准》（T/CAGHP 001—2018）和《滑坡崩塌泥石流灾害调查规范（1∶50 000）》（DZ/T 0261—2014）规定的地质灾害分类和分级的术语和原则，可根据物质组成、尺寸、运动形式、发生原因和元素等分为子类，最终形成灾害本体概念框架，如表 2-1 所示。

表 2-1　滑坡危险类型和元素成分说明

概念	分类	子概念	本体性质	关系
滑坡	物质组成	岩石滑坡	软硬层、薄层沉积岩和层状岩（时空）	Kind-of
		土壤滑坡	黏土和沙质土边坡（多层）；暴雨、洪水（相关性）	Kind-of
	尺寸	小滑坡	小于 10 万 m³（多水平度）	Kind-of
		中型滑坡	10 万 ~100 万 m³（多层次性质）	Kind-of
		大型滑坡	100 万 ~1000 万 m³（多层次性质）	Kind-of
		巨型滑坡	大于 1000 万 m³（多层次性质）	Kind-of
	运动形式	推动山体滑坡	岩层上部，边坡堆积（时空）	Kind-of
		牵引滑坡	岩层下部、坡带（时空）	Kind-of
	发生原因	自然滑坡	自然动态作用（多维性）	Kind-of
		工程滑坡	人为作用（多维性）	Kind-of
	元素	滑动面	顶部陡峭，底部缓慢（物质性）	Part of
		滑坡床	岩土工程（物质性）	Part of
		滑坡舌	滑坡前沿（相关性）	Part of
		滑坡后墙	圆椅状、线性（物质性）	Part of

2.4.2 滑坡地质灾害的多层次表达式

在概念层面上，基于对滑坡灾害的理解和意义，设计了一个全面的科学分类，其中包括导致灾害的因素和容易发生这种灾害的环境。它涉及为每个灾难概念重新定义分类级别，并考虑与这些概念相关联的关系、属性和约束规则，从而在同一级别内保持概念分类的一致性。这种分类表达式允许对概念本身所固有的语义进行分层排列，同时确保了客观的概念分类层次结构，以防止语义冗余。此外，它还扩大了概念覆盖的范围和广度。这种方法符合在地理危险领域内构建一个可共享和可重用的本体的首要目标。

在语义空间中建立不同的属性，以增强语义关系，促进更全面的概念表示。该方法为在地质灾害领域内实现本体共享和重用奠定了基础。通过使用滑坡地震灾害的例子，本书可以识别出两种不同的关系类别：灾害和灾害，以及灾害和发生这些灾害的实体。如图 2-5 中所示，滑坡地震灾害的概念构成了其领域内的一个组成部分。值得注意的是，滑坡本身是地球灾害中的主要危险，它们的发生源于自然因素和与人类有关的因素。

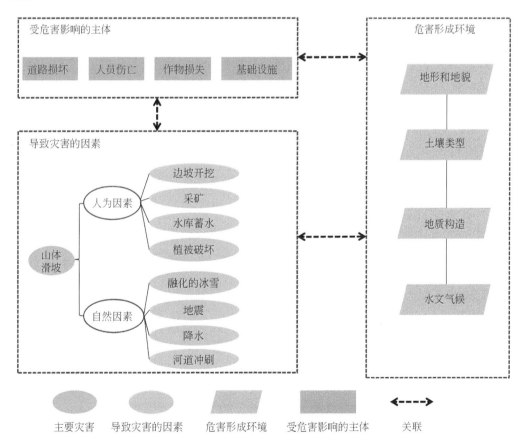

图 2-5 滑坡灾害链概念的语义图

在时空层上，地质灾害发生过程中表现出多种相互关联的灾害关系，导致特定时空范围内出现不同的地质灾害发生。通过对本体论时间表变化的检查，可以随着时间的推移确定某些因果关系。此外，地质灾害事件具有独特的空间地理属性，每种地质灾害都具有自己的一套空间属性。在本书中涉及的滑坡地质灾害的背景下，本书分析了三个中心空间关系（拓扑关系、度量关系和顺序关系）。虽然地理灾害中的空间关系可能没有明确定义，但对个体发育空间表的分析可以表明，表现出因果关系的地理灾害在时空域内表现出一定的相关性。这些相关性是基于地理灾害事件的空间范围和与位置相关的属性，可以通过辅助的时空特征来阐明，最终突出它们之间的相互关系。因此，对时空特征的综合表达有助于更丰富地描述地理灾害领域本体，确保领域本体的可重用性。

2.4.3 基于 Protégé 的滑坡灾害本体建模

与其他地质本体论类似，地质灾害概念的综合表达需要一种语义和逻辑的方法。它需要通过本体和描述逻辑构建一个能够精确描述地理灾害信息的形式系统。此外，这一过程还涉及建立许多规则，以描述地理灾害信息系统中不同类型的地理灾害之间的相互关系和作用。地球灾害领域本体论代表了基于本体论的地球灾害信息框架的一个关键方面，从而能够定义与地震、滑坡、泥石流和雪崩等灾害地质学学科有关的本体论概念。因此，将本体纳入地理灾害领域有助于探索地理灾害概念及其相互之间的关系，最终促进地理灾害领域内的增强整合和信息共享。

Protégé（https://protege.stanford.edu/）是斯坦福大学开发的一个工具，用 Java 编写，用于编辑和开发本体，因此可以称为知识编辑器。该软件是开源的，支持许多形式的文本表示格式的转换，如 XML、RDF、OWL、DAML 和其他系统语言，可以用于在语义 Web 中构建本体，可以直接用于存储、处理、利用和交互。本书利用斯坦福大学开发的七步法与滑坡灾害链本体构建相结合的方法进行构建，具体流程如图 2-6 所示，主要步骤如下。

（1）确定专业领域和范围。本书旨在收集滑坡灾害方面的知识，便于滑坡灾害文本信息的提取及其对时空变化的分析，其范围包括地质灾害推导的整个过程。

（2）评估和利用现有的本体。需要检查包含地质灾害知识的本体系统并将概念、关系和属性集成到本书提出的本体论框架中。

（3）列举本体中涉及的关键概念和术语。利用已建立的国家分类系统和特定领域知识，仔细考虑包含该领域的所有相关知识。

（4）开发领域本体的知识系统，细化类的层次结构和结构。确定滑坡灾害概念之间的层次关系并定义类别属性和属性，建立实体与其内在性质之间的联系，阐明抽象概念的具体特征。

（5）在本体中实例化实例，巩固本体的描述。在来自外部事件的实例之间建立语义关系，以确保定义的完整性和有效性。

（6）按照既定标准实现和记录本体进行归档。通过完成归档过程来实现本体论的构建。

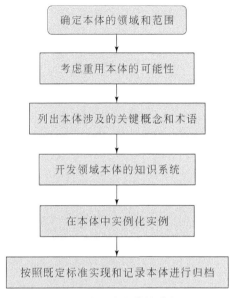

图 2-6 多层域本体构建方法

1. 滑坡灾害本体模型（LHOM）

本书提出的本体论构建是基于一种遵循清晰度、客观性、一致性、完整性等原则的手工构建方法，因此所构造的滑坡本体论中的术语必须可以提供明确、客观的定义，准确表达术语的含义并不产生自相矛盾。滑坡灾害本体建模的目的是定义和描述相关概念、动作、属性和关系，图 2-7 为地质灾害链本体的层次信息描述图。

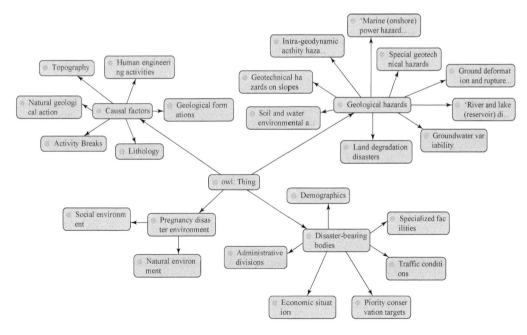

图 2-7 地质灾害链本体的层次信息

滑坡灾害本体模型（LHOM）本体旨在实现滑坡灾害演化过程中引发的事件的概念、时空特征、对象、属性和关系的精细化表达。滑坡灾害本体的逻辑结构可以表示为 LHOM_Ontology = {概念、属性、关系、公理、个体}，其中概念表示地质灾害类别集，属性表示属性集，关系表示关系集，公理表示公理集，个体表示对象实例。其中，概念用于描述一组地理危险概念，形成危险链的概念层次，主要包括地理危险类、灾害因素类、灾难环境类和受影响的身体类；属性包含对象属性和数据属性两种，对象属性主要连接两种不同类别之间的关系（如在发展条件下的地质灾害类别），数据属性主要代表地质灾害概念的数据属性，如时间、地点、伤亡人数、灾害程度等；关系用于描述概念之间的关系，主要包括部分和整个概念之间的关系、类型的继承关系和概念之间的从属关系、实例和概念之间的关系以及对象和类的类之间的关系；公理用于描述概念和概念之间的约束关系，如在滑坡危险链中，滑坡在特定条件下也会引发泥石流危险；而个体用于描述在特定时刻发生的特定灾害事件的对象实例集合，如"8·27 贵州福泉滑坡事件""12·20 深圳滑坡事件""2008 汶川地震–滑坡事件"等。这种滑坡灾害导向的危险链知识表示方法可以描述真实世界的地理环境演化模式和人类认知模式。

对于计算机读取所构造的滑坡灾害本体模型，还需要对模型本体进行形式化的语义描述。本书利用 OWL 对滑坡灾害进行了形式化描述，它由个体、属性和类组成，具有强大的语义表达式和逻辑推理能力。OWL 的主要结构可分为命名空间、本体头、数据集成和隐私等部分。滑坡灾害是地质灾害中的一个子类。本书展示了部分滑坡地质灾害的信息等级层次，部分实例代码如下：

```
<owl：NamedIndividual rdf：about =" http：//www. semanticweb. org/cuggis/ontologies/2020/LHOM#8 · 27 Guizhou Fuquan landslide incident " >
    <rdf：type rdf：resource =" http：//www. semanticweb. org/cuggis/ontologies/2020/9/untitled-ontology-7# Soil landslide " />
    < Time of occurrence rdf：datatype =" http：//www. w3. org/2001/XMLSchema#unsignedInt" >August 27, 2014 at 8：30 pm</Time of occurrence >
    < Location rdf：datatype =" http：//www. w3. org/2001/XMLSchema#int" > Fuchuan City, Qiannan Province, Guizhou Province </Location>
    < Disaster Name rdf：datatype =" http：//www. w3. org/2001/XMLSchema#string" >8-27 Guizhou Fuquan landslide incident </Disaster Name >
    < Disaster level rdf：datatype =" http：//www. w3. org/2001/XMLSchema#int" > Extraordinary level </Disaster level >
    < Disaster Category rdf：datatype =" http：//www. w3. org/2001/XMLSchema#int" > Landslide </Disaster Category >
    <LHOM：Associated Objects rdf：datatype =" http：//www. w3. org/2001/XMLSchema#string" > Mudslide </LHOM：Associated Objects >
    <LHOM：Disaster Results rdf：datatype =" http：//www. w3. org/2001/XMLSchema#int" >23 people were killed, 22 people were injured, 154 people were affected, and 77 houses in 68 households collapsed or were buried. </LHOM：Disaster Results >
</owl：NamedIndividual>
```

2. 滑坡危险关系表达式

滑坡灾害事件本身是一个以地质灾害和时空特征为主题的地理事件，可以将灾害链概念之间存在的关系可分为语义关系、时间关系和空间关系。其中，语义关系表达灾害内容与灾害原始内容的属性维度信息之间的语义级联系，包括父子关系、子关系、部分/整体关系和等价关系，具体如表 2-2 所示。

表 2-2 滑坡灾害的概念属性

属性名称	属性类别	数据类型	解释
ID	属性信息	String	表示灾难事件的名称
Type		Integer	表示灾难事件的类型
Level		Integer	表示灾难事件的危险级别
Result		String	表示损坏
Association		Integer	表示与灾难相关的部门
Time	时间信息	Integer	表示灾难发生的具体时间
Location	空间信息	Integer	表示灾难的具体地理位置
Slope	滑坡固有特性	Integer	$20° \sim 50°$
Length			$100 \sim 500$ m
Width			$200 \sim 400$ m
Thickness			$15 \sim 25$ m
Area			$(2.7 \sim 110) \times 10^4 \, m^2$
Volume			$(33 \sim 2750) \times 10^4 \, m^3$

对象属性是指在灾难的层次结构中建立复杂的关系，特别是在造成灾难的实体和灾难本身之间，这些属性用于描述灾难本身的特征，并捕获对象的语义关联。此外，灾害发生的时间序列是它们之间因果关系的基础，不仅产生了时间序列，而且还产生了空间联系。通过分析派生的灾害链，对象关系可以分为灾害事件之间的关系、灾害与受其影响的实体之间的关系，以及灾害与容易发生这些事件的环境之间的关系，表 2-3 显示了对这些关系的全面描述。

表 2-3 灾害对象属性之间的语义关系

关系名称	详细说明	逆关系	样例
Lead_ to	原因因素 A 导致灾害 B	Caused_ by	Lead_ to (A, B)
Caused_ by	原因因素 A 是由灾害因素 B 引起的	Lead_ to	Caused_ by (A, B)
Is_ part_ of	灾难 A 是灾难链 A 的一部分	—	Follows (A, B)
As_ a_ condition_ for	灾难因子 X 是危险链 a 发生的一个条件	—	As_ a_ condition_ for (X, A)
With	形成环境 Y 具有 A 型灾害发生的作用	—	With (Y, A)

空间的概念包含现有物体的几何结构，而空间关系涉及两个或多个物体之间距离的定义和描述（Ma et al., 2022a; Qiu et al., 2022b）。这些关系可以从广义和狭义的角度来理解，包括拓扑关系、顺序关系和与距离相关的关系。时间是事件序列的决定因素，在建立

地理信息的时间框架中起着至关重要的作用（Ma et al., 2022b）。灾害事件的时间序列包含了时间域内的关系，这些关系用时刻或时间段表示，常用的时间关系有发生、发生在、开始、最后部分、包含、在……期间、横断等。

以 2008 年 5 月 12 日汶川地震为例研究（图 2-8），提出了利用震后地质灾害调查报告，通过分析语义和时空信息，对灾害发生过程进行了全面的描述。这种描述在不同的层次上建立了概念性和语义上的相关性。值得注意的是，地震事件是由地球板块运动的自然内生动力学触发的，它产生了一种推动效应，导致潜在的不稳定斜坡的形成。此外，与降水等自然灾害相结合，山体滑坡、泥石流、雪崩和泥石流等次要灾害出现，进而影响周围的地理实体。其中，包括人员伤亡、基础设施破坏、作物损失，以及山体滑坡造成的交通中断等。构建灾害链的本体论例子对于阐明空间分布格局、边坡特征、距离、地质因素、地形、地貌、地层岩性、地质构造、土壤类型、地质、风化、构造、运输之间的复杂关系至关重要，对于灾后恢复、重建工作和减少损失具有重要意义。

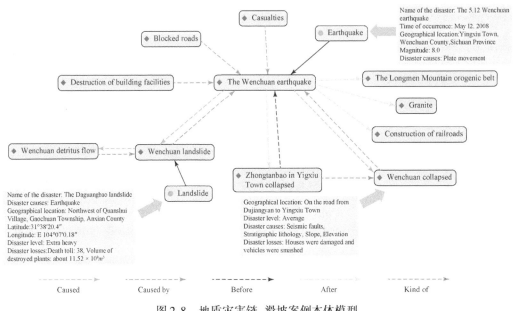

图 2-8　地质灾害链–滑坡案例本体模型

2.4.4　案例研究

本节基于所构造的本体概念、属性和关系，将所构造的滑坡灾害本体与概念语义字典本体相结合，对用户的查询条件进行语义扩展，从而获得更多相关的隐式信息。

1. 实验设置

通过将本体和搜索技术相结合，本节以包含语义关系的本体概念来表示用户输入的查询标准。当用户进行查询时，文档不会以传统的方式与查询条件直接匹配。相反，用户首先确定该查询条件是否对应于本体中的一个概念，如果不是，则直接匹配该查询。否则，根据创建的概念语义字典本体，首先取出查询条件的同义词、中英词、上下文词，最后与原始输入条件一起形成新的搜索条件，最后利用新的搜索条件对灾害相关文献进行查询检索。为了验证该方法的有效性，本书设计并实现了一个基于本体的文献语义检索系统，为灾害相关领域的文献查询提供语义搜索功能。

2. 性能评估与比较

对系统有效性评估通常包括各个维度，其中功能和性能验证是最普遍的方法。功能验证包括确定目标系统是否满足其指定的发展前提条件，而性能验证旨在评估与目标系统相关的时间和空间开销，努力达到最低水平。本节主要集中于与绩效相关的方面的评估。对于一个信息检索系统，系统的性能通常可以根据精确率、召回率和F1值来进行评估。精确率侧重于返回的结果，并确定多少返回的结果与查询条件相关；召回率集中于所有相关文档，并查看返回结果集中的相关文档数量与所有相关文档数量的比率。假设与查询相关的文档数量为 T_p，与查询无关的文档数量为 F_p，与查询相关的文档数量为 F_n，计算精确率（precision，P）

$$P = \frac{T_p}{T_p + F_p} \times 100\% \tag{2-1}$$

召回率的计算方法如下：

（recall. R）

$$R = \frac{T_p}{T_p + F_n} \times 100\% \tag{2-2}$$

从上述公式可以明显看出，当检索系统寻求较高的精确率时，该系统将会匹配与查询条件最相关的文档，这将确保检索到的数据是与查询标准相关的数据。然而，该策略的负面影响是可能与查询标准相关的数据被忽略，导致检索到的数据总体规模较小，进而影响召回率。相反，当系统追求高召回率时，并不能保证检索到的数据都与查询标准相关。虽然搜索结果的总体大小增加了，但精确率降低了。因此，为了平衡精确率和召回率，可以使用 $F1$ 值来进行评价。该值是精确率和召回率的求和平均值，其计算方法如式（2-3）。

$$F1 = \frac{2PR}{P + R} \tag{2-3}$$

在本书中，以精确率直方图和精确率曲线作为比较所实现的检索系统与传统检索方法的评价指标。其中，利用精确率直方图计算多个查询条件下各查询条件的精确率，首先对每个搜索算法分别计算，然后计算同一搜索条件下不同搜索算法之间的精确率差值，最后以直方图的形式表示差值。为了便于更好地实验区分，本书以滑坡灾害领域文献为主要数据源，随机选取了"大型滑坡""滑坡灾害""滑坡危害""预防措施"和"影响区域"进行实验，而其他与滑坡灾害无关的领域的文献作为对照，具体实验结果如表2-4所示。

表2-4 对传统方法与本书的方法之间的查询结果的比较

搜索词	传统方法/%	本书的方法/%	差值/%
大型滑坡	81	89	5

续表

搜索词	传统方法/%	本书的方法/%	差值/%
滑坡灾害	82	92	10
滑坡危害	83	95	12
预防措施	76	82	6
影响区域	75	84	9

对于性能测试，所选择的测试集是如上所述已经进行了语义注释的文献，而所选择的检索条件是上述精确率测试的五个检索条件。根据检索结果，对标准召回率的平均精确率进行整理和分析，如表 2-5 所示。

表 2-5 对不同关键字的查询结果的平均精确率 （单位:%）

标准召回率	大型滑坡		滑坡灾害		滑坡危害		预防措施		影响区域		平均精确率	
	传统的基准	本书的方法	传统的基准	本书的方法	传统的基准	本书的方法	传统的基准	本书的方法	传统的基准	本书的方法	传统的基准	本书的方法
0%	0	0	0	0	0	0	0	0	0	0	0	0
10%	90.0	95.0	90.0	66.7	100.0	100.0	75.0	100.0	100	100	91.00	92.34
20%	100.0	100.0	80.0	80.5	92.0	80.6	75.0	100.0	100	100	89.40	92.22
30%	81.8	90.0	68.5	90.9	89.2	85.0	65.6	100.0	100	100	81.02	93.18
40%	75.0	100.0	72.7	92.0	89.0	58.0	80.0	100.0	100	100	83.34	90.00
50%	82.0	85.6	86.9	90.0	86.9	52.0	75.0	92.5	100	100	86.16	84.02
60%	81.8	88.0	80.0	90.0	84.3	42.9	65.2	92.0	100	100	82.26	82.58
70%	85.0	88.0	77.8	88.9	77.6	35.9	65.0	90.6	100	100	81.08	80.68
80%	78.0	77.5	80.0	87.5	62.8	39.0	64.7	88.9	100	100	77.10	78.58
90%	75.0	76.0	78.2	85.7	31.1	38.6	64.3	87.3	100	100	63.50	77.52
100%	70.6	82.9	80.0	85.0	40.0	66.0	50.0	65.4	100	100	68.12	79.86

如图 2-9 所示，本书根据上表中的数据，绘制了精确率曲线。从图 2-9 中可以看出，所实现的检索系统在标准召回率中的精确率都超过了传统的检索系统，表明总体上有所改进。值得注意的是，当召回率在 10% ~40% 时，实现的检索系统的精确率始终超过传统系统，这意味着扩展查询标准可以检索更多的相关文档。当召回率在 40% ~80% 时，所实现的检索系统的精确率与传统系统相比没有显著差异。然而，当召回率超过 80% 时，所实现的检索系统的精确率比传统系统提高了约 15%。这一值得注意的增强表明，与传统的检索系统相比，所实现的检索系统的精确率有所提高。

虽然人们承认检索系统的性能在很大程度上依赖于知识领域内术语的特殊性，但值得注意的是，提出的"基于本体"策略为查询扩展应用程序中定义描述提供了另一种方法。结果表明，"基于本体"的策略对所有信息查询都获得了最高或令人满意的检索性能。这表明，本书所开发的滑坡灾害基础域本体不仅为查询扩展提供了宝贵的资源，而且为信息检索任务中人类定义的描述提供了一个可行的替代品。

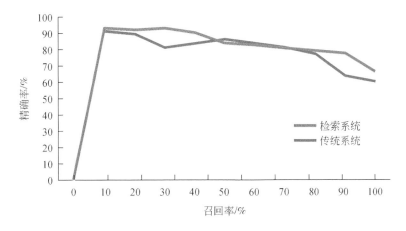

图 2-9　在标准召回率下的精确率

2.5　面向灾害应急的地质灾害链本体、知识图谱构建及应用

2.5.1　地质灾害链知识图谱构建基本流程

地质灾害链知识图谱的构建以地质灾害本体设计为基础，针对地质灾害领域实体结构统一、信息内容及语义关联多样化的特点，通过自顶向下与自底而上相结合的方法构建地质灾害链知识图谱（图 2-10）。模式层自顶向下定义概念实体及其属性、层级语义关系与约束规则等，构建准确、结构层次分明的概念体系架构。数据层自底而上，针对地质灾害数据库、文献报告、互联网泛在文本等不同数据进行实体信息抽取及语义关联，对不同来源知识进行对齐与融合，并将地质灾害、地理对象、地质环境和应急处置的具体实例要素进行分解，建立具体要素与相关概念节点间的映射，形成模式层到数据层的映射，构建综合化的灾害链知识图谱，并以 Neo4j 图数据库的形式存储。

2.5.2　地质灾害链知识图谱模式层构建

从地球信息科学领域角度分析，灾害链演化过程语义可理解为在一定的条件下，演化过程对象在整个灾害生命周期内受孕灾环境、致灾因子的影响，随着灾变特征的变化，引发一系列灾害事件的过程演变序列。地质灾害链传递过程中，灾害之间会存在相互作用，从而使得灾害造成的后果被累积放大，单一灾种的研究无法全面考虑灾害链传递过程中的累积放大后果。

地质灾害链知识图谱模式层是地质灾害领域中概念及其相关关系的表示，包含概念节点集合及概念关系边集合。针对地质灾害链演化过程中的地质灾害事件、地质对象、地质

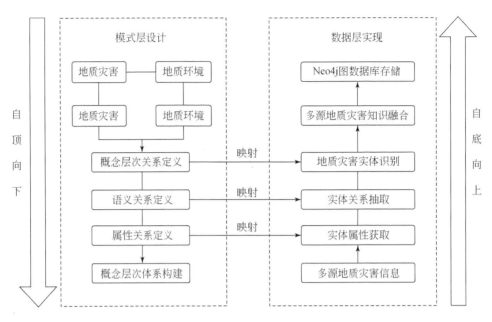

图 2-10　地质灾害知识图谱构建基本流程

环境及应急处置四类要素，联合专家知识对各个要素进行概念定义、属性定义及其约束、关系定义和实例补充。借助本体思想构建地质灾害链知识图谱模式层，地质灾害链本体建模不仅在于灾害知识的逻辑表达，更在于潜在灾害关系的显式化，即以灾害链显式化描述灾害的发展变化过程及其影响，从而探究灾前、灾中和灾后一系列相关事件的时空变化特征及其影响下的应急处置措施。地质灾害链本体建模包含地质环境本体、地质灾害本体、地理对象本体和应急处置本体四个部分（图 2-11）。

1. 本体逻辑结构表达

本体逻辑结构表达是为了在统一的语义表达框架下，将领域知识进行归纳整理，从而构建知识体系之间的逻辑关联，最终服务于信息的抽取及知识推理（Qiu et al., 2019c）。常规的本体逻辑结构表达方法有三类：基于概念、属性、实例的三元组表示方法（三元组），基于概念集、关系集、实例集和公理集的四元组表示方法（四元组），以及基于概念、关系、属性、规则与实例的五元组表示方法（五元组）（Liu and El-Gohary, 2017）。

由于三元组无法有效描述概念之间的关系，难以有效支持后续的知识推理及挖掘潜在的知识关联；四元组无法描述实例属性特征，无法完整描述实例的基本特性。基于此，本书认为五元组表示方法可满足对地质灾害及其作用下的地质环境、地质对象等进行整体性描述，选用五元组作为本体的描述框架，最终形成知识的统一表达，其表示为

$$Onto = (Con, Rel, Prop, Rule, Ins) \qquad (2-4)$$

式中，Con 为概念，代表一系列具有相同特性的事物的集合总称；Rel 为关系，代表概念之间、概念与实例之间的层次关系，以及实例之间的时空关系及语义关系；Prop 为属性，代表实例对象间的关联性以及实例与数值间的关联性；Rule 为规则，代表对领域概念及实

例的取值范围、类型及组合方式的约束表达，从而支持语义推理；Ins 为实例，代表基于领域概念的具体化表达。

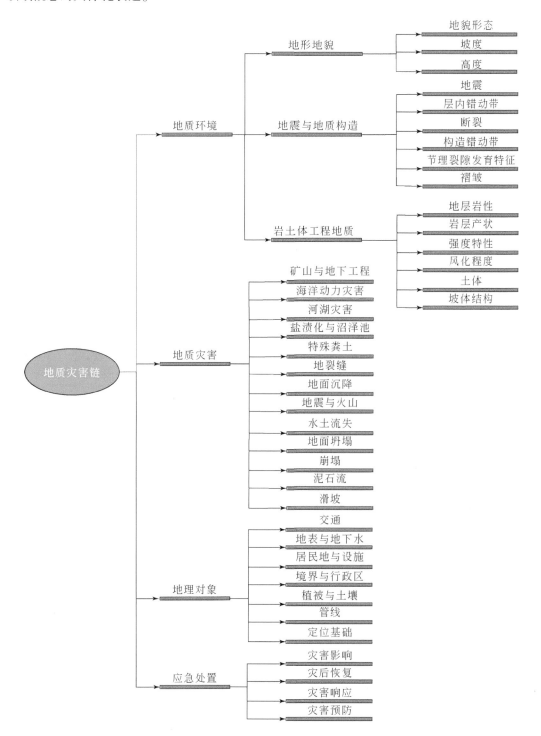

图 2-11　地质灾害链本体

2. 本体间的语义关系表达

地质灾害知识图谱模式层次包含概念节点集合、概念边关系集合两部分，代表的是地质灾害领域中概念节点及概念间关系的表征。本书依据已有先验知识及地质灾害链时空演化机理，对地质灾害领域中的地质灾害事件、地质灾害环境、地理对象及应急处置四类要素进行概念层次的划分，并对概念间属性关系及语义关系进行定义。其中，地质环境本体描述地质灾害本体的孕灾环境；应急处置本体描述地质灾害的响应及应对措施；地理对象本体是地质灾害本体的承载体；地理对象本体为应急处置本体的处理对象（图2-12）。

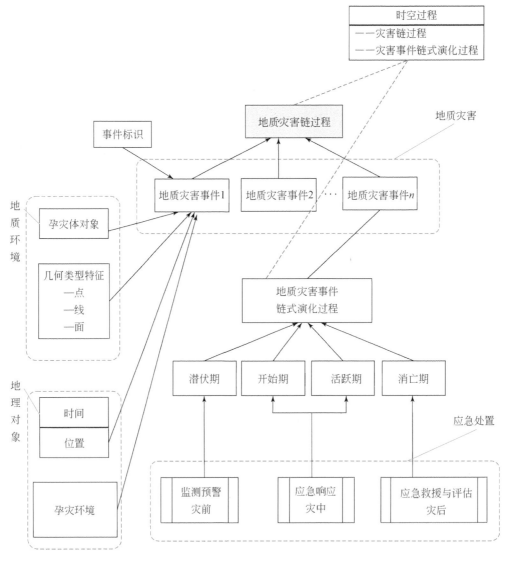

图 2-12　本体之间语义关联图

地质灾害链的演化过程包括潜伏期、开始期、活跃期及消亡期，对应应急救灾时的灾前、灾中及灾后阶段；时空过程是整个地质灾害链中的主线，伴随着地质灾害链过程及地质灾害事件链式演化过程。

通过对地质灾害链进行分析，地质灾害本身是一种典型的具有时空特征的地理事件，如表 2-6 所示。因此，结合自然灾害事件的时空特征，将地质灾害链中实体对象之间存在的关系分为三类：语义关系、事件关系和空间关系（杜志强等，2016）。

表 2-6 地质灾害链语义关系分类

关系类别	关系名称	关系解释
因果关系	Induced	A 灾害引发 B 灾害
	Induced by	A 灾害由 B 灾害引发
	IsPartof	A 灾害是 A 灾害链一部分
	HasComponent	A 灾害链由 B 灾害组成
	Primary_ disaster	A 灾害原生灾害为 B 灾害链的原生灾害
	Secondary_ disaster	A 灾害为 B 灾害链的次生灾害
同源关系	Homologous	A 灾害和 B 灾害为同源关系
放大关系	Amplified	A 灾害和 B 灾害同时导致了一个灾害的发生
地质灾害与承灾体间语义关系	Caused	A 灾害引发了 B 承灾体
	Caused by	A 承灾体由 B 灾害引发

语义关系划分为地质灾害与地质灾害和地质灾害与承灾体两大类关系。在地质灾害链中存在的主要关系包括：①一个地质灾害导致另外一个灾害形成因果关系；②由同一个灾害导致的同源关系；③一个灾害由两个地质灾害源同时导致的放大关系。地质灾害与承灾体关系则是为了强调地质灾害与承灾体之间的语义关系。

时间关系描述的是灾害之间发生的先后次序，主要采用时间点和时间段来表示（张雪英等，2021）。时间点用于描述地质灾害发生或结束某个时刻，时间段则描述地质灾害从开始到结束经历的时间区间，地质灾害链中由于多个灾害之间的复杂关联关系，在同一时间段内可能存在多个灾害同时或先后发生。时间关系分类如表 2-7 所示。

表 2-7 时间关系分类

关系名称	中文解释	逆关系	表达式	图示
Precedes	发生在……之前	After	Procedes (A, B)	
After	发生在……之后	Procedes	After (A, B)	
Contains	包含	During	Contains (A, B)	
During	在……期间	Contains	During (A, B)	
Overlap	相交	Disjoint	Overlay (A, B)	

关系名称	中文解释	逆关系	表达式	图示
Disjoint	相离	Overlap	Disjoint (A, B)	
Meets	相连	MeetedBy	Meets (A, B)	
MeetedBy	被相连	Meets	MeetedBy (A, B)	
Equals	相等	—	Equals (A, B)	
Starts	同时开始先结束	StartedBy	Starts (A, B)	
StartsBy	同时开始后结束	Strats	StartedBy (A, B)	
Finishs	同时结束先开始	FinishedBy	Finishs (A, B)	
FinishedBy	同时结束后开始	Finishs	FinishedBy (A, B)	

地质灾害具有典型的地理属性，每一类地质灾害自身都具备空间属性。因此，本书利用已有空间关系定义来描述地质灾害与地质灾害之间具有的空间位置关系。空间关系划分为拓扑关系、距离关系、方位关系（张雪英等，2012）。拓扑关系涉及常见的八种基本关系（如包含、被包含、相等），方位关系代表常见的八种基本关系（如东、南、西、北等），度量关系代表两个空间位置相对距离之间的度量，如"该地层南侧被侏罗纪花岗岩吞噬，北侧与多彩蛇绿混杂岩断层接触"，方位关系表述为南侧、北侧。本书所定义的空间关系分类如图 2-13 所示。

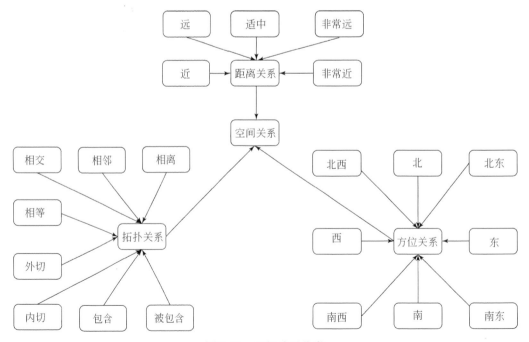

图 2-13 空间关系分类

3. 地质灾害信息层次结构

1）地质灾害本体建模

地质灾害本体建模重点在于地质灾害分类与灾害间的关系表达。地质灾害分类主要依据《中华人民共和国国土资源行业标准地质灾害分类分级》（DZ—2000）和《中华人民共和国地质矿产行业标准地质灾害分类分级（试行）》（DZ0238—2004）中具体概念及层次关系，同时依据地质灾害产生机理，考虑不同类型地质灾害间的次生或者衍生关系，构建地质灾害基本概念与关系的描述。地质灾害按照类别可以划分为滑坡、崩塌、泥石流、地裂缝、地面沉降和地面塌陷等13种地质灾害，各个类别又可以继续划分为小类，如崩塌可分为巨型崩塌、大型崩塌、中型崩塌和小型崩塌等。

除了在概念层次之间的类别关系，不同类别地质灾害间往往还存在诱发关系，最终导致灾害链的产生。同时，不同类别地质灾害的产生机理及影响的对象不同，产生的灾害链也不相同。例如，暴雨可能引发滑坡及泥石流等灾害，最终对房屋、基础设施、农田等造成严重影响，由此形成暴雨灾害链；大气寒流可引发霜冻等灾害，造成植被破坏、土地沙漠化、气候干旱化等影响，形成大气寒流灾害链。

地质灾害本体中的基础框架包括概念及相关关系，而实例、属性及约束进一步丰富并完善了本体框架的逻辑结构。就地质灾害属性而言，时空属性是其一种典型的特性，还包括非时空属性，同时还需考虑不同地质灾害间通用属性与特有属性信息，部分地质灾害通用属性与特有属性如表2-8所示。面向地质灾害约束的重要内容包括地质灾害属性限定范围，如受灾范围及面积表达的合理性。

表2-8　地质灾害属性描述（部分）

项目	属性特征	属性内容	实例
通用属性描述	灾害发生时间	…年…月…日	2019年5月1日
	灾害发生位置	地名/经纬度坐标	武汉
	灾害类别	地质灾害类型	滑坡、泥石流
	灾害规模	灾度分级	巨型崩塌
	⋮	⋮	⋮
特有属性描述	滑坡体的长度	m	110m
	滑坡体的宽度	m	200m
	滑坡体的厚度	m	40m
	降水量	mm	50mm
	流速	km/h	12km/h
	⋮	⋮	⋮

2）地理对象本体建模

地理对象本体建模主要依据《基础地理信息要素分类与代码》（GB/T 13923—2006）中地理信息要素分类层次结构及其相关概念。主要内容包括交通、地表与地下水、居民地与建筑设施、境界与行政区、植被与土壤、管线、定位基础几大类。其中，各类别又可依据上述标准进行细分，如交通可细分为铁路、城际公路、城市道路、乡村道路、道路附属设施、水运设施、航线、空运设施与其他交通设施。地质灾害发生时相关地理对象成为地质灾害链中的必不可少的一环，它既是受地质灾害影响的受灾因素，也是应急响应处置的对象。例如，云南省普洱市发生地震灾害时需对受灾的行政范围、灾区建筑物和民房受损情况进行应急评估与鉴定，及时抢通被破坏的道路、桥梁等交通基础设施，对森林火灾进行预防，灾后对受损的管线进行修复等，案例涉及行政区、居民地与建筑物、交通、管线、植被与土壤等相关地理对象。

地理对象本体中概念的属性既包含面积、距离、长度、数量等几何度量属性，也包括名称等语义描述。地理对象关系包含空间关系与非空间关系两大类。前者含方位关系、拓扑关系等，后者包含等价关系、从属关系、部分/整体关系等描述概念与概念之间、概念与实例之间以及实例与实例之间的语义关系。方位关系描述东、南、西、北、东南、东北、西南、西北等八个方位的度量，如某村庄位于所属县城的西南部，该村庄和县城的方位关系为西南。拓扑关系具体分为包含、邻接和关联，如某国道与某省道表现为拓扑邻接关系。

3）地质环境本体建模

地质环境代表的是地球表面各类环境因素及其相互关系形成的综合体，是人类生存的客观世界存在的地质实体，是人类从事经济与工程活动的载体，同时也是一类可利用的资源。地质灾害的发生与地质环境密切相关，它是地质环境发生不利变化后产生的后果，对人类的生命财产及经济建设造成严重的危害及损失。从分类上看，地质灾害的发生包括由地质作用诱发的自然地质灾害及人类经济与工程活动等人为因素造成的地质灾害。地质环境是地质灾害形成与发展的基础和条件。地质灾害的空间分布及其危害程度与地形地貌、地质构造格局、新构造运动的强度与方式、岩土体工程地质类型、水文地质条件、气象水文及植被条件、人类工程活动的类型等有着极为密切的关系。例如，危岩体地质结构、危岩体及周边的地层岩性、危岩体及周边的水文地质条件、危岩体周边及底界以下地质体的工程地质特征、危岩体变形发育史、危岩体形成的动力因素等。

地质灾害作用下的地质环境本体建模涉及自然因素及人为因素引起的诸多地质环境对象，其基本概念和关系制定依据《地质灾害调查规范》（DB14/T 2122—2020）中的概念及具体层次关系。地质环境类别包含地形地貌环境、岩土体工程地质环境、地质构造环境三大类，各类别又可继续划分，如岩土体工程地质环境可划分为地层岩性、岩层产状、强度特性、风化程度、土体、坡体结构。

4）应急处置本体建模

应急处置本体建模的主要依据为《地质灾害防治条例》《国家突发公共事件总体应急预案》相关文件。依据灾害风险管理及应急处置基础理论，将地质灾害发生的全过程划分成为灾前、灾中和灾后三个不同阶段层次，其每个阶段目标及任务不同。灾前应急主要是为了灾前预防及预警，对应应急任务包括地质灾害风险预警与监测、地质灾害风险评估；灾中应急目标包括地质灾害的响应及快速处置，其应急任务包括灾害快速评估、救助资源快速配置与协调、灾害应急演练等；灾后应急主要目标是恢复及重建以及对地质灾害的总结与分析，其对应应急任务包括综合性评估及恢复后的效果推演等。

2.5.3 地质灾害链知识图谱数据层构建

地质灾害链知识图谱数据层旨在模式层中四类本体库的概念框架指导下，针对地质灾害数据库（如国家地质灾害数据库）、地质灾害报告文献及其他泛在互联网文本资源等多源异构数据源，采用算法抽取实体、关系及属性，并进行数据的融合，继而将抽取的三元组知识存储到图数据库（如 Neo4j）中（崔斌等，2019；黄权隆等，2018；Mario et al.，2018）。

1. 基于序列标注的地质灾害实体及关系抽取

面向不同的知识数据来源，需设计对应的实体、关系及属性抽取方法。结构化的数据由于数据库字段定义清晰，通过设计字段与关键词映射规则即可直接从数据库中获取地质灾害实体及对应属性信息，地质灾害对象间语义关系也可通过数据库中建立的字段关联进行映射。针对非结构化文本数据（包括基于爬虫清洗后数据），需要通过数据预处理、中文分词、模板匹配、规则定义等文本处理方法结合机器学习等抽取地质灾害目标实体及关系，获取原始的目标实体及对应关系。

本书实验采用 BERT（bidirectional encoder representations from transformers）- BiLSTM（bi-directional long short-term memory）- Attention-CRF（conditional random field）架构。BERT 模型将词转换为向量形式，基于采用的双向 Transformer 架构，使得输入更好地结合上下文的信息；BiLSTM 主要由三个门函数构成，分别为输入门、遗忘门和输出门，解决了长时间训练过程中存在的梯度消失和梯度爆炸等问题，具有长时记忆功能；Attention 层可使得在命名实体识别的过程中动态地利用词向量和字符向量之间的信息；CRF 层可使得模型考虑每个标签之间的相关性，通过概率大小输出标签会使得结果更具有顺序性。实验以 15 篇地质灾害报告为数据源，采用 BIO 标注体系对地质灾害实体进行标注，其中 B 代表实体的起始位置，I 代表实体中除起始位置的其他位置，O 则代表非实体。最终，共标注 18 928 个句子，选择其中 13 249 个句子作为训练集，5678 个句子作为验证集。算法评价指标采用准确率、召回率和 F1 值三类。

2. 多源地质灾害知识融合

在构建地质灾害链知识图谱中，由于地质灾害实体在不同类型数据中的实体名称、实体描述、类别均存在差异性，因此需要消除各类地质灾害实体的歧义，并将相同含义实体进行知识融合。例如，蒸发盐类塌陷、岩盐塌陷二者表达的本质内容其实是一致的。

本书所属类别、对象功能、对象具体描述、时间信息、位置信息等对象基本属性通过设置相似性阈值控制是否对实体进行融合。其中，针对对象时间属性，当文本相似度较高时，选择时间属性较新的实体作为候选实体。具体操作如下：对识别的地质灾害实体进行中文分词、计算分词词频，构建实体名称向量，通过词向量将其从语义空间转换到向量空间，计算向量之间的夹角余弦值，通过余弦值设置合理阈值判断实体间相似程度，最终实现实体融合。实验中经过测试，相似性阈值设置为 0.6，实体融合效果最好，如表 2-9 所示。

表 2-9　知识融合前后结果展示

知识融合前	知识融合后
古滑坡识别微观形态，古老滑坡识别微观形态	古滑坡识别微观形态
蒸发盐类塌陷，岩盐塌陷	蒸发盐类塌陷
海洋动力灾害，海岸动力灾害	海洋动力灾害
⋮	⋮

3. 知识存储

通过上述处理流程，将不同数据源中的信息数据转换为结构化的知识。本书采用图数据库对地质灾害链知识图谱从概念层次、实体层次、属性层次等多个维度进行可视化展示，实现结构化知识到图数据库中三元组知识间的映射，为后续进行知识图谱的补全及知识推理等应用提供了支撑（崔斌等，2019；黄权隆等，2018；Mario et al.，2018）。

2.5.4　地质灾害链知识图谱实例分析

1. 知识获取及效果验证

本书根据地质灾害数据的多样性，结合地质灾害数据类型，基于不同的数据来源获取数据。本书以汶川地震灾害为例，从国家地质灾害数据库、地质灾害专业网站以及领域专业文献资料等多平台获取的多源数据中抽取该地震灾害发生的时间、位置、地质环境、区域历年来发生的所有灾害记录以及人口、房屋、经济等损失信息，通过信息抽取与知识融合后进行可视化展示。

实验中所有的对比实验均采用统一数据集，模型的参数经过多次调整为最佳训练参数。为验证 BERT-BiLSTM-Attention-CRF 模型在命名实体识别中的效果，本书同时进行了规则匹配、BiLSTM、BiLSTM-CRF、BiLSTM-Attention-CRF 四种模型对比实验，实验结果如表 2-10 和表 2-11 所示。相比其他四种模型，BERT-BiLSTM-Attention-CRF 模型获得的准确率和召回率更高，分别达到了 96.50% 和 68.00%，综合度量 $F1$ 值也达到了 79.78%。针对关系抽取实验，所有深度学习方法准确率较高，但召回率不高，最终导致 $F1$ 值提升不大。通过对比实验结果可以得出，BERT-BiLSTM-Attention-CRF 模型对命名实体识别及实体关系抽取具有最优效果。表 2-12 和表 2-13 展示了部分实体及关系抽取结果。

表 2-10　不同模型方法实体识别实验结果

模型	精确率/%	召回率/%	$F1$ 度量/%
规则匹配	84.10	50.59	63.18

模型	精确率/%	召回率/%	F1 度量/%
BiLSTM	91.30	60.80	72.99
BiLSTM-CRF	92.50	62.60	74.67
BiLSTM-Attention-CRF	93.20	65.40	76.86
BERT-BiLSTM-Attention-CRF	96.50	68.00	79.78

表 2-11 不同模型方法实体关系识别实验结果

模型	精确率/%	召回率/%	F1 度量/%
BiLSTM	75.12	45.10	56.36
BiLSTM-CRF	79.11	58.45	67.23
BiLSTM-Attention-CRF	80.56	60.23	68.93
BERT-BiLSTM-Attention-CRF	85.69	62.23	72.10

表 2-12 基于 BERT-BiLSTM-Attention-CRF 方法实体抽取结果示例

原文	抽取结果
坠落式崩塌主要为位于高暴发边坡中上部的崩塌物质呈悬空或悬挑式状态，在岩体拉断、折断而产生的崩塌	[坠落式崩塌，崩塌，岩体]
滑坡等地质灾害主要发育在背斜核部与翼部的过渡部位	[滑坡]
安县地层从震旦系至白奎系以及第四系均有出露，以龙门山和四川盆地两个构造单元，分为两套地层	[震旦系，白奎系，第四系，龙门山，四川盆地]

表 2-13 基于 BERT-BiLSTM-Attention-CRF 方法实体关系抽取结果示例

原文	抽取结果
坠落式崩塌主要为位于高暴发边坡中上部的崩塌物质呈悬空或悬挑式状态，在岩体拉断、折断而产生的崩塌	[位于]
滑坡等地质灾害主要发育在背斜核部与翼部的过渡部位	[发育]
云南省德宏州芒市芒市镇夏东村发生一起山洪泥石流灾害，致使两户民房掩埋	[致使]

2. 地质灾害链知识图谱模式层

按照本书中所呈现的自顶向下地质灾害链知识图谱构建方法，首先构建地质灾害链知识图谱模式层，构建包含地质灾害、地质环境、地理对象及应急处置四类核心要素的地质灾害链本体，同时对本体概念间层次关系（如父子关系）、要素属性关系及概念间语义关系进行形式化定义，最终构建模式层（图 2-14）。从图 2-14 中可以看出，所构建的地质灾害链模式层能够对地质灾害链时空演化过程及地质灾害进行完整性描述，同时也能够将地质环境、地理对象及应急处置间语义关系进行表达，形成对地质灾害链的整体描述，理清各灾种之间的成因关系、相互转化机理和潜在风险，查明并掌握其发生、发展和转换等演变规律，可为防灾减灾提供可靠的理论依据和技术支撑，以提高灾害的防治水平。

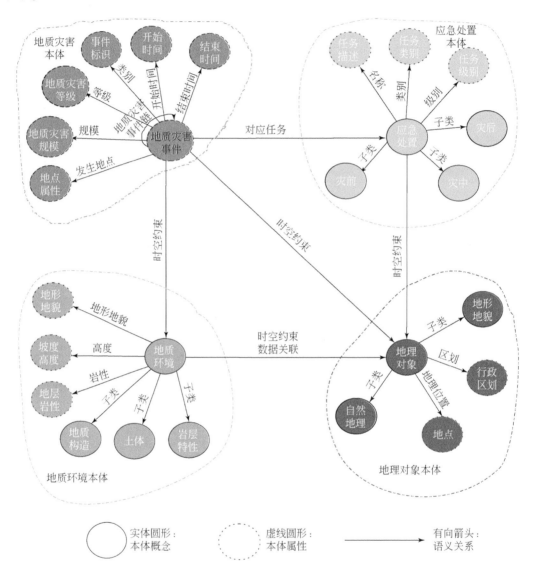

图 2-14　地质灾害链知识图谱模式层（部分）

3. 地质灾害链知识图谱数据层

模式层到数据层的映射主要是通过建立地质灾害实体、语义关系和自然语言描述对照词典实现关联，如拓扑相离关系和拓扑包含关系对应方位词，拓扑相交关系对应空间动词。基于自顶向上的方法从国家灾害网、地质灾害专业网、地质灾害报告、互联网文献获取多源数据。按照地质灾害链本体结构，从多源数据中获取了地质灾害发生的时间、位置、地质环境、区域历年来发生的所有灾害记录以及人口、房屋、经济等损失信息，对地质灾害链实例进行实体、关系及属性值的抽取。从多源数据中抽取实体共 5897 个，按照知识融合后得到实体 3587 个，关系 135 个，属性值 198 个。利用图数据库 Neo4j 存储上述抽取实体及关系，部分的地质灾害链知识图谱数据层的部分节点及关系如图 2-14 所示。其中，基础地理对象是地质灾害链知识图谱中重要的组成部分，如气候、地形地貌、降水量等；应急管理对象表示灾情中密切关注的场景对象，如应急指挥部、医院、避难场所、救援物资、救援路线等；次生灾害代表由地震引起的各类二次灾害的事件，如泥石流、堰塞湖、崩塌、爆炸等；地质环境是灾害发生的孕灾体，如海拔、地层、地形坡度、岩性等。

图 2-15 较为完整地展示了地质灾害链中的地质灾害事件与地质环境、地理对象、应急处置实体间语义关系及实体属性关系。其中橙色节点 "汶川地震灾害" 关联了 "彭州市回龙沟崩塌" 及 "北川县王家岩滑坡"，代表了地质灾害的链式反应，与节点 "汶川地震灾害" 相关的节点有灾害发生地点、发生时间、灾害类型等属性节点，以及对应的应急任务节点（绿色）。地质灾害发生灾前、灾中、灾后不同的应急过程具有所对应的应急任务，如在灾中关联灾害救援，灾后关联重建与评估。

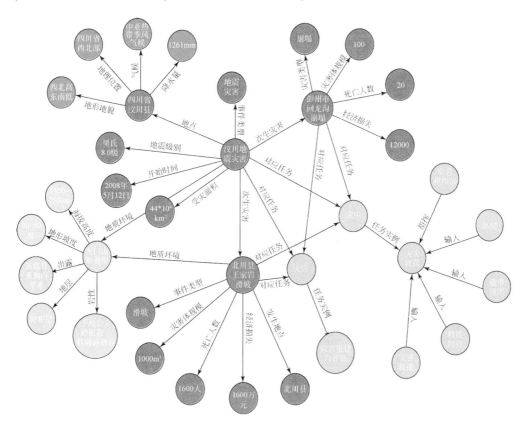

图 2-15　地质灾害链知识图谱数据层

在查询某一条地质灾害链知识时，地质灾害链知识图谱系统通过知识图谱中构建的语义网络查询实体信息,并对这一类型下知识结构进行可视化展示(图2-16)。对地质灾害链知识图谱知识进行查询,查询结果展示了不同地质灾害实体信息、地质环境信息和灾害属性信息等类型实体信息间的关联关系,展示了地质灾害链实体(地震–滑坡–泥石流)、地质环境、地理对象、应急处置等在实际应用表现及其之间的信息关联,实现了地质灾害信息在深度和广度层面上的知识关联和梳理分析。

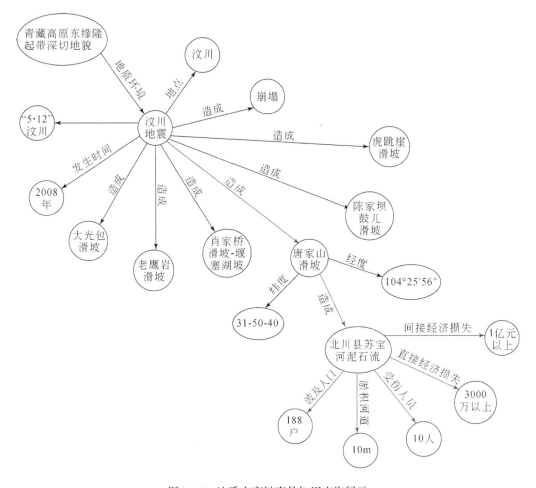

图2-16 地质灾害链事件知识查询展示

在信息查询方面,依据关键词信息筛选地质灾害链应急响应三元组组合,输出与之相关的实体内容。如图2-17所示,查询北川县苏宝河泥石流应急响应措施,依据"北川县苏宝河泥石流"和"措施"这两个关键词,建立了"北川县苏宝河泥石流(地质灾害对象)—学校(场景)—泥石流避难措施(应急处置服务)—避难路线规划(应急处置服务)"的关联脉络,调用了避难路线规划功能,计算到紧急避难点的疏散路线,有效关联了场景信息、防灾减灾策略和功能服务实体,由此运用地质灾害防治知识网络实现了针对用户需求的智能化信息查询。

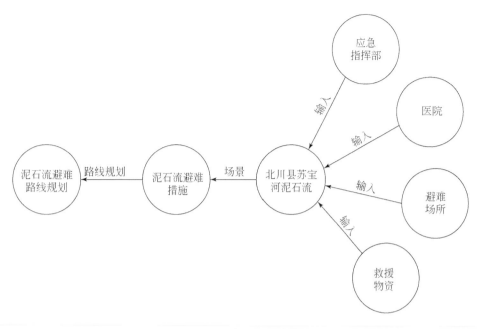

图 2-17　地质灾害应急响应信息查询

参 考 文 献

崔斌，高军，童咏昕，等，2019. 新型数据管理系统研究进展与趋势. 软件学报，30（1）：164-193.

杜志强，顾捷晔，2016. 灾害链领域本体构建方法—以暴雨洪涝灾害链为例. 地理信息世界，23（4）：7-13.

黄权隆，黄艳香，邵蓥侠，等，2018. HybriG：一种高效处理大量重边的属性图存储架构. 计算机学报，41（8）：1766-1779.

张雪英，张春菊，朱少楠，2012. 中文文本的地理空间关系标注. 测绘学报，41（3）：468-474.

Gan L，Wang L，Hu Z N，et al，2022. Do geologic hazards affect the sustainability of rural development？Evidence from rural areas in China. Journal of Cleaner Production，339：130693.

Han J L，Wu S R，Wang H B，2007. Preliminary study on geological hazard chains. Earth Science Frontiers，14（6）：11-20.

Hwang J，Nam K W，Ryu K H，2012. Designing and implementing a geologic information system using a spatio-temporal ontology model for a geologic map of Korea. Computers & Geosciences，48：173-186.

Karpatne A，Ebert-Uphoff I，Ravela S，et al，2018. Machine learning for the geosciences：challenges and opportunities. IEEE Transactions on Knowledge and Data Engineering，31（8）：1544-1554.

Li S，Chen J P，Xiang J. 2018. Prospecting information extraction by text mining based on convolutional neural networks-a case study of the Lala copper deposit，China. IEEE Access，6：52286-52297.

Liu K J，El-Gohary N，2017. Ontology-based semi-supervised conditional random fields for automated information extraction from bridge inspection reports. Automation in Construction，81：313-327.

Liu M，He Y D，Wang J X，et al，2015. Hybrid intelligent algorithm and its application in geological hazard risk assessment. Neurocomputing，149：847-853.

Lumb L I，Freemantle J R，Lederman J I，et al，2009. Annotation modeling with formal ontologies：Implications for informal ontologies. Computers & Geosciences, 35 (4): 855-861.

Ma K, Tan Y J, Xie Z, et al, 2022a. Chinese toponym recognition with variant neural structures from social media messages based on BERT methods. Journal of Geographical Systems, 24 (2): 143-169.

Ma K, Tan Y J, Tian M, et al, 2022b. Extraction of temporal information from social media messages using the BERT model. Earth Science Informatics, 15 (1): 573-584.

Ma X G, 2017. Linked geoscience data in practice: where W3C standards meet domain knowledge, data visualization and OGC standards. Earth Science Informatics, 10 (4): 429-441.

Ma X G, Carranza E J M, Wu C L, et al, 2012. Ontology-aided annotation, visualization, and generalization of geological time-scale information from online geological map services. Computers & Geosciences, 40: 107-119.

Ma X, Fox P, Rozell E, et al, 2014. Ontology clynamics in data life cycle: challenges and recommendations from a geoscience perspective. Journal of Earth Science, 25 (2): 407-412.

Ma X G, Wu C L, Carranza E J M, et al, 2010. Development of a controlled vocabulary for semantic interoperability of mineral exploration geodata for mining projects. Computers & Geosciences, 36 (12): 1512-1522.

Ma X G. 2018. Data science for geoscience: leveraging mathematical geosciences with semantics and open data. // Daya Sagar B, Cheng Q, Agterberg F. Handbook of Mathematical Geosciences. Cham: Springer.

Ma Z J, Mei G, 2021. Deep learning for geological hazards analysis: data, models, applications, and opportunities. Earth-Science Reviews, 223: 103858.

Malone A, Santi P, Cabana Y C, et al, 2022. Cross-validation as a step toward the integration of local and scientific knowledge of geologic hazards in rural Peru. International Journal of Disaster Risk Reduction, 67: 102682.

Mantovani A, Piana F, Lombardo V, 2020. Ontology-driven representation of knowledge for geological maps. Computers & Geosciences, 139: 104446.

Mario M, Fabio M, Mirko C, et al, 2018. GraphDBLP: a System for Analyzing Networks of Computer Scientists Through Graph Databases. Multimedia Tools and Applications, 77 (14): 18657-18688.

Niu H T, 2020. Smart safety early warning model of landslide geological hazard based on BP neural network. Safety Science, 123: 104572.

Qiu Q J, Ma K, Lv H R, et al, 2023. Construction and application of a knowledge graph for iron deposits using text mining analytics and a deep learning algorithm. Mathematical Geosciences, 55 (3): 423-456.

Qiu Q J, Xie Z, Ma K, et al, 2022b. Spatially oriented convolutional neural network for spatial relation extraction from natural language texts. Transactions in GIS, 26 (2): 839-866.

Qiu Q J, Xie Z, Wang S, et al, 2022a. ChineseTR: a weakly supervised toponym recognition architecture based on automatic training data generator and deep neural network. Transactions in GIS, 2022a, 26 (3): 1256-1279.

Qiu Q J, Xie Z, Wu L, 2018a. A cyclic self-learning Chinese word segmentation for the geoscience domain. Geomatica, 72 (1): 16-26.

Qiu Q J, Xie Z, Wu L, et al, 2018b. DGeoSegmenter: a dictionary-based Chinese word segmenter for the geoscience domain. Computers & Geosciences, 121: 1-11.

Qiu Q J, Xie Z, Wu L, et al, 2019b. Geoscience keyphrase extraction algorithm using enhanced word embedding. Expert Systems with Applications, 125: 157-169.

Qiu Q J, Xie Z, Wu L, et al, 2019c. GNER: a generative model for geological named entity recognition without labeled data using deep learning. Earth and Space Science, 6 (6): 931-946.

Qiu Q J, Xie Z, Wu L, et al, 2019a. BiLSTM-CRF for geological named entity recognition from the geoscience literature. Earth Science Informatics, 12 (4): 565-579.

Tripathi A, Babaie H A, 2008. Developing a modular hydrogeology ontology by extending the SWEET upper-level ontologies. Computers & Geosciences, 34 (9): 1022-1033.

Wang C, Ma X, Chen J, 2018. Ontology-driven data integration and visualization for exploring regional geologic time and paleontological information. Computers & Geosciences, 115: 12-19.

Xu H, Zhao Y, Huang H, et al, 2023. A comprehensive construction of the domain ontology for stratigraphy. Geoscience Frontiers, 14 (5): 101461.

Zhang X Y, Huang Y, Zhang C J, et al, 2022. Geoscience knowledge graph (GeoKG): development, construction and challenges. Transactions in GIS, 26 (6): 2480-2494.

Zhong B, Li H, Luo H, et al, 2020. Ontology-based semantic modeling of knowledge in construction: classification and identification of hazards implied in images. Journal of Construction Engineering and Management, 146 (4): 04020013.

Zhou C H, Wang H, Wang C S, et al, 2021. Geoscience knowledge graph in the big data era. Science China Earth Sciences, 64 (7): 1105-1114.

第 3 章 面向文本的地质命名实体识别

3.1 引　言

随着大数据时代的到来，地质领域的科学研究也逐步向数字化、智能化迈进（成秋明，2021）。面对大量非结构化文本数据的增长与地质资料中蕴含丰富知识未被有效利用之间的矛盾，从地质文本当中挖掘未被分析的地质语义信息已成为目前地质信息科学迫切需要解决的问题（张雪英等，2023；Qiu et al.，2024）。用科学的方式对地质文本中的海量信息进行处理，从中分析和挖掘出有价值的核心信息和关键数据，形成便捷的结构化知识的技术手段是当前研究的关键。在矿产地质领域，地质工作者往往需要处理大量的地质文本，包括矿产地质报告、学术论文等，实现自动提取、分析、评价与矿产预测相关的信息以及确认矿床/矿体位置的任务目标，以获取众多矿体结构、资源分布等信息，最终构建形成矿产地质领域知识图谱，可以为快速获取矿产预测、定位等相关的地质知识提供重要的支撑（周成虎等，2021；张春菊等，2023）。

知识图谱（knowledge mapping，KG）是利用实体提取、关系提取以及语义消歧等手段，实现对非结构化文本的结构化提取、交融和存储工作，生成一个综合性的实体关系网络图（Fensel et al.，2020）。但知识图谱质量构建的好坏很容易受到命名实体识别、实体对齐、语义消歧等上游任务的影响，且命名实体识别作为知识图谱构建的第一个环节，其影响程度更是不言而喻。命名实体识别（named entity recognition，NER）旨在从一段非结构化文本中识别出具有某些特定含义的实体，并将实体赋予所属的类别标签（Li et al.，2020）。目前，命名实体识别在金融经济、生物医疗、新闻媒体等通用领域也已经有了很多应用（Mi and Fan，2023），在矿产地质领域也已经进行了一些相关研究（张雪英等，2018；邱芹军等，2023；谢雪景等，2023），但是不同阶段的发展不均衡，实际应用层面也存在一定局限性。这种局限性主要体现在两个方面。

1）标准数据集匮乏

在现有的实体提取研究中，尚未有公开标准的矿产地质实体识别数据集，导致该领域的实体提取任务还面临训练数据匮乏的难题。因此，本书首先通过人工标注的方法构建了少样本矿产地质语料库，并利用数据增强手段将数据集进行扩充，从而实现在少样本标注语料的情况下产生丰富的扩充样本，进而提升模型识别精确率。

2）矿产地质文本语义复杂

由于矿产地质领域的文本结构复杂，表述方式多样化，且包含专业名词或特殊符号，导致该领域的实体识别任务面临实体边界模糊、实体嵌套、实体分布不均匀等难题。现有的机器学习或深度学习模型不足以适应该领域数据的独特语义特点，若将通用领域的实体识别模型直接移植到矿产地质领域，识别效果往往不尽如人意。

随着自然语言处理技术的不断进步，命名实体识别在矿产地质领域的应用将更加广泛和深入。首先，在矿产地质领域提高命名实体识别的精确率有助于从海量的地质文本获取有关地层结构和矿产资源等诸多信息，构建矿产地质领域的知识图谱，提高地质信息的检索和应用效率；其次，可以将不同来源的数据进行整合与管理提高数据的规范性和可用；最后，命名实体识别在矿产地质文本领域的应用对于提高信息处理效率、支持决策制定、促进科学研究和技术创新等方面也都具有重要意义。

3.2 相关工作

命名实体识别主要分为基于字典与规则方法、基于机器学习方法、基于深度学习方法三种（Liu et al.，2022）。其中，基于字典与规则的方法需要人工预先构建领域命名实体词典，通过字符串匹配、模式匹配等方式对文本中的实体进行查找，其识别效果较为可观，但对专家知识的依赖性较强，耗时耗力且移植性差；基于机器学习的方法主要依靠数据集和统计模型来进行实体识别，对比基于字典与规则的方法，基于机器学习方法不依赖特征模板，但需花费较大人工成本标注数据集；基于深度学习方法是指利用网络模型，采用端对端的方式进行实体识别，减少了因规则模板和特征表示存在不足导致的实体识别误差，既不需要依赖人工构建的特征，也不需要构建大量数据集。

1. 基于字典与规则的方法

早期命名实体识别采用基于字典与规则的方法，这需要在专家预先定义的领域词典或规则模板集合的基础上，通过字符串匹配等方式对非结构文本中的实体进行识别。例如，周昆（2010）结合中文分词模型构建了命名实体识别的规则库并采用规则匹配的方法识别实体，该系统在识别新的实体的同时还可以生成新的规则；Zaghouani（2012）通过分析大量的新闻文本，并根据阿拉伯语的语法为人名、组织、和日期等实体类别制定识别规则，构建基于规则的阿拉伯语命名实体识别系统；包敏娜和斯·劳格劳（2017）加入词典进行匹配，并引入有限状态自动机，实现蒙古文命名实体识别。但基于字典与规则的方法存在泛化能力差、词典构造成本高的问题，实际应用中需要定义对应的规则模板，耗费大量时间成本（王颖洁等，2023）。

2. 基于机器学习的方法

基于机器学习与统计学的命名实体识别方法使得命名实体识别技术得到了进一步发展。目前，主要的机器学习的方法有隐马尔可夫模型、决策树、最大熵模型、支持向量机和条件随机场等（Liu et al.，2022）。机器学习方法的出现使得 NER 的解决思路从字符串匹配发展到文本序列标注。例如，李丽双等（2007）提出一种基于支持向量机的中文地名的自动识别的方法，结合地名的特点信息作为向量的特征；韩春燕等（2015）利用 CRF 提取特征级、句子级和词汇级特性，并将它们与字典特性一起输入到另一个 CRF 中用于实体微博域的识别；Feng 等（2020）利用隐马尔可夫模型在桥梁域内的词汇特征和专有规则进行桥梁识别实体。这些方法虽然不需要依赖人工构建规则模板，但需要人工标注大量数据集且识别精确率依赖所构建特征的效果好坏。

3. 基于深度学习的方法

随着人工智能时代的来临，深度学习技术在自然语言领域取得了显著进展。常见的深度学习的方法有循环神经网络（recurrent neural network，RNN）、卷积神经网络（convolutional neural network，CNN）、双向长短时记忆神经网络（bi-directional long short-term memory，BiLSTM）、双向门控循环神经网络（bi-directional gated recurrent unit，BiGRU）等（王颖洁等，2023）。目前，在通用领域命名实体识别方面已经利用深度学习方法进行了大量的探索。例如，Huang等（2015）最早将BiLSTM-CRF应用到序列标记任务，使得之后越来越多学者将BiLSTM作为编码序列上下文信息的基本架构；Lample等（2016）利用BiLSTM提取单词的字符级表示，并与预训练的单词级嵌入相连接，模型取得了较好的性能；Li等（2017）应用多层CNN来生成文本的字符级表示，并将最终嵌入送到双向递归神经网络中；Shen等（2017）认为当实体类型数量较多时，RNN标签解码器的性能优于CRF，并且训练速度较快；Hoesen和Purwarianti（2018）探究CRF与Softmax在增加标签嵌入基础上对印度尼西亚语进行命名实体识别的精确率影响，结果表明后者表现优于前者；Ali和Tan（2019）构建了BiLSTM-Attention-BiLSTM的网络模型进行阿拉伯语命名实体识别，在ANER和AQMAR上的数据集上的F1分数达到了92%；Zhang等（2019）将Glove和word2vec合并的向量作为词嵌入，提出了基于词性注意力机制的多域命名实体识别方法BiLSTM-Attention-CRF，结果表明该模型可以有效识别多域命名实体；王子牛等（2019）提出通过BERT预训练模型得到字符向量表示，在不引入任何特征的情况下，在人民日报数据集上得到了良好的表现；Gao等人（2021）采用BERT中文预训练向量，结合BiLSTM-CRF中文命名实体识别模型，应用于CCKS2020电子病历数据集，结果表明该模型的结果优于其他模型；Zhao等（2022）提出一种基于IDCNN模型的字符级多特征融合命名实体识别方法，IDCNN可以在提取远距离语义信息的前提下，充分利用GPU的并行能力，最终通过CRF层提高实体标签预测的准确性。胡稳和张云华（2023）通过引入BERT语言预训练模型完成了医疗文本的命名实体识别，并结合BiGRU和CRF，提高了实体识别准确率。与机器学习相比，基于深度学习的实体识别方法能够自主学习到实体的特点以及文本中的上下文关系，减少了对人工构建特征的依赖性，这就很好地避免了机器学习中的特征误差传播问题（Chang和Han，2023；Parsaeimehr et al.，2023）。

在地质领域，储德平等（2021）设计的ELMO-CNN-BiLSTM-CRF，将字符级别的信息和词汇动态特征有效结合，缓解字向量特异性不足的问题，提高对地质文本实体局部信息的提取能力。Lv等（2022）和王权于等（2023）提出了基于BERT-BiGRU-CRF模型的命名实体识别模型，并分别在地质文本、岩土工程文本上进行了实验，均取得了不错的效果。王刘坤和李功权（2023）利用领域预训练模型GeoERNIE学习了地质领域的先验语义知识，并结合自定义地质领域主体词表对复杂命名实体进行分词，能够提升模型整体性能。孙鋆霖（2023）通过将BERT替换成XLNet来增强预测双向前后文信息的能力，继而优化了 BERT 模型中 MASK 机制下的信息缺失问题，最后在农业地质文本上表现较为突出。Qiu 等（2023）利用轻量级预训练模型 ALBERT（a lite bidirectional encoder representations from transformers）来进行区域地质调查文本的命名实体识别，一定程度上缓解了 BERT 巨额参数导致训练成本较大的问题。

命名实体识别技术发展至今，嵌入层表示从单一字符信息到字符信息与多特征嵌入的融合再到 BERT 的动态预训练表示；编码层从过去单一的神经网络发展到如今的多种网络模型结构混合深层学习的框架；解码层也从 Softmax 发展到 CRF。但针对矿产地质文本序列的词语之间缺乏间隔、实体长度过长、实体类别繁多等一系列问题，如何选择合适的网络架构模型及字符、词汇语义特征使得矿产地质领域 NER 识别效果有所提升仍然面临极大的挑战。

3.3 顾及地学知识的预训练模型 CnGeoPLM 构建

3.3.1 数据与模型

CnGeoPLM 是一个中文地质领域预训练表征模型。模型框架构建（图 3-1）可分为五个部分：地质文本数据收集与整理、模型初始化、模型后训练、模型微调和可视化。在后两个步骤中，本章节进行了 GeoNER、GeoRE 和 GeoClu 三项评估实验，并对三项实验的结果进行了分析，以评估 CnGeoPLM 在地质领域的性能。

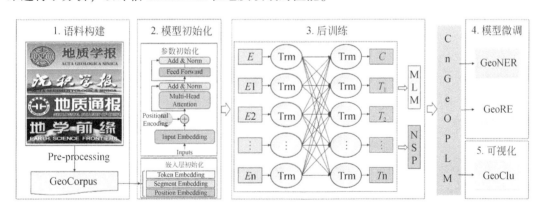

图 3-1 中文地质预训练模型训练流程图

本小节主要阐述用于模型训练的数据的来源与处理方式。为了保证语料库充分蕴含地质文本特点，其主要来源是地质报告以及地质论文摘要。

（1）地质报告。地质报告中的文本内容，包含了对矿物、岩石、地质作用等元素的特性、分布、关系等信息的大量描述，并且如今地质报告的数量依旧在增长，文本内容集中，因此本章主要利用程序对大量的地质报告进行文本提取。首先借助工具将其统一为 DOCX 的文档格式，使具有以换行符作为段落分隔符的特点，再结合 DOCX 的 Python 库，最终实现对地质报告的文本提取。在提取文本的过程中，本方法忽略了内容多为短语的表格，删掉了与地质无关的内容，如作者简介。

（2）地学期刊摘要。本章搜集了 34 种地质期刊中所有可见的论文摘要。这部分内容的特点在于文本中干扰模型训练的元素较少，提取后不需要复杂的数据清洗便可以直接用于训练。

（3）地学学位论文摘要。本章搜集了 161 所大学和科研机构的地质学学位论文的摘要，进一步增大了该语料库。

数据整理之后，为了保证语句的通顺度以及地质学内容的较高权重，本方法删除了语料中不通顺的语句，并将文本中的序号、标记、数值等特殊符号统一转成了字母 N。这些数据处理，能够确保模型在训练过程中，将更多注意力集中在地质文本特征上，更好地结合上下文完成 MASK 部分的预测以及上下句的判断，使得 MLM 以及 NSP 两项任务能够得到更高的准确率，从而提升 CnGeoPLM 在地质领域的性能。

1. 模型初始化

BERT 自被提出之后，大量基于 BERT 的研究取得了重大进展，其强大的语言表征能力主要体现在通用领域，这主要是因为其训练数据来源于书籍、维基百科文章中大量的文本内容，这些文本内容更加偏向于通用领域。由于地质文本中除了地质学术语以外，也有很大一部分的通用领域文本，因此利用 BERT 来初始化 CnGeoPLM，在此基础上完成第二阶段的训练，可以使本书预训练模型在继承 BERT 在通用领域的突出能力的基础上，继续学习地质学文本特性。在 BERT 发布的众多版本中，其中 chinese_L-12_H-768_A-12 是针对中文的。因此，在本章节中所指的 BERT 都是该版本。

在词汇标记方式中，BERT 采用的是一个大小为 110K 的 WordPiece 词典，其词频和与数据权重一致，对于输入的数据并未采用其他的标记方式，从而在零样本也可以正常训练。同时，WordPiece 的强大之处还在于，它解决了英文因时态等词形变化导致标记（Token）不在词典中的问题，如 playing 将会被处理为 play 和##ing。此外，WordPiece 适用于包括中文在内的使用最多的前 100 种语言。中文的特点在于字或者词之间没有空格。那么对于这种情况，BERT 的处理方式是在 CJK Unicode 范围内的字符周围添加空格，然后再利用 WordPiece 进行处理。因此，在 CnGeoPLM 的数据标记方案，依旧采用 WordPiece，来提高与 BERT 的兼容性，从而后续的使用过程中不需要过多的调整。

在 BERT 的设计中，为更加充分地学习到文本的特性，其作为输入的编码向量来源于三个嵌入特征的单位和。

（1）Token Embedding 是针对词进行编码得到的特征向量。

（2）Position Embedding 是针对位置信息的特征向量，这里的特征向量不同于 Transformer 的 Position Embedding。它是通过学习得到，而不是三角函数。

（3）Segment Embedding 则用于区分两个句子的上下文关系。

将三种重要的嵌入求和作为输入，有利于模型训练效果的提升。因此，CnGeoPLM 模型输入的嵌入层词向量，也将采用这三种特征向量之和作为模型输入。其结构如图 3-2 所示。

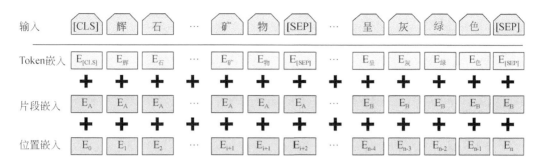

图 3-2　CnGeoPLM 输入表征向量的组成

Xu 等（2019）提出 Post-training 的方法主要是为了解决特定领域中的挑战。他们在领域知识中结合 MLM 与 NSP 两项任务进行继续训练，从而在输出的词向量中融入了领域知识。Gururangan 等（2020）在生物医学领域以及科学领域进行了领域适应性预训练相关实验，结果证明，针对特定领域的第二阶段领域性预训练，将会使模型在下游任务中得到更佳的表现。因此，在 CnGeoPLM 的训练中，也采用了这种方式，在利用 BERT 完成模型参数初始化之后，基于大量的地质文本，结合 MLM 与 NSP 两项无监督任务，以多层 Transformer 的编码器作为特征提取器，充分学习地质文本中的领域知识。

为了验证使用 BERT 初始化模型参数的重要性，本章节仍然尝试直接训练地质领域预训练模型（DCnGeoPLM），并使用相同的标记化、结构和训练任务。DCnGeoPLM 与 BERT 的不同之处在于语料：原来的通用领域文本被 GeoCorpus 取代，而 DCnGeoPLM 与 CnGeoPLM 的不同之处在于参数初始化：DCnGeoPLM 的参数采用随机初始化的方式，CnGeoPLM 采用通过 BERT 完成参数初始化。此外，在整个训练过程中，本方法根据 MLM 和 NSP 两项任务的准确性来判断效果，以找到不同训练轮次中的最佳参数和模型并保存。在这一阶段，以损失和准确率作为关键指标对模型的性能进行评估。这些指标为了解所实施方法的有效性和精确性提供了宝贵意义。

其中，准确率计算方式如下所示：

$$Acc = \frac{TP+TN}{TP+TN+FN+FP}$$

（3-1）

式中，TP 为预测正例为正例；TN 为预测负例为负例；FP 为预测负例为正例；FN 为预测正例为负例。

2. 模型后训练

注意力机制（Vaswani et al., 2017）作为 CnGeoPLM 训练过程中重要的一部分，为直观地展现其中的细节，本书以"辉绿岩是基性浅成侵入岩岩石。有人把具辉绿结构的基性熔岩或次火山岩也称为辉绿岩"为例，将从查询和关键向量计算注意力权重可视化为神经元视图，如图 3-3（a）所示。同时，将输入文本引起的注意力可视化为连接正在更新的词和正在关注的词的线，如图 3-3（b）所示。

图 3-3（a）跟踪的是从左侧选定词到右侧完整词序列的注意力计算，正值是蓝色，负值是橙色，颜色强度代表大小，连接线表示连接词之间的注意力强度，线条由明到暗反

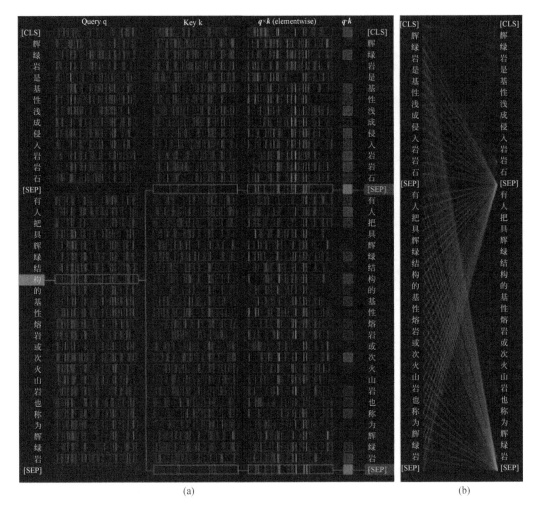

图 3-3　后训练过程中的注意力分布

映的是注意力权重的由高到低。查询向量 q 对左侧正在关注的词进行编码，关键向量 k 对正在关注的右边的词进行编码。$q×k$ 计算的是所选词的查询向量与每个关键向量之间的元素乘积。$q·k$ 计算的是所选查询向量和每个关键向量的缩放点积。最后，利用 Softmax 函数将注意力分数归一化为正且总和为 1。

图 3-3（b）中线条的明暗程度反映的是注意力权重的高低程度，左侧是正在更新的词，右侧是正在关注的词。

3. 模型微调

CnGeoPLM 只需极少的微调即可应用于地质领域的各种下游文本任务。在此，本书在 GeoNER 和地质关系抽取两个任务上对 CnGeoPLM 进行了微调，并将其与 BERT 进行了比较，从而验证了后训练的优势和 CnGeoPLM 的性能。

本书 GeoNER 实验针对的是地质领域，其中实体包括岩石、矿物、地质构造、地质年代、地点以及地层六类实体。CnGeoPLM 和 BERT 都是在大型语料库中训练所得，具有出色的文本表征能力。为直接比较本书提出的 CnGeoPLM 与 BERT 在 GeoNER 地质领域中的能力，本书分别对 BERT 和 CnGeoPLM 进行了微调，结合 Dense+CRF 网络结构，以完成 GeoNER。其中，CRF 的作用是为每个实体标注预测得分添加一些在训练过程中学习到的约束条件，以确保预测的有效性。

在 GeoNER 的实验设置上，本书使用英伟达™（NVIDIA ®）RTX3060 GPU 进行。与训练相比，微调的效率更高。因此，使用 Adam 作为优化器，学习率为 3×10^{-5}。最长序列的长度为 128，批量大小为 32。实验中，选择精准率（precision，P）、召回率（recall，R）以及 $F1$ 分数作为模型评价指标，计算公式如下：

$$P = \frac{TP}{TP+FP} \tag{3-2}$$

$$R = \frac{TP}{TP+FN} \tag{3-3}$$

$$F1 = \frac{P \times R \times 2}{P+R} \tag{3-4}$$

式中，TP 为预测正确的实体例数；FP 为预测错误的实体例数；FN 为未识别的实体例数。

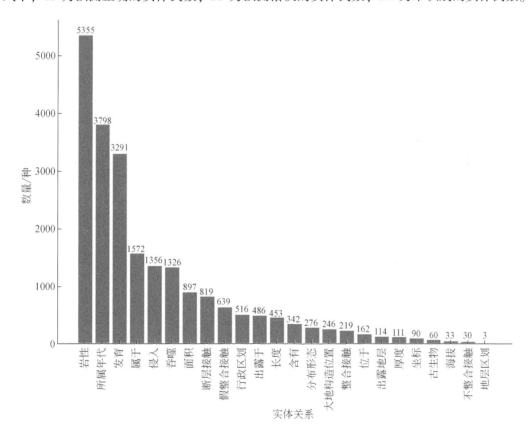

图 3-4　实体关系数据量分布图

实体关系抽取的主要目的是从自然语言文本中识别并且判定实体对之间存在的特定关系，本书针对的是在地质领域中24种实体关系（图3-4）。另外，为了BERT与CnGeoPLM的对比干扰因素更少，这里仍然没有设计复杂的神经网络结构，而是尽可能通过微调完成。因此，本书对CnGeoPLM（本书提出）和BERT分别进行了微调，并结合Dense层来完成GeoRE。与只需预测5类实体的GeoNER相比，GeoRE需要预测更多类别的24种实体关系。为了达到更好的效果，本书使用Adam作为优化器，学习率设置为1×10^{-5}。此外，最长序列的长度为128，批量大小为32。

该实验中，我们计算了每个类别的精准率（P）、召回率（R）以及$F1$分数，然后分别计算三项指标的宏平均值（macro avg）以及加权平均值，其计算方式如下：

$$\text{macro avg} = \frac{\sum\limits_{i=1}^{N} \text{Ind}_i}{N} \tag{3-5}$$

$$\text{weighted avg} = \frac{\sum\limits_{i=1}^{N} \text{Ind}_i \times w_i}{N} \tag{3-6}$$

式中，Ind为计算的指标；N为关系类别数量；w为每个类别的样本占比。

4. 表征可视化

为了更直观地比较CnGeoPLM和BERT在地学领域的语义表征能力，本书基于这两种预训练模型获得了实体词向量，用于聚类和可视化。

BERT和CnGeoPLM得到的词向量都是高维的，降维的方法有PCA和T-SNE。T-SNE算法由van der Maaten和Hinton（2008）提出。在该研究中，PCA算法将数据的维度降低到30。之后，又使用其他算法将维度降低到2维。事实上，T-SNE通过将高维数据中的邻近关系转化为概率分布，避免了使用PCA算法时出现的拥挤现象，不同类别实体的边界在可视化时更加明显。因此，本书直接使用T-SNE来完成降维。在可视化方面，每一类实体使用不同颜色的散点图，点的大小参数设置为150，透明度参数设置为0.5。这样做的目的是使重叠更加明显，更易于分析。

3.3.2 实验结果及分析

1. 实验数据

实验所有的数据主要分为模型训练、GeoNER实验、GeoRE实验、GeoClu实验四个部分。

（1）GeoBERT和DGeoBERT均是基于GeoCorpus完成训练。该数据集总计232MB，其中包含了对岩石、地层、地点、地质年代、地质构造等实体以及关系的描述。

（2）在GeoNER实验的数据中，分为测试集和训练集，分别为824KB和4.02MB的已标注的文本数据。在标注格式上，第一个字符为实体的位置，B开头表示实体的起始位置，I 开头表示实体的中间部分，O 表示非实体；在标签的后部分，ROC 表示岩石类实体，GST 表示地质构造类实体，GTM 表示地质年代类实体，MIN 表示矿物类实体，PLA 表示地点类实体，STR 表示地层类实体。

（3）在 GeoRE 实验的数据中，共包含 24 种关系，其测试集为 300KB，训练集 1216KB。

（4）聚类的数据中包含了矿物、岩石、地层、地质构造 4 种大类的实体。其中涉及 11 项子类，366 项地质实体。

2. 初始化方式对比结果

DCnGeoPLM 与 CnGeoPLM 训练的结果如图 3-5 所示。其中，绿色是 DCnGeoPLM 训练的结果，橙色是 CnGeoPLM 训练的结果。首先，从整体的损失来看，基于 Post-training 方法训练的 CnGeoPLM 相较于重新训练的 DCnGeoPLM 要低 1.3133，有显著的优势。同时，MLM 与 NSP 作为训练过程中主要的两项非监督任务，其损失和准确率对模型优劣评价有很大的参考意义。从图 3-5 中的数据可以看出，CnGeoPLM 相比较于 DCnGeoPLM，对于 MLM 任务，损失降低了 0.8380，准确率提升了 18.30%。对于 NSP 任务，CnGeoPLM 损失仅为 0.0040，准确率高达 99.87%，相较之下，损失降低了 0.4753，准确率提升了 26.86%。这说明，以同 BERT 完全一致的结构在地质文本中训练的方式来训练地质 BERT，并不能得到很好的效果。而基于 Post-training 理念所完成的训练，具有更加突出的结果。

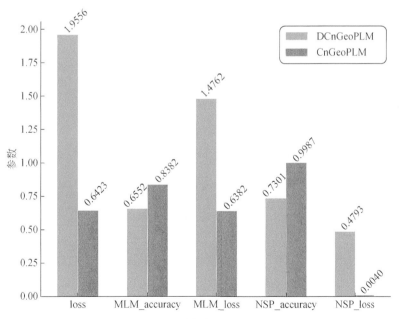

图 3-5　初始化方式对比结果

经过对该结果分析，CnGeoPLM 利用 BERT 完成参数初始化后，已经具备了对通用领域文本良好的特征提取能力，对应的是图 3-1 中第二步。此时 DCnGeoPLM 在相同的地质文本进行训练，CnGeoPLM 能够更好地学习到地质文本的特征，因此在各项指标中能够得到更好的结果。也正是这个原因，本章最终采取如图 3-1 所示的工作流完成地质预训练表征模型的训练，得到 CnGeoPLM。

3. 实体识别微调结果

GeoNER 的结果如图 3-6 所示。基于 BERT 的微调结果显示为红色，基于 CnGeoPLM（本书提出）的微调结果显示为紫色。从结果中可以得出，与 BERT 相比，CnGeoPLM 在精确率、召回率和 F1 分数三项指标上都有所改进，整体性能更好。其中，精确率提高了 1.41%，召回率提高了 4.61%，F1 分数提高了 2.82%。这表明，与 BERT 相比，通过微调的 CnGeoPLM 模型在地质实体识别任务中可以获得更好的识别结果。究其原因是因为 GeoCorpus 内容中地质知识更丰富。当训练 CnGeoPLM 时，在使用 BERT 初始化参数后，它已经具备了表征一般领域文本的能力。然后，在 GeoCorpus 上进行后训练，从而增强了模型。最后，本书结合 GeoNER 对 CnGeoPLM 进行了微调，从而使识别模型获得更好的性能。

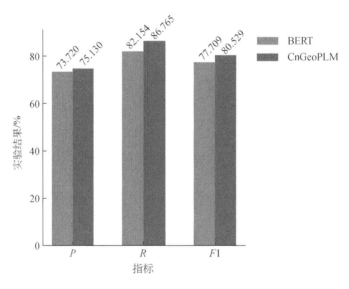

图 3-6　GeoNER 实验结果

4. 关系抽取微调结果

GeoRE 的结果如图 3-7 所示。基于 BERT 微调的结果用橙色表示，基于 CnGeoPLM（本书提出）微调的结果用紫色表示。图 3-7（a）和图 3-7（b）分别显示了根据精确率、召回率和 F1 分数三个指标计算出的宏平均值和加权平均值。首先，如图 3-7（a）所示，与 BERT 相比，CnGeoPLM 的召回率提高了 11%，F1 分数提高了 7%，但精确率却降低了 4%。因此，本书还计算了三个指标的加权平均值，结果如图 3-7（b）所示。与 BERT 相比，CnGeoPLM 的精确率提高了 1%，召回率提高了 2%，F1 分数提高了 2%。GeoRE 不仅需要完成实体的识别，还需要提取不同实体之间的关系。这 24 种关系需要根据地质领域的实体特征和实体关系来识别。CnGeoPLM 已通过 GeoCorpus 进行了增强，并与 GeoRE 结合完成了微调。在此基础上，本书设计了具备这种识别能力的整体关系提取网络。此外，这一结果表明，CnGeoPLM 在这一任务中的后训练和微调使其在这一能力上优于 BERT。

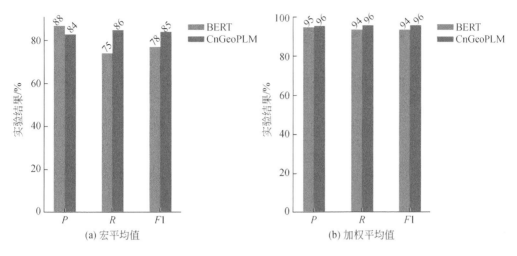

(a) 宏平均值　　　　　　　　(b) 加权平均值

图 3-7　GeoRE 实验结果

5. 表征可视化结果

图 3-8～图 3-11 分别展示了矿物、岩石、地层和地质构造的聚类结果，基于微调 BERT 的结果被标记为图（a），基于微调 CnGeoPLM 的结果被标记为图（b）。

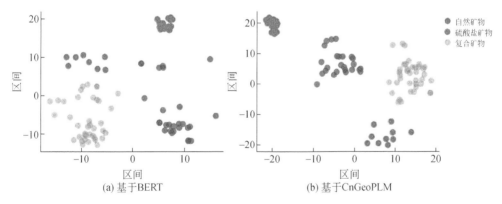

(a) 基于BERT　　　　　　　　(b) 基于CnGeoPLM

图 3-8　矿物聚类可视化

在三类矿物（图 3-8）和三类岩石（图 3-9）的结果中，基于微调 BERT 产生的词向量分布［图 3-8（a）和图 3-9（a）］相对散乱，不同类别没有清晰的边界。基于微调 CnGeoPLM 产生的词向量分布特点鲜明。相同类别集中聚集，不同类别边界清晰，没有分类错误的点。在两类地层（图 3-10）和三类地质构造（图 3-11）的聚类结果中，虽然边界都很清晰，但是基于微调 BERT 产生的词向量分布［图 3-10（a）和图 3-11（a）］都存在少量的分类错误的实体，这种现象是在基于微调 CnGeoPLM 的词向量分布［图 3-10（b）和图 3-11（b）］中所没有出现的。

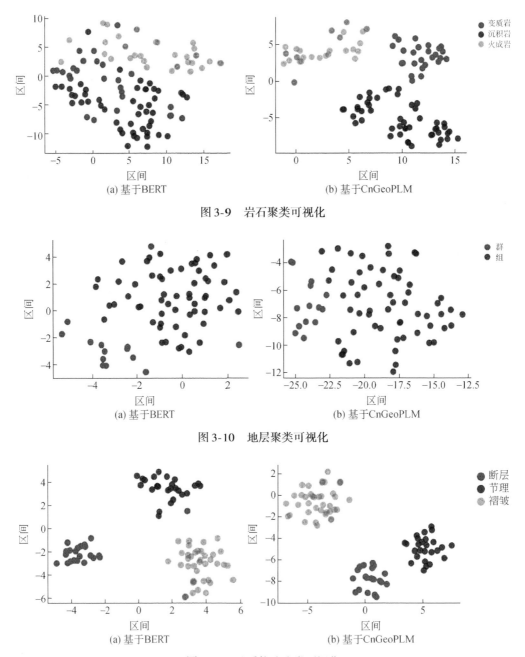

图 3-9 岩石聚类可视化

图 3-10 地层聚类可视化

图 3-11 地质构造聚类可视化

自然矿物、硫酸盐矿物、复合矿物是三种基础的矿物类别，将87种矿物划分到相应的类别，需要以各类矿物的化学组成为依据。变质岩、火成岩以及沉积岩是地质学中重要的三类岩石，可以根据不同矿物的组成和岩石的结构等特点进行划分。例如，沉积岩由成层堆积于陆地或海洋中的碎屑、胶体和有机物等疏松沉积物团结而成。变质岩是形成于地壳中的原岩，由于地壳运动、岩浆活动等造成物理和化学条件的变化，在固体状态下改变了原来岩石的结构、构造甚至矿物成分，转化为变质岩，包括两类地层和断层、节理、褶皱三类地质构造的划分，都需要充分运用地质中的领域知识。虽然 BERT 所用的语料数据量庞大，但是并不包含地质中的领域知识。因此，使用 BERT 对这些地质实体进行聚类时，分布混乱，边界模糊。相反，本书整理的 GeoCorpus 充分包含地质领域的特征与知识，包括了各种矿物及其化学组成、各种矿物组成岩石的结构和方式、各种岩石本身存在的不同特性和属性、岩层与岩体的相互作用。GeoBERT 通过以独特的结构和方式在 GeoCorpus 上长时间的训练，将这些地质领域知识充分融入。因此，在基于 GeoBERT 微调得到的地质不同类别的实体的聚类分布中，分类准确，边界清晰。

3.4 矿产资源命名实体识别语料库构建及预处理

选择合适的数据集是研究基于深度学习的命名实体识别方法的前提。目前，面向矿产地质领域命名实体识别任务的语料资源较为缺乏，没有公开、可获取的用于矿产地质领域命名实体识别任务研究的标准数据集资源。针对以上问题，本章以矿产地质领域数据集的构建为目标，设计了一套矿产地质命名实体识别数据集构建方案，如图 3-12 所示，包括矿产地质领域源文本的收集、文本预处理（去噪、清洗）、定义实体类别、人工数据标注步骤。在此基础上，本书构建了具有轻量级规模、实体类别多样的矿产地质领域数据集，同时也分析了矿产地质领域语料特点，为基于深度学习的矿产地质领域命名实体识别技术的研究提供了数据基础。

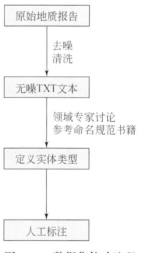

图 3-12 数据集构建流程

3.4.1 原始语料获取及预处理

本书采用人工下载的方式从地质云、全国地质资料馆等网站中选择多篇矿产地质报告作为数据源，这些地质报告包含各个地区的地质调查和各种多金属矿的成矿地质背景、所属地质年代，以及不同地层的物质组成和变形变质特征、结构和演化模式等。然而，直接下载的报告是 pdf 格式的，且其中涵盖了目录、引言、地质报告发表时间、各种图表、数学公式、参考文献等无关信息，图 3-13 展示了部分章节图表分布情况。正文中存在大量特殊符号、内容复杂，需要首先进行文本格式转换及数据清洗。

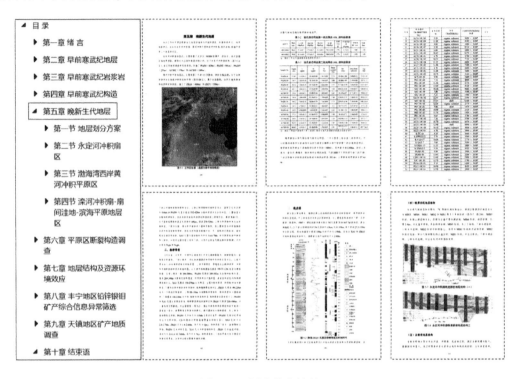

图 3-13　图表分布情况

将 PDF 格式的文本转为 DOC 或者 DOCX 格式的文本，去除特殊符号、英文、空格等与矿产地质领域命名实体无关的文本，并经人工核对后进行标注。预处理后得到的文本示例如图 3-14 所示。

远景区构造位置处于隆化断烈带与大庙-娘娘庙所夹狭长区域。区内火山-侵入活动十分剧烈，具有明显的多旋回性。主要出露地层为白垩系张家口组火山岩。侵入岩体主要发育早白垩世潜流纹岩、石炭纪石英闪长岩、二叠纪中粗粒钾长花岗岩。老基底主要发育古元古代变质花岗闪长岩、古元古代变质巨斑二长花岗岩、变质二长花岗岩、中元古代透辉石、斜长角闪石岩、新太古代英云闪长质片麻岩。区内断裂构造发育、北东、北西向断裂构造纵横交错。重力场表现为重力高低异常过渡带，从地质背景推断反映了结晶基底隆起区与凹陷区的过渡地区。航磁相对高异常场，推断为中生代火山岩及侵入岩。地球化学异常表现为银、铅锌整体高异常及金铜钼局部高异常。遥感解译区内存在火山机构，区内有多处小型矿床、矿点，包括八台子铅锌矿、隆化县平台村铅矿、隆化县茅茨路后沟铅矿、隆化县黑沟门铅矿等。

图 3-14　预处理后文本

3.4.2 矿产地质数据语料特点

在数据源特性方面，地质调查报告主要由文字、图件、表格和有关资料组成。其内容包括调查区的一般自然、经济地理情况，以往研究程度和该区的地层、岩石、构造、水文地质、地貌、矿产等主要特征（马凯等，2022）。其中，包含一些专业术语，如地质年代、矿床、地质构造等，这类实体在通用领域中很少出现。与通用领域的语料库相比，这些术语有较强的领域性，且在构词、词边界等方面也存在一定差异。

（1）矿产地质报告中存在部分专业术语。例如，"榴云片岩""大坪阶""辉锑矿"。

（2）在构词、词边界方面，对于部分岩石、矿物等类型的实体，存在实体长度长、嵌套实体等现象。例如，"中厚层状含燧石结核灰岩"中，该实体表示一种厚度程度为中厚层且包含燧石的一种灰岩。该实体由 11 个汉字组成，比一般的实体长度略长，同时又包括燧石这种矿物类实体，具有复杂层级结构。

3.4.3 类别定义及依据

在语料库建设中，语料库标注的规范问题是重中之重。由于矿产地质领域命名实体识别任务的研究刚起步不久，对于矿产地质领域实体定义可遵循的定义标准也是屈指可数。张春菊等（2022）总结了目前对于地质领域实体的定义规范，见表 3-1。

表 3-1 已有研究有关地质领域实体的定义规范

作者/出处	定义规范	数量/个
Qiu et al., 2019	地质构造、岩石、地质年代、地层、地名	5
张雪英等，2018	基本类型、空间分布、属性信息及相互关系	4
马凯，2018	大地构造单元、成矿时代、矿体特征、矿石特征、矿区地质、矿床类型、其他	7
谢雪景等，2023	地质年代、地质构造、地层、岩石、矿物、地点	6
张春菊等，2022	矿区、矿床、矿段、矿体	4

在对以上文献进行初步研究和分析的前提下，继续查找书籍和文献，参考矿产地质方面的国家行业标准规范，如《矿产资源潜力评价规范》、《固体矿产地质勘查报告编写规范》（DZ/T 0033—2020）、《稀土矿产地质勘查规范》等；并结合领域专家的建议，将矿产地质命名实体分为地质年代、地质构造、地层、岩石、矿物、地点、矿床这七种类型。七类实体类别简写分别定义为 GTM、GST、STR、ROC、MIN、PLA、ODT，各实体类别的定义及具体示例如下。

（1）地质年代（geological age）。地壳上不同时期的岩石和地层，在形成过程中的时间（年龄）和顺序；常见的实体有：元古宙、太古宙、显生宙、古元古代、中太古代、更新世、全新世、更新世（洪积世）。

（2）地质构造（geological structure）。在地球的内、外应力作用下，岩层或岩体发生变形或位移而遗留下来的形态；常见的实体有：褶皱、背斜、向斜、断层、地垒、地堑、节理。

（3）地层（strata）。一层或一组具有某种统一的特征和属性的并和上下层有着明显区别的岩层；常见的实体有：全新统地层、更新统地层、晚太古界、大坪阶、荆山群、胶东岩群、临沂组、沂河组、第四系。

（4）岩石（rock）。由一种或几种矿物和天然玻璃组成的，具有稳定外形的固态集合体；常见的实体有：磁铁石英岩、阳起石片岩、角闪变粒岩、榴云片岩、岩浆岩、绢英岩。

（5）矿物（mineral）。矿物是由地壳中化学元素通过地质作用所形成的天然单质或化合物。常见的实体有：石英、角闪石、石榴石、透辉石、磷灰石、黑云母、钾长石、阳起石、绿泥石、绿帘石。

（6）地点（place）。所在的地方；常见的实体有：拉萨市、尼木县、帕古乡、内蒙古自治区、巴彦淖尔市、乌拉特前旗、乌拉特后旗。

（7）矿床（mineral deposit）。在地壳中由地质作用形成的，其所含有用矿物资源的数量和质量，在一定的经济技术条件下能被开采利用的综合地质体；常见的实体有：赤铁矿、磁铁矿、黄铁矿、菱铁矿、砂岩型铀矿、碲金矿、银金矿、白钨矿、辉锑矿。

3.4.4 语料库标注/实体数量统计

1. 标注策略

文本序列经过上述处理后来到了关键的语料库标注环节，这一过程是构建数据集最核心的步骤。语料库标注是对句子中的实体和非实体分别赋予所属的标签，从而将实体词语和非实体词语区分开来，各个类别之间也用标签后缀加以区分表示。各种的数据集中的文本内容不尽相同，实体的类别也更加多样，因此可采用的数据标注方式可能不同。常用的标注体系有 BIO、BIOES 标注模式，如表 3-2 所示。

表 3-2　实体标注模式

标注模式	标注样式	代表含义
BIO	B-lable	实体的首字
	I-lable	实体中间字或结尾字
	O	非实体字
BIOES	B-lable	实体的首字
	I-lable	实体中间字
	O	非实体字
	E-lable	实体结尾字
	S-lable	单字实体

以"侵入岩体主要发育早白垩世潜流纹岩。"这句话为例，分别采用 BIO 和 BIOES 标注模式进行标注，标注结果如图 3-15 所示。

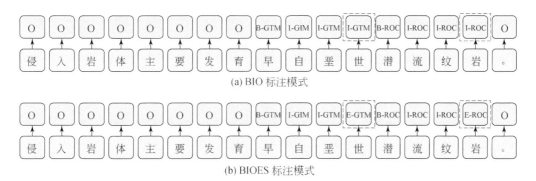

(a) BIO 标注模式

(b) BIOES 标注模式

图 3-15 两种标注方式标注示例

从标注结果可以看出，两者的区别主要体现在实体末尾字的标注上。以"早白垩世"这个地质年代实体为例，两种标注模式将"早白垩世"这一实体的首字"早"都用 B-GTM 来表示，中间部分"白"和"垩"都是 I-GTM 来表示，但实体结尾字"世"用 I-GTM、E-GTM 来表示；同样将"潜流纹岩"这一岩石类别实体的首字"潜"都用 B-ROC 来表示，中间部分"流"和"纹"都用 I-ROC 来标注，同样也是在结尾字"岩"的标注上分别用 I-ROC、E-ROC 来表示。

比起 BIO 标注模式，BIOES 的优势在于增加的"E"标签、"S"标签提供的细粒度信息方便模型更好地辨别实体边界，但也面临着由于标签种类的增加，模型预测时难度增加的问题，对最终的识别效果有一定负面影响。综合考虑，本章使用的是 BIO 标注模式。

2. 人机交互式手动标注

在没有实现数据自动化标注的条件下，只能采用人机交互的方式手动标注。目前，市面上已经出现了一些常见的手工标注工具，但大多工具需要事先在服务器上进行复杂配置，过程烦琐。为了降低难度，本书采用团队成员开发的"命名实体识别标注工具"来进行数据标注，如图 3-16 所示。

该工具旨在仅为标注矿产地质领域的语料库而创建，界面较为简单。使用步骤如下：

（1）点击左上角的"导入文件"将转换成 TXT 格式的原始语料库导入其中。

（2）鼠标左键按照从左往右的顺序选中要标注的实体内容，选中之后判别所属类型，再点击页面中间的实体类别标签按钮。

（3）页面右侧会出现相应的实体内容，及在原始文本中的位置，对应标签。

（4）待所有导入的文本全部标注完成后，将标注后的文档导出，导出格式为 TXT 格式，最后标注的结果在 TXT 文件，如图 3-17 所示。

经过前几节的数据处理流程，形成包含 3909 条标注句子的小规模矿产地质领域数据集。各类别实体个数统计如表 3-3 和图 3-18 所示。

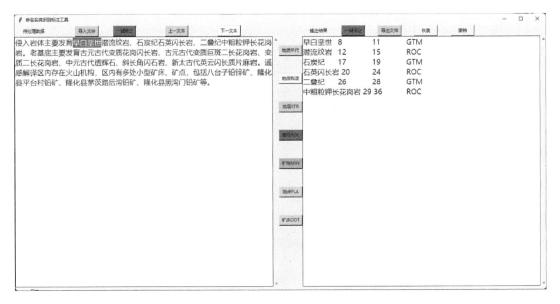

图 3-16　标注工具界面展示

1	侵	O	20	纪	I-GTM
2	入	O	21	石	B-ROC
3	岩	O	22	英	I-ROC
4	体	O	23	闪	I-ROC
5	主	O	24	长	I-ROC
6	要	O	25	岩	I-ROC
7	发	O	26	、	O
8	育	O	27	二	B-GTM
9	早	B-GTM	28	叠	I-GTM
10	自	I-GTM	29	纪	I-GTM
11	垩	I-GTM	30	中	B-ROC
12	世	I-GTM	31	粗	I-ROC
13	潜	B-ROC	32	粒	I-ROC
14	流	I-ROC	33	钾	I-ROC
15	纹	I-ROC	34	长	I-ROC
16	岩	I-GTM	35	花	I-ROC
17	、	O	36	岗	I-ROC
18	石	B-GTM	37	岩	I-ROC
19	炭	I-GTM	38	。	O

图 3-17　序列化标注结果

表 3-3　实体数量统计表

标签类别	标签含义	数量/个
GTM	地质年代	3158
PLA	地点	2718

续表

标签类别	标签含义	数量/个
ROC	岩石	3700
MIN	矿物	1753
GST	地质构造	2430
STR	地层	3102
ODT	矿床	1162

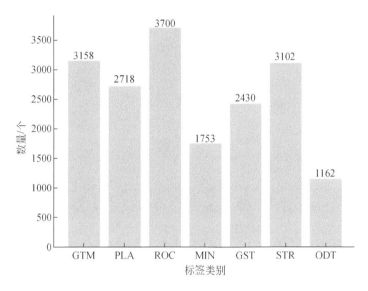

图 3-18 实体数量分布图

3.5 基于领域预训练模型的地质命名实体识别数据增强

3.5.1 基于 CnGeoPLM-MLM 的数据增强方法

矿产地质文本与常规文本的表达方式、涵盖内容存在一定出入。目前,面向命名实体识别任务的数据增强工作存在以下问题:①现有的文本数据增强方法更多的是面向句子级别任务,而命名实体识别任务属于字符级别任务,直接将文本分类、情感分析之类的数据增强方法硬搬到命名实体识别数据增强任务上,无法很好解决标签匹配的问题。②现有的适用于字符级别任务的数据增强方法中(如 EDA)生成的数据歧义性较高,且实体多样性没有增加。③对于特定领域的文本,由于缺乏由特定领域语料库训练的预训练语言模型,导致通用领域的预训练语言模型若直接在特定领域文本上微调,不能充分理解该领域的文本知识，生成的结果也不尽如人意。因此，本书利用面向地质领域预训练语言模型的掩码机制来对矿产地质领域的命名实体识别数据进行增强。具体实现方式主要包括文本输入处理、语言模型训练及增强数据生成、文本格式化输出处理这三个步骤。

1. 文本输入处理

输入的数据为 3.4 章节标注的数据，如图 3-19 所示。从图 3-19 中可以看出，左侧为文本序列，右侧为字符对应的标签序列。输入处理是指将让文本序列和标签序列融合为一个新的"句子序列"作为 CnGeoPLM（Ma et al.，2023）层的输入，从而让 CnGeoPLM-MLM 来充分学习输入文本中字符和标签的对应关系，以此弱化或避免字符–标签匹配错误的问题。实现步骤如图 3-19 操作①所示：将原始文本中每个字符对应的标签放到字符的两边，为了降低多余信息的影响，本书只对有特定标签（如 B-MIN、I-MIN 等）的字符做该处理。

图 3-19　线性化实现过程

2. 微调 CnGeoPLM-MLM

将经过线性化处理的数据作为基于 CnGeoPLM-MLM 的训练数据。充分利用预训练模型中 MLM 对被"<MASK>"字符的预测能力，将已标注数据中的实体字符依次替换为"<MASK>"，然后利用 CnGeoPLM 模型对"<MASK>"位置进行预测，得到预测概率分布后，将被掩盖的字符依次替换为被预测出的字符，从而生成新的合成句子，原始标签序列保持不变。

（1）对原始线性化句子 $X = \{x_1, x_2, x_3, \cdots, x_i, \cdots, x_n\}$ 中的实体标记进行屏蔽，得到屏蔽后的文本 $\tilde{X} = \{\tilde{x_1}, \tilde{x_2}, \tilde{x_3}, \cdots, \tilde{x_i}, \cdots, \tilde{x_n}\}$，如图 3-20 所示。

（2）将步骤（1）中处理后得到的句子 $\tilde{X}$ 作为 CnGeoPLM-MLM 的输入，然后得到其对应的隐藏层表示。

（3）微调 CnGeoPLM-MLM 来替换原始训练集中的实体从而生成新数据。给定一个随机屏蔽后的文本 $\tilde{X}$ 后，会得到"<MASK>"字符对应的隐藏层表示，并将该隐藏层表示输入到 Softmax 层，会输出词汇表中每个字符来替换"<MASK>"的概率。但 CnGeoPLM-MLM 是在同一训练集上进行微调的，有可能直接输出原本的实体来替换"<MASK>"，结果就导致生成的新文本与原始文本一致，失去了数据增强的意义。因此，本书考虑从概率分

主 要 矿 物 有 \<B-MIN\> 斜 \<B-MIN\> \<I-MIN\> 长 \<I-MIN\>
\<I-MIN\> 石 \<I-MIN\> 、 \<B-MIN\> 紫 \<B-MIN\> \<I-MIN\> 苏 \<I-MIN\>
\<I-MIN\> 辉 \<I-MIN\> \<I-MIN\> 石 \<I-MIN\> 等 。

⇓ 屏蔽实体部分

主 要 矿 物 有 \<B-MIN\> \<MASK\> \<B-MIN\> \<I-MIN\> \<MASK\>
\<I-MIN\> \<I-MIN\> \<MASK\> \<I-MIN\> 、 \<B-MIN\> \<MASK\> \<B-MIN\>
\<I-MIN\> \<MASK\> \<I-MIN\> \<I-MIN\> \<MASK\> \<I-MIN\> \<I-MIN\>
\<MASK\> \<I-MIN\> 等 。

图 3-20　屏蔽实体示意图

布的前 K 个最高的字符中随机选择一个字符进行替换。形式上，对于每一个 " \<MASK\> " 的预测字符的概率分布 $P(x_i^-|X)$ ，设前 K 个候选字符为 $V=\{v_1, v_2, v_3, \cdots, v_k\}$ 。然后，从 V 中随机选择某个 v_i 来替代 x_i^- ，从而得到增强后的新文本序列，标签序列与原始序列一致。

（4）对原始训练集的所有语句均进行上述（1）~（3）的操作，则得到数据增强后的新样本。对于每个句子，最后生成的新句子都是在原始句子中的实体部分做改动，其余内容保持不变，最后得到的新样本数据量是原始数据的一倍。

3.5.2　模型介绍

图 3-21 是基于面向地质领域预训练语言模型的掩码机制来对矿产地质领域的命名实体识别数据进行增强的模型结构图。其中，"输入句子""线性化句子""掩码处理后的句子"等部分已经介绍过，下文主要对预训练语言模型部分和掩码实体预测候选字结果部分进行介绍。

1. 嵌入层

本章节采用的预训练语言模型是 2023 年 Ma 等（2023）提出的 CnGeoPLM，其具体架构已经在本书的 3.3 章节做了详细介绍。该模型与传统中文 BERT 一致，都是基于 Transformer 的编码器作为特征提取器，结合 MLM 和 NSP（next sentence prediction）来完成的训练。不同之处在于，CnGeoPLM 是依靠整合 BERT 强大的通用领域文本特征提取能力，在 232M 未标注的中文地质文本上进行训练的，从而使 CnGeoPLM 在地质领域的文本方面的语义表示能力更加突出。

2. 输出层

Linear 层与 Softmax 层被用来预测序列的下一个字符。Linear 层也叫作全连接层，而 Softmax 是一种经典的用于多分类问题的回归模型。

句子序列经过嵌入层会提取出文本特征。全连接层将上一环节输入的特征向量进行线

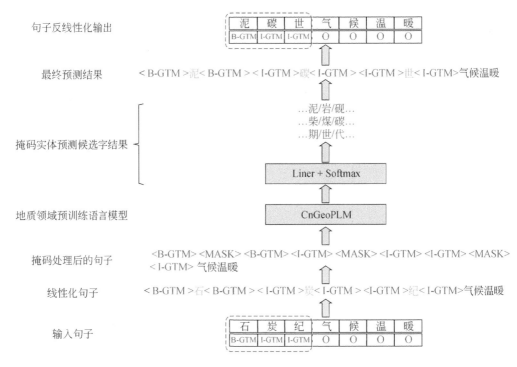

图 3-21　模型框架图

性组合，通过矩阵乘积变换将其从之前的特征空间变换到现在的特征空间，最后都变成一维的特征向量来作为最终的特征向量。通俗点说，全连接层是高度浓缩后的特征向量，仍然能表示初始输入句子序列的特征信息。在自然语言处理任务中，全连接网络经常与分类类别维度上协同处理文本分类的问题。Linear 层的数学公式如式 3-7 所示。

$$z_t = f(W_{e_t}^T + b) \tag{3-7}$$

式中，e_t 为神经元的输入；z_t 为神经元的输出；W 为权重矩阵；b 为偏置矩阵；f 为激活函数。

作为输出层的最后一层，Softmax 层可以是将全连接层的特征向量转换为一个概率分布。在语言模型中，Softmax 层最后输出的是字符，所以这里的维度大小则是词汇表大小 V。每个字符经过全连接层后，都会得到一个维度为 V 的向量，对于 "<MASK>" 部分，向量中不同位置数字的大小反映了 "<MASK>" 部分输出到某个字符的可能性高低。

假设 BERT 模型的词汇表大小为 V，对于 MLM 任务中的每个被掩盖的词，全连接层输出是一个长度为 V 的向量 $Z = \{z_1, z_2, z_3, \cdots, z_n\}$。每个元素 z_i 对应于词汇表中第 i 个词的 "原始得分"。

Softmax 函数将这个原始得分向量转换为一个概率分布，见式 3-8：

$$P(word_i \mid context) = \frac{e^{z_i}}{\sum_{j=1}^{V} e^{z_j}} \tag{3-8}$$

式中，$P(word_i \mid context)$ 为在给定上下文的条件下，词汇表中第 i 个词是被掩盖词的概率；e^{z_i} 为原始得分 z_i 的指数；分母 $\sum_{j=1}^{V} e^{z_j}$ 为对整个词汇表中所有词的原始得分进行指数化并求和，以确保概率总和为 1。

3.5.3 实验结果及分析

1. 实验设计

本章数据增强方法使用的预训练语言模型为 CnGeoPLM 模型，数据集方面选择在第 3.4 章节人工标注的数据集上进行实验，一共标注了 3909 条句子。该章节随机选择了 2909 条句子作为训练集，剩下的 1000 条句子作为测试集。本章节用到的数据增强方法在数据增强之后数据量变成了原来的两倍，进行数据增强后训练集中的句子变成了 5818 条，测试集大小保持不变。即在基线评估模型 BiLSTM 中的训练集和测试集数据条数分别为 5818 条、1000 条。为了增加实验的客观性，将本章所提的数据增强方法与其他数据增强方法进行对比，具体介绍如下：

（1）原始数据组：未经过任何数据增强方法操作的原始数据，记作 Original Data。

（2）EDA 组：本章节利用文本数据增强的方法，将每一条句子经过同义词替换、随机插入、随机替换、随机删除四种变换，得到新的句子，最后生成的新数据量的大小与原始数据量大小相等。

（3）ChineseBERT-MLM 组：在 Zhou 等（2021）所提方法的基础上进行改动，并将英文领域的预训练语言模型替换为传统中文预训练语言模型 BERT，记作 ChineseBERT-MLM；

（4）CnGeoPLM-MLM 组：该方法是本章提出的方法，将传统中文预训练语言模型 BERT 替换成中文地质领域的预训练语言模型 CnGeoPLM，该方法记作 CnGeoPLM-MLM。

由以上四种数据增强方法生成的标注数据与第 3.4 章节人工标注的原始数据混合，并利用 BiLSTM-CRF 模型来进行比较，将最后识别的精确率 P、召回率 R 和 $F1$ 值作为评判各种数据增强方法生成数据优劣的评判标准。

对于以上四种方法，本章做了以下实验来进行对比：

（1）利用以上所述各种方法对矿产地质数据集中的训练数据进行数据增强后，仅用新生成的数据来对 BiLSTM-CRF 模型进行训练，与无数据增强（Original Data）进行训练的模型精确率 P、召回率 R 和 $F1$ 值进行比较。

（2）利用以上所述各种方法对矿产地质数据集中的训练数据进行数据增强后得到的新数据与原始训练集混合（此时训练集的数据量是之前的两倍）对 BiLSTM-CRF 模型进行训练，与无数据增强（Original Data）进行训练的模型精确率 P、召回率 R 和 $F1$ 值进行比较。

（3）利用以上所述各种方法对矿产地质数据集中的训练数据进行数据增强，将产生 20%、40%、60%、80% 的新数据与原训练数据集进行混合，利用训练后的模型 $F1$ 指标来评估各个数据增强比例下对模型训练的影响。

2. 实验环境及参数

实验所使用的参数设置如表3-4所示。

表3-4　实验环境配置表

GPU 型号	NVIDIA GeForce RTX 2080Ti
深度学习框架	Py Torch
Cuda	11. 4
开发平台 IDE	PyCharm 2023. 2. 5
系统	Windows11 64 位
编程语言	Python3. 8. 4

本章数据增强方法使用的预训练语言模型为预训练后的 "CnGeoPLM" 模型，该模型已在前述章节进行介绍，模型包含 12 层 Transformer 结构，12 个 heads，隐藏层大小为768。在本章所提方法中，对 CnGeoPLM 模型进行微调的参数设置如下：训练次数 epochs设置为30，因为该实验标注的数据集属于小中型规模的数据集，对于较小或较简单的数据集，较少的 Epoch 就足够了。如果设置更多的 Epoch 可能导致模型在训练数据上过度拟合，过拟合会降低模型在实际应用中的泛化能力。此外，更多的 Epoch 意味着更长的训练时间和更高的计算成本，在资源受限的情况下可能是一个考虑因素。若是 Epoch 过小，模型没有足够的时间来调整和优化其内部参数，将导致欠拟合。综合考虑以上因素，将数据增强方法中的训练次数 Epoch 设置为30。训练数据的批处理（batch）大小设置为32；最大句子长度设置为256，句子长度超过256的部分将舍弃，长度不足256的句子需要用"0"进行填充长度至256。学习率（learning rate）决定了在优化过程中更新模型权重的速度，0.001 是一个相对较小的学习率，有助于模型稳定地收敛。该方法中将学习率设置为0.001，优化器采用 Adam，其收敛速度相较其他优化器（如 RMSprop、SGD 等）更快。

3. 实验结果及分析

为探究不同数据增强方法对于模型提升性能的影响，本书决定利用以上所述各种方法对矿产地质数据集中的训练数据进行数据增强后，仅用新生成的数据来对 BiLSTM-CRF 模型进行训练，与无进行数据增强的文本（即原始训练集）进行训练的模型 $F1$ 值进行比较，实验结果见表3-5。

表3-5　数据增强评测结果　　　　　　　　　单位:%

方法	P	R	$F1$
Original Data	78. 31	75. 19	76. 72
EDA	68. 97	52. 04	59. 31
ChineseBERT-MLM	66. 51	57. 37	61. 60
CnGeoPLM-MLM [*]	69. 22	56. 55	62. 25

从表 3-5 中可以看出，仅由三种数据增强方法增强后得到的新文本训练的命名实体识别模型在人工标注的数据集上的 $F1$ 值分别为 59.31%、61.60%、62.25%，远远不如在原始训练集上训练模型的表现（76.72%）。这是因为无论是验证集还是测试集都同训练集一样是人工标注的，其中的实体语义、实体分布等文本特性均与训练集很类似，而且很多在训练集中出现的实体也会出现在验证集、测试集中，而由数据增强方法得到的新训练集与原始验证集、测试集的文本特性相差较大，所以导致在仅利用新生成训练集训练得到的命名实体识别模型性能远远不如在人工标注的数据集上训练的命名实体识别模型的性能。

不过，从结果中也可以看出，三种数据增强方法中，由 CnGeoPLM-MLM 生成的数据集训练而来的命名实体识别模型性能优于另外两种，ChineseBERT-MLM 次之，EDA 表现最弱。这是因为由 EDA 生成的数据集中，其在随机插入、随机删除、随机交换等过程中的随机性，使得产生的新文本歧义较大，ChineseBERT-MLM 可以仅在实体层面进行数据增强，较为完整地保证的句子的完整性不被破坏，而 CnGeoPLM-MLM 能够更充分借助领域预训练模型的先验知识，得到的新数据与原始句子语义更为接近，也更接近实际情况。

随后继续探究利用数据增强方法得到的新数据与原始训练集混合后得到的数据集是否对模型性能提升有帮助，将三种数据增强方法增强后的文本分别与原始训练集进行混合，对模型再次进行训练，仍然保持验证集、测试集不变，得到的结果如表 3-6 和图 3-22 所示。

表 3-6 数据增强评测结果   单位:%

方法	P	R	$F1$	$F1$ 值提升效果
Original Data	78.31	75.19	76.72	——
EDA	79.74	77.71	78.71	1.99
ChineseBERT-MLM	80.20	78.24	79.21	2.49
CnGeoPLM-MLM*	80.81	77.93	79.35	2.63

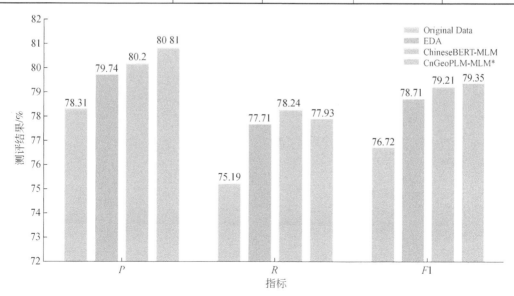

图 3-22 P、R、$F1$ 指标图

从表 3-6 和图 3-22 中可以看出，将新生成的数据与原始训练集进行混合后得到的混合数据训练而来的命名实体识别模型都得到了一定程度的提升。仅由原始训练集训练而来的 NER 模型 $F1$ 值为 76.72%，由三种数据增强方法增强后得到的新文本与原始训练集混合后训练而来的 NER 模型 $F1$ 值指标分别为 78.71%、79.21%、79.35%，提升效果分别为 1.99%、2.49%、2.63%。由此可以看出，本章所提数据增强模型得到的新数据集与原始训练集进行混合训练而来的 NER 模型性能最好。

接着，为探究注入不同比例数据增强后的新数据对于模型性能是否有提升，将增强后的新数据将按照一定比例添入原始训练集，将分别产生 20%、40%、60%、80% 和 100% 的新数据与原训练集进行混合，利用训练后的模型 $F1$ 指标来评估各个数据增强比例下对模型训练的影响。该过程仍然保证验证集、测试集不变。结果见表 3-7。

表 3-7　不同比例的增强数据对实验结果的影响　　　单位:%

方法	比例					平均 $F1$ 值
	+20%	+40%	+60%	+80%	+100%	
EDA	77.74	77.89	78.25	78.33	78.71	78.184
ChineseBERT-MLM	78.07	78.21	78.52	78.60	79.21	78.522
CnGeoPLM-MLM*	77.06	78.82	79.12	79.91	79.35	78.852

根据上表，各个数据增强方法均能提升基线模型 BiLSTM-CRF 的 $F1$ 指标。随着增强数据量的增加，基线模型的 $F1$ 指标总体上也呈现上升的趋势。CnGeoPLM-MLM、ChineseBert-MLM 比 EDA 增强方法表现更好，CnGeoPLM-MLM 最优。

另外，表 3-8 展示了在本章所提数据增强方法 CnGeoPLM-MLM 中，加入不同比例的增强数据对各类实体的 $F1$ 值影响。

表 3-8　本书所提方法下不同比例增强数据对各类实体结果的影响　　　单位:%

实体类别	比例					
	0	+20%	+40%	+60%	+80%	+100%
岩石 ROC	78.21	77.73	79.24	79.53	80.30	80.07
矿物 MIN	71.41	73.32	76.55	73.58	78.18	76.35
地层 STR	85.97	85.50	85.71	87.86	87.49	86.19
地质年代 GTM	87.39	87.28	88.89	88.11	88.83	88.56
地点 PLA	57.31	59.80	63.40	62.09	64.89	64.16
矿床 ODT	68.70	67.47	71.70	76.34	75.13	71.20
地质构造 GST	74.68	76.56	77.37	77.96	77.05	78.62

根据表 3-8 中的数据可以总结如下，将 CnGeoPLM-MLM 方法得到的新数据按照不同比例与原始训练集进行混合后训练而来的 NER 模型性能中，不同实体识别的 $F1$ 值均得到一定程度的提升，且随着混合比例的增长，实体识别的 $F1$ 值也总体呈现上升的趋势。在混合比例达到 60% 的时候，地层 STR、矿床 ODT 这两种实体的提升效果最大；在混合比例达到 80% 的时候，岩石 ROC、矿物 MIN、地点 PLA 这三种实体的提升效果最大；地质年代 GTM、地质构造 GST 这两类实体也分别在混合比例达到 40%、100% 时达到了最大的

提升效果。这可能是由于不同类别的实体数量在训练集中分布不均或数量不同导致的，使得某种实体达到各自最好表现时的混合比例也不尽相同。

3.6 融合汉字结构特征与词汇增强的地质命名实体识别

目前，大多数中文 NER 深度学习模型都是将单一字符的语义向量当作神经网络模型的输入，现有的面向矿产地质文本的命名实体识别也是如此。虽然基于字符的模型比基于分词的模型取得了更好的表现，但它并没有利用字符序列中的词汇信息，以及汉字结构本身所具备的更深层次语义信息。因此，一些研究人员开始尝试向模型中添加词汇信息或者字符结构信息以提高识别效果。在融入词汇信息方面，现有的 NER 模型也需要依靠外部词典，而且没有考虑汉字结构本身的语义特征，在面临矿产地质文本中存在嵌套实体、大量专业名词等一系列问题时仍然无能为力。因此，针对矿产地质文本现存的问题，本章在 SoftLextion 模型的基础上提出了一种融合汉字结构特征的词汇增强实体识别模型 CharFeature-Lexicon。第 3.4 章节构建的矿产地质数据集上的实验结果表明，该模型能够充分学习矿产地质文本中字符的字形特征和上下文序列的词汇信息，从而提升矿产地质领域文本的命名实体识别性能。

3.6.1 模型整体结构

本节提出的融合汉字结构特征的词汇增强实体识别模型 CharFeature-Lexicon 的整体架构如图 3-23 所示，包括以下三部分：表示层、BiGRU 编码层、CRF 解码层。其中表示层主要包含词汇信息嵌入层、字符嵌入层以及汉字结构特征层。

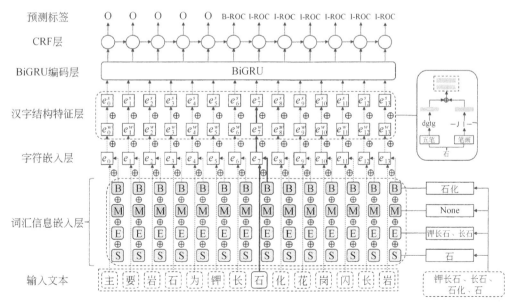

图 3-23 CharFeature-Lexicon 整体框架图

其中，表示层包含字符嵌入、汉字结构特征嵌入、词汇信息嵌入共三种特征向量。字符经过字符嵌入矩阵将每个字符转化为对应的特征向量。汉字结构特征嵌入是指先利用拆字工具得到汉字的五笔、笔画这些结构信息后，再利用随机初始化嵌入矩阵将其转化为向量表示。词汇嵌入是指对文本序列中每个字符在外部词典中匹配到的词语按照词位标签划分到四种不同的词汇集合，并使用预训练词向量进行初始化，接着通过词汇信息融合模块得到最终的词汇嵌入。最后，将字符嵌入、汉字结构特征嵌入、词汇嵌入拼接后送入 BiGRU 编码层进行语义编码。

在编码层，使用 BiGRU 网络结构完整表示语义向量的上下文信息，捕获句子的高级特征，利用文本序列的层级信息辅助矿产地质命名实体的识别。

在解码层，使用 CRF 对 BiGRU 层的输出进行解码，CRF 可以从编码向量中学习到约束信息，通过计算不同序列的概率使用 Viterbi 算法计算分数最高的标签序列。最后，得到输入句子对应的标签序列。

1. 表示层

1）字符嵌入

假设输入的句子序列 $S = \{s_0, s_1, s_2, \cdots, s_n\}$，其中 s_i 是句子序列 S 中的第 i 个字。句子序列 S 经过 word2vec 将原始文本中的每个字符 s_i 映射为字向量 e_i。然后，输入句子可以得到字符级嵌入 $E = \{e_0, e_1, e_2, \cdots, e_n\}$，$e_i$ 表示文本序列中第 i 个字符 s_i 对应的字符向量，$(0 \leqslant i \leqslant n)$。

2）汉字结构特征嵌入

与英文不同，汉字有着生动的象形结构，同时也含有丰富的形态学特征（Yin et al., 2019；游新冬等，2022）。对于五笔和笔画，两者都是汉字结构的有效表述，包括更全面的象形和结构信息，这与文本上下文语义高度相关。如图 3-24 左侧的"铍""铜""锌""镍"都是与金属有关的汉字，左侧的"矿""磷""礁""矽"都是与石头（矿物）有关的汉字，他们在英语中对应不同的拼法。相反，在中文中，这些字符都是左右结构，并且有相同的偏旁部首（在五笔代码中为 Q 或者 D，在笔画结构中以"丿一一一丨"或者"一丿丨丁一"开头。也就是说，语义高度相关的汉字通常也具有类似的结构，可以被五笔或笔画轻松捕获。

根据五笔编码规则，每个汉字最多可以用四个字母来进行表示，利用 pywubi 工具包将汉字进行五笔编码提取。同样，对于笔画的获取，每个汉字都由"横–竖–撇–捺–折"这五个基本构件构成，本书从已有的笔画库来对应语料库中的各个汉字。因此，对于给定的一段文本序列 $S = (s_0, s_1, s_2, \cdots, s_n)$，可以得到对应的五笔序列 $X^{\text{wubi}} = (x_0^w, x_1^w, x_2^w, \cdots, x_n^w)$ 和笔画序列 $X^{\text{stroke}} = (x_0^s, x_1^s, x_2^s, \cdots, x_n^s)$，接着利用随机初始化嵌入矩阵将其转化为向量表示。设五笔向量矩阵、笔画向量矩阵的映射函数分别为 F^{wubi}、F^{stroke}，通过五笔序列和五笔映射函数可以得到五笔向量矩阵 E^{wubi}，见式 3-9。类似地，可得到笔画向量矩阵 E^{stroke}，见式 3-10。

$$E^{\text{wubi}} = F^{\text{wubi}}(X^{\text{wubi}}) = (e_0^w, e_1^w, e_2^w, \cdots, e_n^w) \tag{3-9}$$

$$E^{\text{stroke}} = F^{\text{stroke}}(X^{\text{stroke}}) = (e_0^s, e_1^s, e_2^s, \cdots, e_n^s) \tag{3-10}$$

式中，x_i^w 为文本序列中第 i 个字符 s_i 对应的五笔编码；e_i^w 为文本序列中第 i 个字符 s_i 对应的五笔向量；x_i^s 为文本序列中第 i 个字符 s_i 对应的笔画编码；e_i^s 为文本序列中第 i 个字符 s_i 对应的笔画向量，$(0 \leq i \leq n)$。

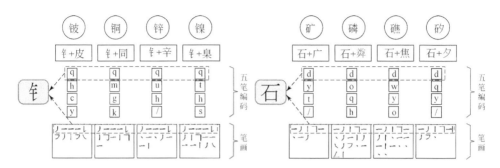

图 3-24　形近词举例

左侧是与金属相关的汉字，右侧是与矿物相关的汉字

3）词汇嵌入

同样，对于一个句子序列 $S = \{s_0, s_1, s_2, \cdots, s_n\}$，先要根据词典从句子中提取出每个字符 s_i 的匹配词序列 w_{ij}，w_{ij} 可以表示为序列 S 中的子序列 $\{c_i, c_{i+1}, \cdots, c_j\}$，$(0 \leq i \leq t \leq j \leq n)$。在获取到匹配词汇之后，为了防止语义信息的丢失，根据字符 s_i 在其匹配词汇 w_{ij} 中的位置将所有的词汇划分为四类集合 $\{B, M, E, S\}$ 四个集合的数学定义如式 3-11 所示：

$$\begin{cases} B(s_t) = \{w_{ij} \mid 0 \leq t < j \leq n\} \\ M(s_t) = \{w_{ij} \mid 0 \leq i < t < j \leq n\} \\ E(s_t) = \{w_{ij} \mid 0 \leq i < t \leq n\} \\ S(s_t) = \{w_{ij} \mid 0 \leq i = j \leq n\} \end{cases} \tag{3-11}$$

式中，n 为字符序列 s 的长度，s_t 表示序列中第七个字符；i 和 j 分别为词汇在字符序列中的下标；$\{B, M, E, S\}$ 则分别为字符出现在匹配词汇的开始位置、中间位置、结尾位置以及单字出现的词汇集合。

以"钾长石化花岗闪长岩"为例，词典中有 {"钾长石"，"长石"，"石化"，"闪长岩"} 等词语信息。对于"石"这个字符，在词典中匹配到三个词汇，w_{02} "钾长石"，w_{12} "长石"，w_{23} "石化"，根据字符"石"在每个词汇中的位置，可以将这两个词划分至 $\{B, E\}$ 两个类别集合中，$\{M, S\}$ 位置上由于没匹配到任何词汇就用"None"表示。由于外界词典涵盖范围有限，缺乏"石"字符位于 M 位置上的词汇信息，因此会丢失一部分信息。这就是 SoftLextion 模型借用外界词典来对矿产地质文本进行分词的不足之处，虽然一定程度上可以帮助模型捕获词汇信息，但是仍然缺失一部分矿产地质文本中的专业词汇。

在获取到分类词汇集合之后，若某个词位的词语集合中包含不止一个词语，就把词语在统计语料中出现的频次来计算该词语在该字符某个词位词汇向量的权重，最终由这些词语向量的加权和作为字符在该词位上词语的补充信息，将各个集合中的词汇各自融合为一个固定维度的特征向量。这里的统计语料包括训练集、测试集，用式 3-12 和式 3-13 表示。

$$v^s(S) = \frac{4}{Z} \sum_{w \in S} z(w) e^w(w) \qquad (3\text{-}12)$$

$$Z = \sum_{w \in B \cup M \cup E \cup S} z(w) \qquad (3\text{-}13)$$

式中，S 为统计语料中的句子总数；w 为集合中的词汇；$e^w(w)$ 为词向量；$z(w)$ 为词频；Z 为四个词集的词频总数。在该词汇融合方法里使用固定的静态数据计算每个词汇的权重，使得融合后的词汇向量更合理，且不会降低模型训练速度。

得到 B、M、E、S 这四个位置的向量之后，对四者进行纵向拼接，得到字符 s_i 的词汇向量 $E^c(B, M, E, S)$，如式 3-14 所示。

$$E^c(B, M, E, S) = v^s(B) \oplus v^s(M) \oplus v^s(E) \oplus v^s(S) \qquad (3\text{-}14)$$

式中，$E^c(B, M, E, S)$ 为字符 s_i 和词典匹配后的词汇向量；v^s 为单个词位集合内部加权后的固定向量；$\oplus$ 为拼接符号。

4）表示层拼接

如式 3-15 所示，将获取动态字符嵌入、汉字结构特征嵌入、词汇嵌入拼接为固定长度的向量，将向量作为整体输入表示层 E^{pre}。

$$E^{pre} = \left[E \oplus E^{wubi} \oplus E^{stroke} \oplus E^c(B, M, E, S) \right] \qquad (3\text{-}15)$$

式中，E 为字符嵌入；E^{wubi}、E^{stroke} 分别为五笔嵌入、笔画嵌入；$E^c(B, M, E, S)$ 为词汇特征嵌入；$\oplus$ 为拼接符号。

2. 编码层

门控循环单元（GRU）和长短期记忆网络（LSTM）都是在循环神经网络（RNN）基础上优化的，是为了避免 RNN 长期记忆与反向传播梯度消失的问题所设计的。而且 GRU 又在 LSTM 的基础上进行了简化，其性能效果与 LSTM 类似，优势体现在参数少、硬件和时间成本较低。考虑到在表示层的嵌入向量维度较大，为了节约训练时间，本书选择 BiGRU 模型作为编码层。

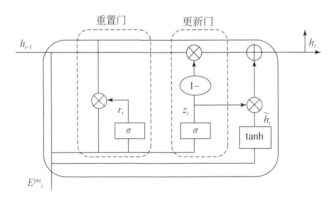

图 3-25　GRU 模型内部结构

LSTM 共包括忘记门、输入门和输出门这三个门，与 LSTM 不同，GRU 包含两个门，结构如图 3-25 所示。GRU 中的更新门（update gate）是将 LSTM 中的输入门和遗忘门合并后的结果，如图 3-25 中的 z_t，计算方式见式 3-17；GRU 的另一个门称为重置门（reset gate），如图 3-25 中 r_t，计算方式见式 3-16。显而易见，GRU 比 LSTM 内部结构更加直观、简单，参数量较小，方便计算，容易加快训练速度。

$$r_t = \sigma(W_r \cdot [h_{t-1}, E^{pre}_t]) \tag{3-16}$$

$$z_t = \sigma(W_z \cdot [h_{t-1}, E^{pre}_t]) \tag{3-17}$$

$$c_t = \tanh(W_c \cdot [r_t * h_{t-1}, E^{pre}_t]) \tag{3-18}$$

$$h_t = (1 - z_t) * h_{t-1} + z_t * c_t \tag{3-19}$$

式中，E^{pre} 为文本序列 t 时刻输入的表示层向量；h_t 为 t 时刻隐藏层输出状态；c_t 为 t 时刻候选隐藏状态；h_{t-1} 为上一时刻隐藏层输出状态；W_r、W_z、W_c 为权重矩阵；σ 为 Sigmoid 激活函数；tanh 为双正切激活函数。[ ] 表示两个向量相连，$*$ 表示矩阵按元素相乘。

单向的 GRU 在传输信息时，只能从左往右单向传播，不能很好地结合上下文信息。因此，本章使用双向 GRU 网络结构，将左右两个方向相加的隐藏状态记作 $\vec{h}_t$，从而避免了重要信息的丢失。

3. 解码层

将编码层得到的向量输入到条件随机场 CRF 层，来完成命名实体识别过程中的最后一步。CRF 可以在给定输入变量的情况下充分考虑各个标签之间的依赖关系，得到一组随机变量的条件概率分布，从而获取全局的最优标记序列。因此，CRF 被广泛地应用于序列标注任务（如命名实体识别）。CRF 的原理已在前述章节进行了详细描述，这里不再赘述。

3.6.2 实验结果及分析

1. 实验数据选择

本章节使用的矿产地质领域命名实体数据集共包含七种实体类别：地质年代（GTM）、地质构造（GST）、地层（STR）、岩石（ROC）、矿物（MIN）、地点（PLA）、矿床（ODT），其中训练集、验证集、测试集的划分比例为 8∶1∶1。

2. 实验环境及实验参数设置

该章节实验环境、实验参数具体如表 3-9 和表 3-10 所示。

1）实验环境

表 3-9 实验环境

实验环境	具体内容
CPU	Intel（R）Core（TM）i9-10900K CPU @ 3.70GHz
GPU	NVIDIA GeForce RTX 2080Ti

实验环境	具体内容
CUDA 版本	11. 4
Python 版本	3. 8. 4
开发环境	PyCharm 2023. 2. 5
深度学习框架	PyTorch

2）实验参数

表 3-10　实验参数

参数	设定值
batch size	64
字符嵌入维度	50
词汇嵌入维度	200
偏旁特征嵌入维度	50
拼音特征嵌入维度	50
五笔特征嵌入维度	50
笔画特征嵌入维度	50
学习率	0. 0015
BiGRU 隐藏层大小	300
dropout	0. 5
epoch	100

本书中的参数配置是通过参考相关研究并根据反复实验确定，具体参数如表 3-10 所示。其中，字符嵌入维度设置为 50，词汇嵌入维度设置为 200，各个特征的嵌入维度均设置为 50。BiGRU 的隐藏层大小为 300。将 dropout 设为 0.5，以防止过拟合。模型的初始学习率为 0.0015。本章节使用的字符嵌入向量和词汇嵌入向量均使用 word2vec 模型在中文维基百科语料库上训练而来。模型评估仍然采用精确率（P）、召回率（R）和 $F1$ 值作为评价指标。详细介绍及公式详见 3.5.1 章节。

2. 实验结果与分析

为了验证本章提出的融合汉字结构特征的词汇增强实体识别模型的性能，在相同配置环境下，以 SoftLextion 模型（Ma et al.，2019）作为基准实验来对照，同时也构建了 LatticeLSTM（Zhang and Yang，2018）、CCW（Liu et al.，2019）和 LEBERT（Liu et al.，2021）三个命名实体识别模型进行对比实验。实验结果见表 3-11，$F1$ 值随训练次数变化曲线如图 3-26 所示。

表 3-11 对比实验结果 单位:%

模型	评价指标		
	P	R	$F1$
LatticeLSTM	79.89	81.68	80.78
SoftLextion	80.29	81.30	80.79
CCW	80.01	83.15	81.55
LEBERT	81.38	81.52	81.45
CharFeature-Lexicon	81.74	82.72	82.22

从表 3-11 可知,本章所提模型 CharFeature-Lexicon 的精确率 P 为 81.74%,召回率 R 为 82.72%,$F1$ 值为 82.22%,精确率 P 和 $F1$ 值均为最优,召回率 R 仅次于 CCW 的 83.15%,验证了本章模型的优越性。相比于 SoftLextion 模型,其精确率、召回率、$F1$ 值分别提高了 1.85%、1.04%、1.44%,说明了将汉字结构形态特征融入字符信息、词汇信息中的有效性。这可以帮助模型理解汉字结构本身的深层次语义信息,进一步正确识别更多的矿产地质实体。另外,CharFeature-Lexicon 还使用 BiGRU 来弥补 BiLSTM 内部结构复杂、参数繁多的问题。

将其他几种词典增强模型进行对比,首先可以看出使用 SoftLextion 模型在矿产地质领域数据集上的识别效果与 LatticeLSTM 模型无明显优劣,但 SoftLextion 模型在训练过程中可以进行并行计算,大大提高了训练效率。CCW 通过编码策略对词汇信息进行固定编码表示,解决了 LatticeLSTM 模型词汇信息丢失量较大的问题,相比于 LatticeLSTM 模型,其精确率、召回率、$F1$ 值分别提高了 0.12%、1.47%、0.77%,但是仅仅凭借单一的词汇增强信息来识别复杂实体是不够的。LEBERT 更是将词汇信息融入 BERT 内部来进行词汇增强,结果也明显优于 LatticeLSTM 模型和 SoftLextion 模型,精确率、召回率、$F1$ 值分别达到了 81.38%、81.52%、81.45%,但同样模型存在参数繁多、训练速度过低的问题。而本章所提模型在嵌入层进行简单词汇增强的基础上又加入了汉字结构特征,解决了前面几种模型存在的几项问题。与其他模型相比,本章模型 CharFeature-Lexicon 既考虑到了词汇自身的重要性,并且引入了汉字结构信息以提供更丰富的语义信息,在三项评估标准上均有不同程度的提升,验证了该模型在矿产地质领域数据集上的优越性。

从图 3-26 可以发现,在 0 ~ 20 次迭代时,五种模型的 $F1$ 值均呈现上升的趋势;在 20 ~ 60 次迭代时,五种模型的 $F1$ 值都维持到某个较为稳定的数值,并在很小的数值范围内左右波动;在迭代次数达到 60 次后,五种模型的 $F1$ 值曲线相比之前更加平稳,波动程度更小。同时也可以从曲线直观看出,本章模型的整体识别性能优于另外四种模型。

3. 消融研究

为了验证本章所提出的五笔特征和笔画特征对命名实体识别任务的影响,在矿产地质领域数据集上对 CharFeature-Lexicon 进行了消融实验分析。本章模型由 SoftLextion 模型改进而来,因此将 SoftLextion 模型作为基线模型,根据输入特征的不同组合,在 BiGRU-CRF 模型上进行了以下几组实验。同时,本章也探究了将 SoftLextion 模型中的 BiLSTM 编码层替换成 BiGRU 编码层对于实验精确率是否有提升，实验结果如表 3-12 所示。

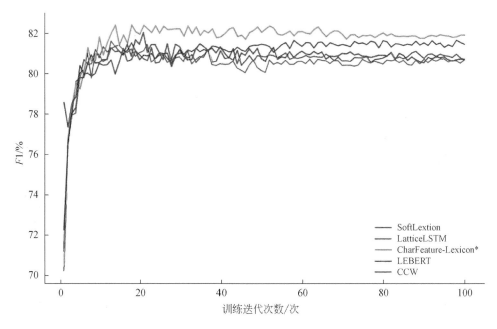

图 3-26　五种模型 *F*1 值随训练迭代次数变化曲线图

表 3-12　消融实验结果　　　　　　　　　　单位:%

模型	评价指标		
	P	*R*	*F*1
SoftLextion	80.29	81.30	80.79
SoftLextion（with-BiGRU）	81.02	80.75	80.88
SoftLextion（with-BiGRU）+笔画	80.22	82.06	81.13
SoftLextion（with-BiGRU）+五笔	81.73	82.17	81.95
CharFeature-Lexicon *	81.74	82.72	82.22

从表 3-12 可以看出，SoftLextion 模型在矿产地质领域数据集上的 *P* 值、*R* 值、*F*1 值分别为 80.29%、81.30% 和 80.79%。将 SoftLextion 模型中的 BiLSTM 编码层替换成 BiGRU 编码层后，SoftLextion 模型的 *R* 值降低了 0.55%，*P* 值、*F*1 值分别提高了 0.73% 和 0.09%，表明 BiGRU 相比于 BiLSTM 在矿产地质数据集上捕获的全局时序特征的效果略好；不过，BiGRU 比 BiLSTM 的参数量更小，在保证训练效果的前提下，一定程度上加快了训练速度。接着，本章在 SoftLextion（with-BiGRU）模型的基础上继续探究了添加笔画特征、添加五笔特征、添加笔画特征和五笔特征后的效果。

可以看出，仅添加笔画特征的实验结果的 *P* 值、*R* 值、*F*1 值分别是 80.22%、82.06% 和 81.13%，*P* 值降低了 0.8%，但 *R* 值、*F*1 值分别提高了 1.31% 和 0.25%，表明笔画特征在一定程度上可以提升模型性能，但可能由于笔画特征提供的信息的区分度较低，对模型性能的提升作用有限。仅添加五笔特征的实验结果的 P 值、R 值、$F1$ 值分别是 81.73%、82.17% 和 81.95%，分别提升了 0.71%、1.42%、1.07%，表明五笔编码作为更抽象级别的编码方式，更能够帮助模型抓住汉字的核心特征，而不会导致过于复杂化。

从这两项实验结果可以看出，笔画信息虽然提供了字符的基本构成元素，但相比五笔编码，它可能不如五笔编码在区分不同汉字方面有效。五笔编码为每个汉字提供了唯一的表示，更直接地反映了汉字的结构特性，而笔画数则更加基础，可能在区分具有相似笔画数的汉字时不够有效，导致模型在判断具体汉字时出现更多错误，从而降低了精确率。同时，添加五笔特征和笔画特征实验结果的 P 值、R 值、$F1$ 值分别是 81.74%、82.72% 和 82.22%，分别提升了 0.72%、1.97%、1.34%，与之前几组实验相比，表现最佳。

总的来说，将五笔特征和笔画特征信息加入到模型中，提供了额外的、有关汉字结构的特征信息，这些特征信息提高了模型的准确性和泛化能力，更好地帮助了模型理解汉字结构本身的深层次含义，增强了细粒度局部特征的语义信息，从而弥补了 SoftLextion 模型中词汇信息的不足，进一步提升了模型的命名实体识别效果。

4. 输出实例分析

为了进一步分析本章所提模型中将汉字结构形态特征融入字符向量与词汇向量中起到的作用，本节将对具体句子案例进行分析，从而可以更直观地看出汉字形态结构特征是如何促进 SoftLextion 模型识别实体的。具体识别结果见表 3-13。

表 3-13 实例结果分析 1

例句	该处存在石榴子石二辉片麻岩
识别结果 1	O O O O B-MIN I-MIN I-MIN I-MIN B-ROC I-ROC I-ROC I-ROC I-ROC
识别结果 2	O O O O B-ROC I- ROC I- ROC I- ROC I-ROC I-ROC I-ROC I-ROC
正确标签	O O O O B-ROC I- ROC I- ROC I- ROC I-ROC I-ROC I-ROC I-ROC

其中，例句是模型即将进行实体类别预测时的句子。识别结果 1 表示 SoftLextion 模型的输出结果，识别结果 2 表示本章所提模型的输出结果。正确标签表示该例句的真实标签。

SoftLextion 模型可以提取词汇特征，然而当句子中出现词典中不存在的词，模型很难预测正确的实体标签。在表 3-13 的例句中有"石榴子石二辉片麻岩"这一岩石类实体，该实体的含义是一种以石榴子石为主要成分的二辉片麻岩。外部词典也许会提供"石榴""片麻岩"之类的词汇，但不会提供"石榴子石""二辉片麻岩"之类的专业性过强的词汇。因此，如何对此类嵌套实体进行边界划分仍然是较难的问题，SoftLextion 模型最多将其分别识别为两个实体"石榴子石-MIN""二辉片麻岩-ROC"，而融入笔画、五笔信息后一定程度上可以避免弥补词汇信息的不足，同时优先将其考虑为一个整体，来共同识别为岩石类实体。

如表 3-14 所示，该模型也存在不足之处，数据集中存在一部分包含连接符号在内的嵌套长实体，如"上黄旗–乌龙沟深断裂"，整体来看属于地质构造实体，但其中包含诸如"上黄旗""乌龙沟"这样的地点类别实体，识别的时候优先将连接符号之前的"上黄旗"判别为地点实体，以及将"乌龙沟深断裂"识别为地质构造实体，而不是整体识别为地质构造类实体，导致与真实结果有一定出入。对于此类问题的解决，后续考虑构造正则表达式来判断连接符号"–"或左右两侧的实体，如果双方都匹配实体类型，则认为实体是一个整体，一定程度上可提升实体识别率。

表 3-14　实例结果分析 2

例句	区内主要为上黄旗–乌龙沟深断裂等断裂
识别结果 1	O O O O O B-PLA I-PLA I-PLA O B-PLA I-PLA I-PLA O B-GST I-GST O O O
识别结果 2	O O O O O B-PLA I-PLA I-PLA O B-PLA I-PLA I-PLA O B-GST I-GST O O O
正确标签	O O O O O B-GST I-GST I-GST I-GST I-GST I-GST I-GST I-GST I-GST I-GST O O O

参 考 文 献

包敏娜，斯·劳格劳，2017. 基于词典匹配的蒙古文命名实体识别研究. 中央民族大学学报（哲学社会科学版），44（3）：165-169.

成秋明，2021. 什么是数学地球科学及其前沿领域？. 地学前缘，28（3）：6-25.

储德平，万波，李红，等，2021. 基于 ELMO-CNN-BiLSTM-CRF 模型的地质实体识别. 地球科学，46（8）：3039-3048.

韩春燕，刘玉娇，琚生根，等，2015. 中文微博命名体识别. 四川大学学报（自然科学版），52（3）：511-516.

胡稳，张云华，2023. 基于 BERT-BiGRU-CRF 的医疗实体识别方法. 计算机时代，（8）：24-27.

李丽双，黄德根，陈春荣，等，2007. 基于支持向量机的中文文本中地名识别. 大连理工大学学报，（3）：433-438.

马凯，2018. 地质大数据表示与关联关键技术研究. 武汉：中国地质大学.

马凯，田苗，谭永健，等，2022. 基于四份区域地质调查报告构建的命名实体识别试验数据集研发. 全球变化数据学（中英文），6（1）：78-84.

邱芹军，田苗，马凯，等，2023. 区域地质调查文本中文命名实体识别. 地质论评，69（4）：1423-1433.

孙鋆霖，2023. 基于深度学习的农业地质命名实体识别方法研究. 合肥：安徽农业大学.

王刘坤，李功权，2023. 基于 GeoERNIE-BiLSTM-Attention-CRF 模型的地质命名实体识别. 地质科学，58（3）：1164-1177.

王权于，李振华，涂志鹏，等，2023. 基于 BERT-BiGRU-CRF 模型的岩土工程实体识别. 地球科学，48（8）：3137-3150.

王颖洁，张程烨，白凤波，等，2023. 中文命名实体识别研究综述. 计算机科学与探索，17（2）：324-341.

王子牛，姜猛，高建瓴，等，2019. 基于 BERT 的中文命名实体识别方法. 计算机科学，46（z2）：138-142.

谢雪景，谢忠，马凯，等，2023. 结合 BERT 与 BiGRU-Attention-CRF 模型的地质命名实体识别. 地质通报，42（5）：846-855.

游新冬，葛昊杰，韩君姝，等，2022. 面向武器装备领域的复杂实体识别. 北京大学学报（自然科学版），58（3）：391-404.

张春菊，刘文聪，张雪英，等，2023. 基于本体的金矿知识图谱构建方法. 地球信息科学学报，25（7）：1269-1281.

张春菊，张磊，陈玉冰，等，2022. 基于 BERT 的交互式地质实体标注语料库构建方法. 地理与地理信息科学，38（4）：7-12.

张雪英，叶鹏，王曙，等，2018. 基于深度信念网络的地质实体识别方法. 岩石学报，34（2）：343-351.

张雪英，张春菊，汪陈，等，2023. 面向中文文本的地质语义信息标注与语料库构建. 高校地质学报，29（3）：429-438.

周成虎，王华，王成善，等，2021. 大数据时代的地学知识图谱研究. 中国科学（地球科学），51（7）：1070-1079.

周昆，2010. 基于规则的命名实体识别研究. 合肥：合肥工业大学.

Ali M N A, Tan G Z, 2019. Bidirectional encoder-decoder model for Arabic named entity recognition. Arabian Journal for Science and Engineering, 44（11）：9693-9701.

Chang J, Han X H. 2023. Multi-level context features extraction for named entity recognition. Computer Speech & Language, 77：101412.

Feng J, Li Z, Zhang D, 2020. Bridge detection text named entity recognition based on Hidden Markov Model. Traffic World, 8：32-33.

Fensel D, Şimşek U, Angele K, et al, 2020. Introduction：what is a knowledge graph? //Fensel D, Simsek V, Argelek, et al. Knowledge Graphs：Methodology, Tools and Selected Use Cases. Cham：Springer.

Gao W C, Zheng X H, Zhao S S, 2021. Named entity recognition method of Chinese EMR based on BERT-BiLSTM-CRF. Journal of Physics：Conference Series, 1848（1）：012083.

Gururangan S, Marasović A, Swayamdipta S, et al, 2020. Don't stop pretraining：Adapt language models to domains and tasks. arXiv preprint, 23（4）：200410964.

Hoesen D, Purwarianti A, 2018. Investigating BI-LSTM and CRF with POS tag embedding for Indonesian named entity tagger//2018 International Conference on Asian Language Processing（IALP）. Bandung.

Huang Z H, Xu W, Yu K, 2015. Bidirectional LSTM-CRF models for sequence tagging. arXiv Preprint arXiv, （9）：1508.01991.

Lample G, Ballesteros M, Subramanian S, et al, 2016. Neural architectures for named entity recognition. arXiv preprint arXiv：1603.01360.

Li P H, Dong R P, Wang Y S, et al, 2017. Leveraging linguistic structures for named entity recognition with bi-directional recursive neural networks. The 2017 Conference on Epirical Methods in Natural Language Processing Copenhagen.

Liu H T, Song J H, Peng W M, et al, 2022. TFM：a triple fusion module for integrating lexicon information in Chinese named entity recognition. Neural Processing Letters, 54（4）：3425-3442.

Liu W, Fu X Y, Zhang Y Q, et al, 2021. Lexicon enhanced Chinese sequence labeling using BERT adapter. arXiv preprint arXiv, （5）：2105.07148.

Liu W, Xu T, Xu Q, et al, 2019. An encoding strategy based word-character LSTM for Chinese NER// Conference of the North American Chapter of the Association for Computational Linguistics：Human Language Technologies 2019. Minneapolis.

Liu X, Chen H Q, Xia W G, 2022. Overview of named entity recognition. Journal of Contemporary Educational Research, 6（5）：65-68.

Lv X, Xie Z, Xu D X, et al, 2022. Chinese named entity recognition in the geoscience domain based on

BERT. Earth and Space Science, 9 (3): e2021EA002166.

Ma K, Zheng S, Tian M, et al, 2023. CnGeoPLM: Contextual knowledge selection and embedding with pretrained language representation model for the geoscience domain. Earth Science Informatics, 16 (4): 3629-3646.

Ma R, Peng M, Zhang Q, et al, 2019. Simplify the usage of lexicon in Chinese NER. arXiv Preprint arXiv, (8): 1908.05969.

Mi B G, Fan Y, 2023. A review: development of named entity recognition (NER) technology for aeronautical information intelligence. Artificial Intelligence Review, 56 (2): 1515-1542.

Parsaeimehr E, Fartash M, Akbari Torkestani J, 2023. Improving feature extraction using a hybrid of CNN and LSTM for entity identification. Neural Processing Letters, 55 (5): 5979-5994.

Qiu Q J, Tian M, Huang Z, et al, 2024. Chinese engineering geological named entity recognition by fusing multi-features and data enhancement using deep learning. Expert Systems with Applications, 238: 121925.

Qiu Q J, Tian M, Xie Z, et al, 2023. Extracting named entity using entity labeling in geological text using deeplearning approach. Jouranl of Earth Science, 34 (5): 1406-1417.

Qiu Q J, Xie Z, Wu L, et al, 2019. BiLSTM-CRF for geological named entity recognition from the geoscience literature. Earth Science Informatics, 12 (4): 565-579.

Shen Y Y, Yun H, Lipton Z C, et al, 2017. Deep active learning for named entity recognition. arXiv Preprint arXiv, (7): 1707.05928.

van der Maaten L, Hinton G, 2008. Visualizing data using t-SNE. Journal of Machine Learning Research, 9 (11): 2579-2605.

Vaswani A, Shazeer N, Parmar N, et al, 2017. Attention is all you need. Advances in Neural Information Processing Systems, 1706: 03762.

Xu H, Liu B, Shu L, et al, 2019. BERT post-training for review reading comprehension and aspect-based sentiment analysis. arXiv Preprint arXiv, 1904: 02232.

Yin M, Mou C, Xiong K, et al, 2019. Chinese clinical named entity recognition with radical-level feature and self-attention mechanism. Journal of Biomedical Informatics, 98: 103289.

Zaghouani W, 2012. RENAR: A rule-based Arabic named entity recognition system. ACM Transactions on Asian Language Information Processing (TALIP), 11 (1): 1-13.

Zhang S, Sheng Y, Gao J, et al, 2019. A multi-domain named entity recognition method based on part-of-speech attention mechanism//Computer Supported Cooperative Work and Social Computing, 14th CCF Conference, ChineseCSCW 2019. Kunming.

Zhang Y, Yang J, 2018. Chinese NER using lattice LSTM. arXiv Preprint arXiv, 1805: 02023.

Zhao J Q, Zhu W T, Chen C, 2022. Chinese named entity recognition based on character level multi feature Fusion//2022 7th International Conference on Intelligent Computing and Signal Processing (ICSP). IEEE, 2022: 1471-1475.

Zhou R, Li X, He R D, et al, 2021. Melm: data augmentation with masked entity language modeling for low-resource ner. arXiv Preprint arXiv, 2108: 13655.

第4章 面向文本的地质实体关系抽取

4.1 引 言

地质报告中包含大量非结构化文本，从中自动提取实体关系对构建知识图谱和对话系统起到关键作用（周成虎等，2021）。实体关系抽取常用的方法有流水线法和实体关系联合抽取法（刘文聪等，2021）。其中，流水线法包含实体识别和关系抽取两个独立组件，容易引发误差传播，而实体关系联合抽取法，通过共享预训练模型的编码层结果进行实体识别和关系分类，从而输出关系三元组，有效减少误差（邱芹军等，2022；邱芹军等，2023）。

在实体关系联合抽取的解码阶段，常用的方法有序列标注、指针网络标注及片段排列。其中，序列标注通过 BIO 或 BIOES 标签标记实体，并在编码阶段学习。但此方法存在一个限制，即每个 Token 只能被一个标签标记，这使得模型无法处理一个 Token 同时属于多个实体或多种关系类型的情况。例如，在"细粒砂岩夹粉砂岩粉砂质板岩"这个短语中，包含了五个实体："细粒砂岩""粉砂岩""粉砂质板岩""板岩"以及整个短语本身"细粒砂岩夹粉砂岩粉砂质板岩"，这会导致实体重叠和关系重叠的问题。指针网络标注法则通过标注实体的起始和终止 Token 位置来识别实体，将问题转化为多个二分类预测标注任务，这种方法关注实体的边界位置，在一定程度上缓解了实体重叠问题。然而，由于地质实体构成复杂，识别专业名词、获取文本结构特征和挖掘深层语义信息仍具挑战性。片段排列方法将文本中的实体片段提取作为特征，但在处理长文本时，由于实体数量众多，导致模型复杂度显著增加。

此外，大部分的实体关系抽取法都是建立在单个句子仅含一个实体关系三元组的假设之上的。但在现实情况中，句子经常会包含多个实体对，并伴随着实体重叠和实体对重叠等更为复杂的情况。以图 4-1 为例，句子 1 呈现的是常见的单个句子含有一个实体关系三元组的场景；句子 2 则展示了单实体重叠的情形，即句子中的"斑晶"实体同时与"斜长石"和"石英黑云母"两个实体存在关系，导致单个实体重叠；而句子 3 体现了实体对重叠或称为关系重叠的现象，即句子中的"片麻岩"和"石英岩"实体对同时拥有"含有"和"断层接触"两个关系，从而形成了关系重叠。

针对地质文本的实体关系抽取任务中存在的实体重叠、关系重叠和难以获得文本结构特征、挖掘深层次语义信息等问题，本书提出了一种基于依存句法分析生成图卷积神经网络的关系抽取模型，称该模型为 DGRE（dependency syntax analysis generate graph convolutional neural networks for relation extraction）。该方法主要是根据 Wei 等（2020）提出的 CasRel 模型进行改进，针对主实体识别部分，提出了一种基于依存句法分析树状结构

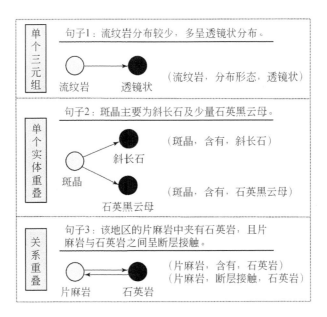

图 4-1   实体关系重叠示例

构建图卷积神经网络的实体关系联合抽取方法。通过依存句法树，能够得到输入语料中词语间的依存关系，但是对于实体关系抽取任务而言，实体对之间通常不会存在依存关系，而是通过谓语等其他词性的词语连接。因此，本书对模型加入了图卷积神经网络，将依存句法树构建为图卷积神经网络的邻接矩阵，通过图卷积神经网络邻居节点的信息聚合操作，能够获取依存句法树的远距离邻居节点的聚合特征信息，从而提高实体关系三元组的抽取效果。

4.2   基于提示学习的地质实体关系抽取

地质学作为研究地球物质组成、结构、性质及其演变规律的自然科学，积累了大量的文本数据，包括地质调查报告、矿产勘探资料、地层岩石描述等。这些文本数据中蕴含着丰富的地质信息和知识，对于地质学研究、矿产资源开发以及环境地质评价等领域具有重要的应用价值。然而，地质文本实体关系抽取存在许多难点。第一，地质文本数据具有稀疏性，相关实体和关系在文本中的出现频率较低，导致模型难以充分学习其特征。第二，地质实体和关系具有复杂性和多样性，如各种嵌套的岩石类型和矿床类型等，使模型难以准确识别。第三，地质文本中还存在大量的专业术语和领域知识，使模型的语义理解加大了难度。第四，目前地质实体关系还没有公开数据集。

为解决上述问题，本书提出了一种基于提示学习和数据增强的地质文本实体关系抽取方法。该方法通过构建提示模板和标签词映射，将实体关系抽取任务转换为关系填空的形式，引导模型更好地理解和生成文本。基于提示学习的数据增强技术则通过对原始数据进行变换、重组和生成，增加模型的训练样本和泛化能力。在地质文本实体关系抽取中，结合提示学习和数据增强技术，有望提高模型的识别准确性和泛化性能。具体而言，本书的贡献有如下两点：

（1）针对地质领域数据集构建成本高、没有公开数据集等问题，设计了一种基于提示学习的数据增强方法，通过同义词和近义词替换、实体类型替换、句子重组等方式对现有地质语料库进行数据增强。

（2）针对地质文本复杂性和专业性问题，设计了一种将实体关系语义注入的提示模板构建策略，通过预训练语言模型对地质领域文本实体关系进行语义编码，并融入提示模板中，以增强模型对地质领域文本实体关系抽取的泛化能力。

4.2.1 模型架构

提示学习（prompt learning），通过对预训练语言模型添加提示，能够将自然语言处理下游任务转换为问答形式或填空形式，通过将传统下游任务重构为语言生成任务，可以缓解地质领域数据稀缺的问题（Zeng et al., 2019）。本章节提出了基于提示学习的实体关系抽取方法，该方法主要包含三个部分：①基于提示学习的数据增强；②多提示模板集成；③地质领域关系类型标签映射。如图4-2所示，首先针对当前地质语料库中各关系类型数据数量不平衡及语料库规模较小等问题，基于提示学习对当前语料库进行数据增强；其次，对语料库中的实体类型、关系类型以及其类型描述进行语义嵌入，使用生成的提示数据对预训练模型进行微调，使其适应地质文本关系抽取任务；最后，通过模型输出的实例回答在语义空间内计算与不同关系类别的余弦相似性，进行关系分类。

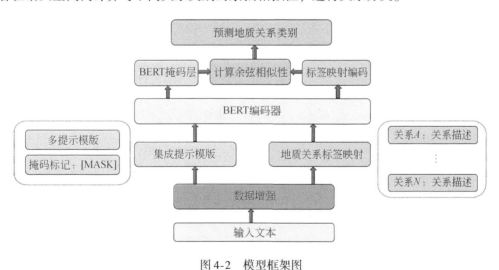

图4-2　模型框架图

4.2.2 基于提示学习的数据增强

在自然语言处理领域，数据增强是一种重要的技术，它通过变换原始数据来生成新的、多样化的数据集，从而提高模型的泛化能力和鲁棒性。在基于提示学习的场景中，特别是在处理地质报告文本等专业领域数据时，基于提示学习的数据增强方法能够结合领域知识和模型特性，有效地扩充数据集，提升模型性能。

数据增强的主要目的是通过引入各种变换，使模型在训练过程中能够接触到更多不同形式的数据，从而学习到更加泛化的特征表示。在地质文本处理中，由于数据集有限且标注成本高昂，数据增强是一种高效提升模型性能的方式。

基于提示学习的数据增强方法主要依赖于对原始文本的变换和改写，通过调用OpenAI库中的GPT-NEO模型，对原始文本进行数据增强。本书基于提示学习主要使用的数据增强方法和示例如下。

1）同义词和近义词替换

同义词和近义词替换是一种常见的数据增强技术，它通过替换句子中的实体或关键词的同义词或近义词来生成新的句子，如表4-1所示。

表4-1　同义词和近义词替换数据增强

原句子	替换后的句子	替换方式
斑晶主要为斜长石及少量石英黑云母	斑晶以斜长石为主，伴有微量石英黑云母	将"主要为"替换为"以……为主"，"及"替换为"伴有"，"少量"替换为"微量"
流纹岩分布较少，多呈透镜状分布	流纹岩较为罕见，通常以透镜形态散布	将"分布较少"替换为"较为罕见"，"多呈"替换为"通常以……散布"
熔岩组分主要有斜长石、黝帘石	熔岩成分以斜长石和黝帘石为主导	将"主要有"替换为"以……为主导"

2）实体类型替换

实体类型替换是指在不改变句子结构和语义的前提下，将句子中的实体替换为同一类型的其他实体，如表4-2所示。

表4-2　实体类型替换数据增强

原句子	替换后的句子	替换方式
斑晶主要为斜长石及少量石英黑云母	斑晶主要为角闪石及少量石英云母	将"斜长石"替换为同一矿物类型的"角闪石"
流纹岩分布较少，多呈透镜状分布	安山岩分布较少，多呈透镜状分布	将"流纹岩"替换为地质上相似或同类的岩石类型，如"安山岩"
熔岩组分主要有斜长石、黝帘石	熔岩组分主要有辉石和黝帘石	将"斜长石"替换为同一矿物类型的"辉石"

3）句子重组

句子重组是指通过改变句子中词语或短语的顺序来生成新的句子。这种方法可以增加模型的句法多样性，使其能够处理不同结构的句子。在重组句子时，需要确保新句子的语义与原始句子保持一致，如表4-3所示。

表 4-3　句子重组数据增强

原句子	重组后的句子	重组方式
斑晶主要为斜长石及少量石英黑云母	斑晶中,斜长石占主导,并含有少量石英和黑云母	重组原始句子中的成分
流纹岩分布较少,多呈透镜状分布	流纹岩以透镜状形态分布,但较为稀少	改变描述顺序和强调点
熔岩组分主要有斜长石、黝帘石	熔岩的成分主要包括斜长石和黝帘石	重新组织句子结构

针对三种数据增强方式,分别以不同的提示模板进行数据增强:

(1) 同义词和近义词替换:"x,对该语句进行同义词和近义词替换"。

(2) 实体类型替换:"x,将该语句中的地质实体替换为相同类型的地质实体"。

(3) 句子重组:"x,对该语句进行句子重组"。

其中,x 表示输入文本,通过 GPT-NEO 模型,以对话生成的方式进行数据增强,对进行数据增强后的文本进行标签的检查,对实体类型替换的语句,同时替换数据集中的标签。

综上所述,在同义词和近义词替换中,本书利用预训练语言模型来找到实体或关键词的同义词或近义词,并进行替换。这种替换不仅保持了句子语义的一致性,还引入了词汇的多样性。在实体类型替换中,本书将句子中的实体替换为同一类型的其他实体,这种替换有助于模型学习实体类型与上下文之间的关系,而不是过度依赖于特定的实体实例。此外,句子重组也是基于提示学习的数据增强中常用的方法。句子重组通过改变句子中词语或短语的顺序来生成新的句子,增加模型的句法多样性。

4.2.3　多提示模板集成

在基于提示学习的地质文本实体关系抽取任务中,构建提示模板是关键步骤之一。提示模板是为了将地质文本中的实体关系抽取任务转化为一个预训练语言模型可以处理的问题形式。通过构建合适的提示模板,可以引导预训练语言模型在给定的地质文本中识别并抽取实体之间的关系。通常,提示模板包含两部分:一部分是固定提示语,用于引导模型进行关系抽取;另一部分是占位符,用于插入具体的地质文本信息。在提示模板中,使用 [MASK] 标记来指示模型需要预测的关系类型,[MASK] 标记会被 BERT 模型中的掩码层 MLM (mask language model) 输出的对应位置的隐藏状态 h_{mask} 所替换,用于关系分类。

本书根据地质文本中不同关系类型与对应的实体位置关系,设计了相应的提示模板,分别为实体关系位置顺序为 ("关系","地质实体1","地质实体2"),提示模板为:"其中,[MASK] 是地质实体1和地质实体2的关系";实体关系位置顺序为 ("地质实体1","关系","地质实体2"),提示模板为:"其中,地质实体1 [MASK] 地质实体2";实体关系位置顺序为 ("地质实体1","地质实体2","关系"),提示模板为:"其中,地质实体1和地质实体2的关系是什么? 是 [MASK]"。输入文本为 x,融合提示模板的输入则为:$x_{prompt} = [CLS] x: Template_i [SEP]$,其中 $Template_i$ 是第 i 种提示模板,[CLS] 是 BERT 模型为分类任务设定的特殊标记,[SEP] 是文本序列之间的分割标记,[MASK]

是提示模板中人工设定的掩码标记。

通过设计多个提示模版，能够反映语言的结构和语法，提高模型对不同的文本和关系类型处理的灵活性，减少模型对特定提示的依赖，提升模型的鲁棒性。同时，在训练数据有限的情况下，多提示模版可以从不同角度为模型提供关于实体关系的特征，有助于模型在少样本情况下学习到更多的信息。通过分析不同模版在不同类型文本上的表现，可以进行针对性的改进，根据需要添加或删除模版。最终，通过提示集成的方式，对每一个输入语句在不同的提示模板中经过 BERT 预训练语言模型编码层和 MLM 计算，取其平均值作为最后的结果，其具体公式如下：

$$x_{\text{prompt}}^{i} = [\text{CLS}]\, x, \text{Template}_{i}\, [\text{SEP}] \tag{4-1}$$

$$h_{\text{mask}} = \text{MEAN}\left(\sum_{i \in N} M(x_{\text{prompt}}^{i}) \right) \tag{4-2}$$

式中，x_{prompt}^{i} 为输入文本与第 i 个提示模板结合的输入，经过 BERT 模型中 Token Embeddings、Segment Embeddings 和 Position Embeddings 三层编码相加后由多层 Transformers 编码器计算得到的向量编码，输入至 BERT 模型中的 MLM 层，对三个提示模板计算后的结果取平均值得到向量表示 h_{mask}。

4.2.4　地质领域关系类型标签映射

在地质文本实体关系抽取任务中，为了有效利用提示学习方法，需要构建一个能够融入地质领域关系语义的标签映射。该模板的设计旨在将地质领域中的特定关系及其描述嵌入到模型中，以便在抽取实体关系时提供更强的领域知识支持。根据本书构造的地质文本数据集中对常见的地质领域关系分类，构建地质领域关系类型标签映射，示例如表 4-4 所示：

表 4-4　地质领域关系类别及描述

地质领域关系类别	关系描述
岩性	岩石的性质、组成、成分及结构
整合接触	地层间的特征
分布形态	地质体在空间上的展布特征和形状
侵入	岩浆侵入到已固结的岩石中并冷却凝固
出露地层	能够被直接观察到的岩层或岩石

通过将地质领域关系类别与关系描述拼接，进行词嵌入编码，能够得到融合地质领域知识的标签映射嵌入向量表示，其具体公式如下：

$$v_{\text{label}} = \text{Embedding}(\text{rel\_type} : \text{rel\_desc}) \tag{4-3}$$

将关系类别与关系描述进行拼接，经过 BERT 预训练语言模型编码层进行嵌入编码，得到标签映射的嵌入向量表示。

通过余弦相似性对提示模板输入嵌入的向量表示和各个标签映射的嵌入向量进行相似性计算，根据相似性计算得到的分数衡量查询与每个关系标签之间的匹配程度，考虑到一条输入文本中可能存在多个实体关系，通过 Sigmoid 函数将余弦相似性得分转换为概率分布，使用二元交叉熵函数作为多分类的损失函数，对每个类别的损失取平均得到总损失，其具体公式如下：

$$sim = \cos\left(h_{mask}, \nu_{label}\right) = \frac{h_{mask} \cdot \nu_{label}}{\parallel h_{mask} \parallel \cdot \parallel \nu_{label} \parallel} \tag{4-4}$$

$$p_i = \frac{1}{1 + \exp(-sim_i)} \tag{4-5}$$

$$loss_i = -y_i \log(p_i) - (1 - y_i) \log(1 - p_i) \tag{4-6}$$

$$Loss = \frac{1}{C} \sum_{i=1}^{C} loss_i \tag{4-7}$$

式中，$\cos(\cdot)$ 为余弦相似性计算函数；sim 为相似性分数；p_i 为不同类别的相似性分数经过 Sigmoid 函数计算的概率，对于每个类别分别计算其损失，y_i 为对于输入文本，是否存在第 i 个类别的真实标签，如果存在则为 1；否则为 0；$loss_i$ 为该类别的损失函数；Loss 为所有类别的损失平均值，作为总损失。

4.2.5 实验结果与分析

1. 实验数据

本书使用的实体关系抽取数据集是基于国家地质资料数据中心及全国馆数字地质资料馆中的多篇中文区域地质调查报告标注的，每一份地质报告中都详细介绍了该区域的自然环境、地层地貌及地层岩性。该数据集由团队内部 7 名有地质领域背景的学生和 2 名指导老师合作构建而成，主要针对地质报告文本中存在的空间关系、结构关系、属性关系及功能关系 4 大类进行标注，共计 24 种特定关系，其具体标注规则及样例如表 4-5 所示。

表 4-5   实体关系数据集标注规则

大类	小类	例句	关系三元组
结构关系	分布形态	多彩蛇绿混杂岩亚带火山岩位于测区北部当江-多彩一带，总体呈北西-南东向带状展布	（多彩蛇绿混杂岩亚带火山岩，分布形态，北西-南东向带状展布）
空间关系	出露于	晚三叠世花岗岩主要分布在测区拉地贡玛缅切日啊日曲一带，区域上受构造混杂带内的西北-东南向区域断裂控制，呈长条带状分布，侵入体具有良好的群居性，成带延展性非常好，出露侵入体为 8 个，面积约为 227 m²	（晚三叠世花岗岩，出露于，拉地贡玛缅切日啊日曲）
	位于	1∶25 万 I46C003004（治多县幅）区域地质调查项目地处青海省唐古拉山北坡	（治多县，位于，青海省唐古拉山北坡）
	整合接触	杂多群碎屑岩组（C1Z1）与上覆碳酸岩盐组（C1Z2）呈整合接触	（杂多群碎屑岩组，整合接触，碳酸岩盐组）

大类	小类	例句	关系三元组
空间关系	不整合接触	碎屑岩组与其他地层单元均为构造接触,其上见有古-新近纪的沱沱河组不整合	(碎屑岩组,不整合接触,古-新近纪的沱沱河组)
	假整合接触	云台观组与下伏志留系茅山组平行不整合接触,厚度为0~3.61m,区域上厚度变化大	(云台观组,假整合接触,志留系茅山组)
	断层接触	石英片岩断层接触上覆地层晚三叠世公也弄组灰岩	(石英片岩,断层接触,晚三叠世公也弄组灰岩)
属性关系	大地构造位置	日阿泽弄岩组分布于本区类乌齐县岗孜乡日阿泽弄一带,为一套以基性火山岩为主的构造岩石地层,呈构造块体分布于北澜沧江结合带中	(日阿泽弄岩组,大地构造位置,北澜沧江结合带)
	地层区划	本区白垩纪地层仅有早白垩世景星组(K1j),分布于昌都-芒康地层分区和江达-德钦地层分区中	(早白垩世景星组,地层区划,昌都-芒康地层分区)
	出露地层	在尕笛考一带,吉东龙组由生物灰岩、含矽藻泥灰岩、泥钙质生物硅质岩、粉砂质板岩、含细粉砂钙质黏土板岩、硬砂质长石砂岩、泥钙质板岩、生物壳晶粒屑灰岩、灰岩角砾岩、灰岩砂砾岩等组成	(尕笛考,出露地层,吉东龙组)
	岩性	阿堵拉组含方解石岩屑长石砂岩,断层接触,沙木组,厚度为712.69m	(阿堵拉组,岩性,含方解石岩) (阿堵拉组,岩性,屑长石砂岩)
	厚度	灰色中-厚层状生物灰岩夹灰色薄层状含矽藻泥灰岩,29.47m	(灰色中-厚层状生物灰岩夹灰色薄层状含矽藻泥灰岩,厚度,29.47m)
	出露面积	夺盖拉组地层分区夺盖拉组分布于1:25万昌都县幅龙大-钦邦一带,出露面积约为206.26m²	(夺盖拉组,出露面积,206.26m²)
	坐标	尼玛区幅范围为东经87°00′~88°30′,北纬31°00′~32°00′,面积为15803.50m²	(尼玛区幅,坐标,东经87°00′~88°30′) (尼玛区幅,坐标,北纬31°00′~32°00′)
	行政区划	治多县行政区划隶属于青海省玉树藏族自治州	(治多县,行政区划,青海省玉树藏族自治州)
	长度	斯日崩断裂带(F2)位于测区东南隅,阿拉坦达巴道班幅境内,全长约为20m	(斯日崩断裂带,长度,20m)
	含有	内蒙古自治区阿鲁科尔沁旗巴代艾来上侏罗统满克头鄂博组(J3m)实测剖面(P-7)	(内蒙古自治区阿鲁科尔沁旗巴代艾来,含有,上侏罗统满克头鄂博组)
	所属年代	宁多岩群时代置于古-中元古代	(宁多岩群,所属年代,古-中元古代)
	海拔	调查区大部属云开大山云雾山山脉,它们构成总体上呈北西-南东走向的中低山地势,平均海拔为1000m左右	(调查区,海拔,1000m)
	属于	调查区大部属云开大山云雾山山脉,它们构成总体上呈北西-南东走向的中低山地势,平均海拔为1000m左右	(调查区,属于,云开大山云雾山山脉)
	古生物	浅黄浅灰白色中厚层状中细粒石英砂岩夹少量粉砂岩,含腕足类,20m	(浅黄浅灰白色中厚层状中细粒石英砂岩夹少量粉砂岩,古生物,腕足类)

续表

大类	小类	例句	关系三元组
功能关系	发育	灰白色条带状硅质岩（微粒石英岩），具水平层理，17.9m	（灰白色条带状硅质岩（微粒石英岩），发育，水平层理）
	侵入	高州表壳岩组合岩石被片麻状花岗岩侵入	（高州表壳岩组合岩石，侵入，片麻状花岗岩）
	吞噬	宁多岩群 Pt1-2N 该地层南侧被侏罗纪花岗岩吞噬，北侧与多彩蛇绿混杂岩断层接触，主要为一套片麻岩片岩中深变质地层	（宁多岩群，吞噬，侏罗纪花岗岩）

该地质文本实体关系抽取数据集中包含 2518 条语句，共计 7840 个实体关系三元组。按照 8：1：1 的比例划分训练集、验证集与测试集。数据样本包含"text"和"triple_list"两个字段，分别表示一条文本和该条文本包含的所有关系三元组，其中关系三元组表示形式为（主实体，关系，客实体）。

在数据集标注完成后，对文本长度进行数据统计分析，其结果如图 4-3 所示。文本长度统计按照区间分类，其中长度大于 256 且小于 512 的文本数量仅为 11 条，在数据集中占比极小，因此将模型输入最大句子长度设置为 256 能够满足大部分数据要求。

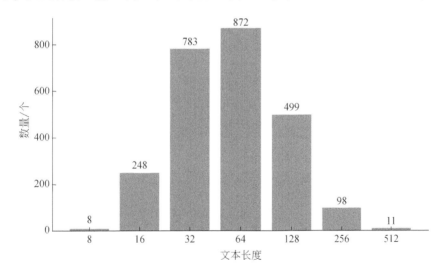

图4-3 文本长度统计图

同时，对数据集中各关系类别数量进行统计，其结果如图 4-4 所示。其中，岩性、厚度、古生物类别的关系数量最多，分别为 1929 个、1329 个和 1149 个，而大地构造位置、海拔、假整合接触、侵入、长度、行政区划、吞噬等类别的关系数量较少，数据集存在数据分布不平衡问题，该问题可能是作为数据源的区域地质报告内容不同造成的。在后续科研工作中，将通过对更多的地质报告进行数据标注以扩充数据集规模，缓解数据分布不平衡问题。

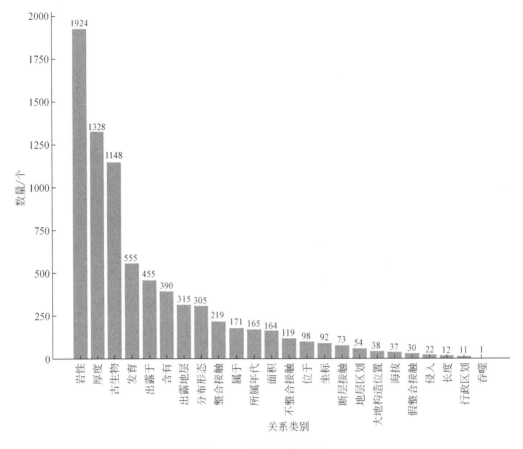

图4-4　关系类别统计图

2. 实验环境及参数设置

本章算法的实验环境操作系统为 Windows，使用的编程语言是 Python 3.7，采用的深度学习框架为 PyTorch1.11.0+cu113 版本，使用的深度学习库 Transformers 为 4.20.0，本章算法采用精确率、召回率和 $F1$ 分数进行实验结果的分析。具体实验参数参照表4-6。

表4-6　参数设置

参数	值
学习率	1×10^{-5}
最大句子长度	256
优化器	Adam
训练批次	15
batch size	8
分类阈值	0.5

3. 实验结果

1）损失函数分析

在地质文本实体关系抽取任务中，损失函数是衡量模型预测结果与实际标签间差异的关键指标。本书选择二元交叉熵损失函数对模型进行优化，其损失函数曲线如图 4-5 所示。损失函数整体呈下降趋势，表明模型在训练过程中逐渐学习到数据的内在规律，对训练数据的拟合能力逐渐增强，没有出现明显的波动或反弹现象，且模型训练过程相对稳定，没有出现严重的过拟合或学习率设置不当等问题。

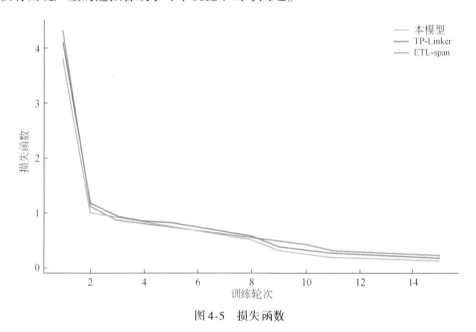

图 4-5　损失函数

2）对比试验分析

表 4-7 中显示了模型在地质文本实体关系抽取数据集上与其他基线模型的比较，在精确率和 F1 分数方面，本书提出的模型与其他模型相比在现有地质文本实体关系数据集上要有更好的表现，但在召回率方面，TP-Linker 模型的召回率达到 0.6352 相较于本书提出的模型要高出 0.0116，说明本书提出的模型还存在一定的不足，未来可能通过对模型结构的优化等方式进一步提升其性能。

表 4-7　对比实验结果

模型	P	R	$F1$
CopyRE	0.3764	0.3381	0.3562
GraphRel	0.4619	0.4173	0.4385
CopyMTL	0.4961	0.4468	0.4702
ETL-span	0.6293	0.5581	0.5916
TP-Linker	0.6236	**0.6352**	0.6293
本模型	**0.6504**	0.6236	**0.6367**

3）消融实验分析

为验证本书中提出的各个模块的有效性，通过去除各个模块进行消融实验，实验结果如表4-8所示。实验结果表明，去掉基于提示学习的数据增强模块后，$F1$ 分数下降了 0.0458，证明数据增强对当前数据集存在的数据不平衡和数据集规模小等问题起到积极作用，能够提升模型性能。去掉提示集成模块后，使用通用提示模板进行实验，$F1$ 分数下降了 0.0246，表明本书设计的提示模板在针对不同的地质实体关系时，能够考虑到自然语言的语序，相较于通用提示模板效果更好。在去掉融入地质关系及描述的语义模块时，$F1$ 分数下降了 0.0142，说明融合了地质关系描述的关系标签映射能够有效地提升地质领域实体关系抽取效果。

表4-8 消融实验结果

模型	P	R	$F1$	$F1$ 提升
本模型	0.6504	0.6236	0.6367	——
-数据增强	0.6019	0.5803	0.5909	-0.0458
-提示集成	0.6224	0.6022	0.6121	-0.0246
-融入地质关系及描述语义	0.6352	0.6103	0.6225	-0.0142

4）错误案例分析

为挖掘提示学习的潜力，本书通过模型的错误分类案例进行分析，以归纳模型缺点，进一步改善模型。表4-9中展示出几种典型的错误分类案例，其中三元组以（主实体，关系，客实体）形式呈现。

表4-9 错误案例分析

数目	输入文本	真实结果	预测结果
1	深灰色碎裂粉砂质板岩夹灰色碎裂薄-中层状细粒长石英砂岩断层早石炭世杂多群灰色厚层状灰岩	（深灰色碎裂粉砂质板岩，含有，灰色碎裂薄-中层状细粒长石英砂岩），（深灰色碎裂粉砂质板岩夹灰色碎裂薄-中层状细粒长石英砂岩，断层接触，早石炭世杂多群灰色厚层状灰岩）	（深灰色碎裂粉砂质板岩，含有，灰色碎裂薄-中层状细粒长石英砂岩）
2	晚三叠世巴塘群及结扎群（甲丕拉组波里拉组）产大量的腕足类双壳类化石	（晚三叠世巴塘群，古生物，腕足类），（晚三叠世巴塘群，古生物，双壳类），（结扎群，出露地层，甲丕拉组），（结扎群，出露地层，波里拉组），（结扎群，古生物，腕足类），（结扎群，古生物，双壳类）	（晚三叠世巴塘群及结扎群（甲丕拉组波里拉组），含有，腕足类双壳类化石）
3	砂岩发育变形层理及重荷模造，常见砂岩中含板岩砾屑，岩石中层间褶皱发育	（砂岩，发育，变形层理），（砂岩，发育，重荷模造），（砂岩，含有，板岩砾屑），（砂岩，发育，褶皱）	（砂岩，发育，变形层理），（砂岩，发育，重荷模造），（砂岩，含有，板岩砾屑），（岩石，发育，褶皱）

续表

数目	输入文本	真实结果	预测结果
4	火山岩组其岩性主要为玄武岩安山玄武岩流纹质凝灰熔岩流纹质角砾凝灰熔岩英安质玻屑晶屑凝灰熔岩杏仁状玄武岩夹火山碎屑岩硅质岩泥晶灰岩长石砂岩	（火山岩组，岩性，玄武岩），（火山岩组，岩性，安山玄武岩），（火山岩组，岩性，流纹质凝灰熔岩），（火山岩组，岩性，流纹质角砾凝灰熔岩），（火山岩组，岩性，英安质玻屑晶屑凝灰熔岩），（火山岩组，岩性，杏仁状玄武岩），（火山岩组，岩性，火山碎屑岩），（火山岩组，岩性，硅质岩），（火山岩组，岩性，泥晶灰岩），（火山岩组，岩性，长石砂岩），（杏仁状玄武岩，含有，火山碎屑岩）	（火山岩组，岩性，玄武岩安山玄武岩流纹质凝灰熔岩流纹质角砾凝灰熔岩英安质玻屑晶屑凝灰熔岩杏仁状玄武岩夹火山碎屑岩硅质岩泥晶灰岩长石砂岩），（杏仁状玄武岩，含有，火山碎屑岩硅质岩泥晶灰岩长石砂岩）
5	九十道班组整合在诺日巴尔日保组之上，其上被结扎群或沱沱河组所不整合	（九十道班组，整合接触，诺日巴尔日保组），（九十道班组，不整合接触，结扎群），（九十道班组，不整合接触，沱沱河组）	（九十道班组，整合接触，诺日巴尔日保组），（九十道班组，不整合接触，结扎群或沱沱河组）
6	达龙砂岩组呈北西–南东向分布在日阿日曲查涌达龙当江乡一线	（达龙砂岩组，分布形态，北西–南东向），（达龙砂岩组，出露于，日阿日曲查涌达龙当江乡）	（达龙砂岩组，分布形态，北西–南东向），（达龙砂岩组，位于，日阿日曲查涌达龙当江乡）

对典型错误案例进行分析发现，其中大部分错误预测都是因为实体边界问题，由于地质文本中存在大量的长实体及嵌套实体，模型不能准确进行细粒度的实体识别，其中第 1、第 2、第 4、第 5 条案例中，存在长实体和嵌套实体问题。例如"腕足类双壳类化石"中存在生物类型实体"腕足类"和"双壳类"，但模型将"腕足类双壳类化石"错误识别为一个实体，从而导致将"古生物"关系错误预测为"含有"关系。第 4 条案例中，文本的真实标签中存在超过 10 个三元组，对模型的多分类能力本身是一个严峻的考验，同时由于缺乏标点符号的分隔，模型将"玄武岩安山玄武岩流纹质凝灰熔岩流纹质角砾凝灰熔岩英安质玻屑晶屑凝灰熔岩杏仁状玄武岩夹火山碎屑岩硅质岩泥晶灰岩长石砂岩"以及"火山碎屑岩硅质岩泥晶灰岩长石砂岩"识别为长实体，导致三元组识别不完整。

除了实体嵌套问题，模型针对深层语义信息和部分地质关系的理解也存在不足。第 3 条案例中，（砂岩，发育，褶皱）被识别为（岩石，发育，褶皱），是由于没有将"岩石"正确理解为上一句文本中的"砂岩"。第 6 条案例中，将"出露于"关系错误分类为"位于"，"位于"相比于"出露于"更侧重于描述地质实体在空间上的具体位置，而"出露于"主要强调地质实体在地表或地层之上的可见性，这表明模型对句子中蕴含的地质关系识别能力不足。

综上所述，模型可以针对实体嵌套、实体长度长、细粒度实体识别、深层语义信息获取和融入地质领域知识等问题，通过修改模型结构、融入地质知识等方法对模型进行优化。

4.3　基于图卷积神经网络的地质实体关系抽取

4.3.1　模型架构

DGRE 模型网络结构如图 4-6 所示，主要分为三个主要模块：

（1）文本语义特征提取模块，采用 BERT 预训练模型对输入的语料进行词嵌入处理，以获得词向量表示，并在此过程中融入了位置信息嵌入。鉴于目标实体识别在关系抽取任务中的核心作用，本书进一步引入了轴向注意力机制和双向长短时记忆网络，有效地对输入语料中的上下文语义特征进行捕捉和提取，从而完成了对输入语料的全面语义特征提取。

（2）文本依存句法特征提取模块，通过 StanfordCoreNLP 工具对输入语料进行依存句法分析，结合依存句法树词与词之间的依赖关系，构建成图卷积神经网络邻接矩阵，将文本语义特征提取模块所得到的特征向量用作图卷积神经网络的节点特征向量。

（3）实体关系联合抽取模块，结合了文本语义特征和依存句法特征的特征向量，输入到层叠式指针网络，首先进行实体关系三元组中主实体的识别，然后在给定的特定关系下，进行与主实体对应的客实体识别，最终得到完整的实体关系三元组，完成实体关系抽取任务。

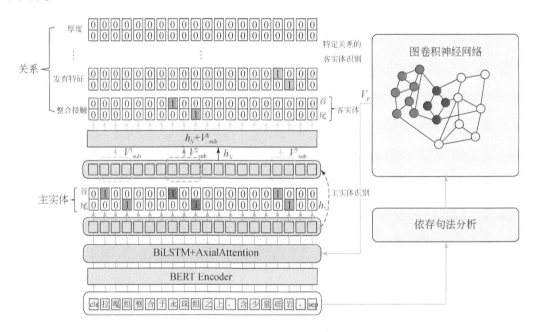

图 4-6　DGRE 模型网络结构图

4.3.2 语义特征提取模块

1. BERT 模型

本书采用 BERT 模型作为预训练模型，其计算流程主要包含预训练和微调两部分。BERT 模型的输入向量由词嵌入、句子嵌入和位置嵌入构成，这些输入向量随后会经过多层 Transformer 的 Encoder 进行编码，从而得到句子的深层语义表示。其输入的构造方式如图 4-7 所示。

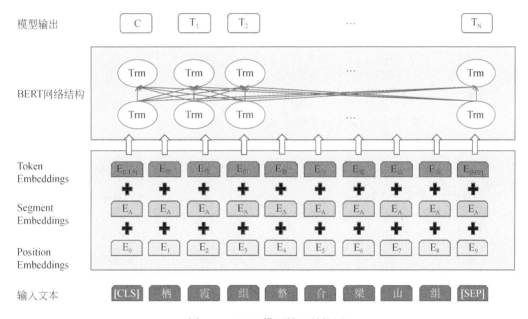

图 4-7 BERT 模型输入结构图

BERT 模型的输入主要分为 Token Embeddings 层、Segment Embeddings 层和 Position Embeddings 层三层。其中，Token Embeddings 层首先将数据进行预处理，通过分词器分割成 Token。BERT 模型使用 WordPiece 分词法，将单词进一步拆分成子词，以优化词汇表的大小和模型的泛化能力，分词后的 Token 被映射到一个高维空间，形成 Token Embeddings。Segment Embeddings 层用于来区分两个句子，通过为每个 Token 添加一个额外的嵌入，以指示它属于哪个句子（通常是 "A" 或 "B"）。由于在实体关系抽取任务中，输入通常为单个句子，因此在 BERT 模型中 Segment Embeddings 层均为 E_A。Position Embeddings 层用来提供 Token 位置信息。将 Token Embeddings、Segment Embeddings 和 Position Embeddings 三者相加，得到每个 Token 的最终输入嵌入。

BERT 模型结构为 Transformer 的编码部分。每一个模块主要由多头自注意力机制、标准化处理、残差连接和前馈神经网络这四个部分组成。而自注意力机制作为 BERT 模型中重要的一部分，其与位置编码相结合，解决了文本数据的时序相关性等问题。自注意力机制具体实现步骤如下。

在计算的过程中，首先将所有输入文本的单词进行三次线性变化，分别得到 Q（query）、K（key）、V（value）三种向量。设一段文本输入 Token 为 $X = [x_1, x_2, \cdots, x_N] \in R_{n \times d}$，其中 N 为文本的长度，d 为 Token 维度，W_Q、W_K、W_V 分别为 Q、K、V 向量的权重矩阵：

$$Q = X \times W_Q \tag{4-8}$$

$$K = X \times W_K \tag{4-9}$$

$$V = X \times W_V \tag{4-10}$$

得到 Q、K、V 矩阵后，可以通过多种方式来计算 Q 和 K 矩阵之间的相似度从而进行注意力运算。其公式如下所示：

$$S(Q, K) = QK^{\mathrm{T}} \tag{4-11}$$

最终计算注意力（Attention）结果，其运算公式如下所示，其中 Softmax 是对 $\dfrac{QK^{\mathrm{T}}}{\sqrt{d_k}}$ 这个结果矩阵的每一行进行计算的：

$$\text{Attention}(Q, K, V) = \text{Softmax}\left(\frac{QK^{\mathrm{T}}}{\sqrt{d_k}}\right) V \tag{4-12}$$

2. BiLSTM 层

BiLSTM 由一个正向 LSTM 和一个反向 LSTM 组成，其中正向 LSTM 按时间顺序处理序列，而反向 LSTM 则按逆时间顺序处理序列。BiLSTM 能够同时考虑到序列的前后信息，提供更全面的上下文表示。其核心计算原理及公式如下。

（1）正向 LSTM 计算：对于经过 BERT 语义编码的输入序列，正向 LSTM 按照时间顺序计算隐藏状态序列：

$$h_t = o_t \odot \tanh(f_t \odot c_{t-1} + i_t \odot \tilde{c}_t) \tag{4-13}$$

式中，i_t、f_t、o_t 和 $\tilde{c}_t$ 分别为输入门、遗忘门、输出门和表示当前信息的候选状态；$\odot$ 为逐元素乘积。

（2）反向 LSTM 计算：与正向 LSTM 计算类似，反向 LSTM 按时间步从右到左处理输入序列，每个时间步的隐藏状态 h'_t 和单元状态 c'_t 可以由正向 LSTM 类似的公式计算。

（3）拼接正向 LSTM 与反向 LSTM 的隐藏状态：

$$y_t = [h_t; h'_t] \tag{4-14}$$

3. 轴向注意力层

轴向注意力（axial attention）机制是一种改进的注意力机制，旨在降低长序列处理时的计算复杂度和内存消耗。它的核心思想是将标准的注意力计算分解为两个步骤：首先沿着输入序列的某个轴（如行）计算注意力权重；然后沿着另一个轴（如列）进行聚合。通过这种方式，轴向注意力机制将原本的二维注意力计算分解为两个一维计算，从而显著降低了计算复杂度和内存需求。具体来说，轴向注意力机制的计算过程可以分为以下步骤。

（1）位置编码：与标准的注意力机制类似，轴向注意力机制也需要对输入序列的位置信息进行编码。这可以通过位置嵌入或位置嵌入向量（incoming vector）来实现。

（2）轴向分解：将输入序列分解为两个轴上的表示。例如，在处理二维向量数据时，可以将行和列作为两个轴；在处理一维序列数据时，可以将序列本身和额外的特征维度作为两个轴。在本例中，由于输入是经过 BERT 和 BiLSTM 处理的地质文本序列，本书可以将其看成一个二维的，形状为（H，W）（高和宽）的特征图，轴向注意力机制将其分解为两个一维的序列：一个是沿着高度方向（行），另一个是沿着宽度方向（列）。

（3）行注意力计算：沿着第一个轴（如序列轴）计算注意力权重。这可以通过标准的点积注意力或加性注意力来实现。计算得到的权重表示了在当前轴上不同位置之间的相关性，对于每一行 i，计算一个查询向量 Q_i，它与所有行的键向量 K_j（j 遍历所有行）进行点积运算，然后通过 Softmax 函数进行归一化处理，得到行注意力权重，这个过程可以用公式表示为

$$\alpha_{i,j} = \frac{\exp(Q_i \cdot K_j)}{\sum_j \exp(Q_i \cdot K_j)} \tag{4-15}$$

式中，· 为点积运算；$\alpha_{i,j}$ 为第 i 行对第 j 行的注意力权重。

（4）列注意力计算：与行注意力计算过程相似，计算一个查询向量并遍历所有列的键向量进行点积运算，然后通过 Softmax 函数进行归一化处理，得到列注意力的权重。

（5）权重聚合：将行注意力和列注意力计算得到的权重进行相加，得到最终的轴向注意力权重。

（6）加权输出：利用聚合后的轴向注意力权重对输入序列进行加权求和，得到加权后的输出表示。

$$\text{out}_i = \sum_j \alpha_{i,j} \cdot V_j \tag{4-16}$$

式中，out_i 为输出序列的第 i 个元素；V_j 为与键 K_j 相关联的值向量。对于列注意力，也会有一个类似的加权求和过程，最终通过对行注意力与列注意力的结果相加得到轴向注意力的输出。

4.3.3 依存句法特征提取模块

1. 依存句法分析

从地质报告中获取的地质文本，经过语义特征提取模块处理后，已经能够进行实体关系抽取任务，但还不能捕获结构化信息且难以排除无关信息的干扰。针对上述问题，设计了依存句法特征提取模块，通过依存句法分析来捕获结构化语法信息，增强模型对句子的深层次语义理解，通过识别句子中核心成分和修饰成分，模型可以更加准确地提取实体之间的关系。

在数据处理过程中，需要对每条输入语料进行依存句法分析，每个节点代表句子中的一个词语，节点之间的有向边表示词语之间的依存关系。通常依存关系可以细分为不同类

型，如主谓关系、动宾关系、定中关系等，这些关系有助于更详细地描述句子的句法结构，通过深度学习算法学习依存句法树的映射规则，能够有效提升自然语言处理任务的效果。

例如，"斑晶主要为斜长石及少量石英黑云母。"这段文本，在实体关系抽取任务中包含两个三元组，分别是（斑晶，含有，斜长石）和（斑晶，含有，石英黑云母），而在依存句法分析中，实体"斑晶"与实体"斜长石"和"石英黑云母"并没有直接联系，而是通过动词"为"进行连接。要想在获得依存句法关系的同时，获取到实体关系三元组可能的联系和特征，本书可以构建图卷积神经网络，通过其信息聚合来达到提升实体关系抽取效果的目的。

2. 构建邻接矩阵

通过依存句法分析，本书可以得到一个句子的依存句法树，其中每个节点代表一个词语，每条边代表词语之间的依存关系。在实体关系抽取任务中，本书可以将句子中的实体作为节点，将实体之间的依存关系作为边，从而构建一个图结构。但是由于本章采用的是层叠式指针网络进行实体关系抽取，因此需要在构建邻接矩阵的时候进行特殊处理，以提高实体关系抽取的效果。

实体关系抽取任务可以拆分成实体识别和关系抽取两个部分，通常做法是先识别文本中存在的实体对，再对关系类别进行分类。由于本章采用层叠式指针网络进行实体关系联合抽取，在该模型中，将关系抽取任务拆分成首先识别所有可能的主语（即主实体），然后在给定类别关系下，再去识别与主语相关的宾语（即客实体），具体公式如下，其中 S 表示主实体，O 表示客实体，R 表示关系：

$$f(S,O) \rightarrow R \tag{4-17}$$

$$f_R(S) \rightarrow O \tag{4-18}$$

在该模型中，主实体识别层负责直接处理编码层的输出，进而识别出所有潜在的主实体。识别过程是通过确定实体的起始位置和结束位置来实现的，因此，其实质上是一个二分类任务，即判断每个位置是否为实体的起始或结束点。

因此，在构建邻接矩阵时，本书设计了一种适用于层叠式指针网络的邻接矩阵构建方法。将文本中每一个词的每一个字作为一个节点，首先按照文本顺序，将词语中的字符依次连接；其次，将词语的首个字符与末尾字符进行连接；最后，结合依存句法分析结果，按依存关系将两个词语的首字符进行连接。邻接矩阵示例如图4-8所示。

3. 信息聚合

在结合依存句法树初步构建邻接矩阵后，还需要进行归一化等操作以及准备后续的图卷积神经网络计算，具体操作及公式如下：

（1）添加自环（self-loops）：在图卷积中，节点的自连接能够让其在更新特征时考虑自身的当前特征，有助于保留节点原始信息的一部分，并在多层图卷积中防止信息过快稀释，其具体公式如下：

$$\tilde{A} = A + I \tag{4-19}$$

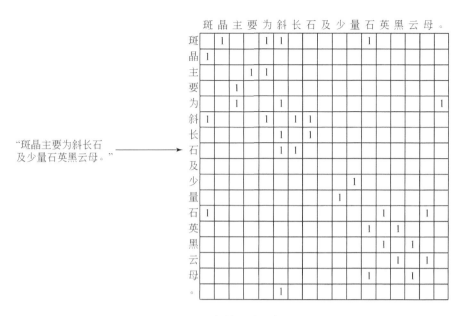

图 4-8　邻接矩阵示例图

式中，A 为原始的邻接矩阵；I 为单位矩阵（对角线上为 1，其余为 0）；$\tilde{A}$ 为添加自环后的邻接矩阵。

（2）归一化（normalization）：归一化是为了调整邻接矩阵的权重，确保在进行图卷积时，不同节点的特征更新不会因连接数量的不同而受到不公平的影响，本书使用的归一化方法是对称归一化，其计算公式如下：

$$\hat{A} = D^{-\frac{1}{2}} A D^{-\frac{1}{2}} \tag{4-20}$$

式中，A 为原始的邻接矩阵；D 为节点的度矩阵；$\hat{A}$ 为归一化后的邻接矩阵。

（3）信息聚合（information aggregation）：将节点的额外特征与邻接矩阵结合使用，以增强模型的表示能力。在构建完邻接矩阵后，将语义特征提取模块的输出作为图卷积神经网络的节点特征，将节点特征矩阵 X 与邻接矩阵 A 一起作为输入传递给图卷积神经网络。在网络的每一层中，节点的特征会根据其邻居节点的特征和邻接矩阵进行更新，特征的更新可以表示为

$$H^{(L+1)} = \sigma(\hat{A} H^{(L)} W^{(L)}) \tag{4-21}$$

式中，$H^{(L)}$ 为第 L 层的节点特征矩阵（$H^{(0)} = X$）；$W^{(L)}$ 为第 L 层科学系权重矩阵；σ 为激活函数 ReLU；$\hat{A}$ 为归一化后的邻接矩阵。通过多层图卷积层的堆叠，可以逐步捕获更高阶的节点间关系。

信息聚合是通过邻接矩阵和节点特征矩阵的乘积来实现的。具体来说，$\hat{A}H^{(L)}$ 的计算结果是一个新的特征矩阵，其中每个节点的特征是其邻居节点特征的加权平均值（归一化邻接矩阵起到了加权平均的作用）。然后，通过与可学习的权重矩阵 $W^{(L)}$ 相乘进行特征变换，最后应用激活函数得到更新后的节点特征矩阵 $H^{(L+1)}$。

这个过程可以看作是在图上执行了一种特殊的卷积操作，其中卷积核的大小与节点的

邻居数量相对应，并且卷积核的权重是由可学习的参数 $W^{(L)}$ 确定的。通过这种方式，图卷积神经网络能够有效地聚合图中节点的信息，并学习节点间的复杂关系，图4-9展示了图卷积信息聚合的一个过程。

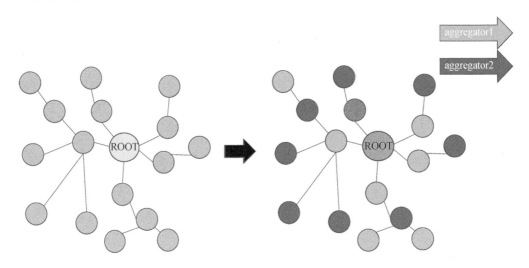

图4-9　图卷积神经网络信息聚合

图4-9中以ROOT根节点（红色标记）为例，通过两次信息聚合操作获取到邻居节点的特征信息，第一次信息聚合操作获取到特征信息的邻居节点标记为绿色，第二次信息聚合操作获取到特征信息的邻居节点标记为蓝色，在依存句法特征中，通常2~3次信息聚合即可获取到全部节点信息。

在经过依存句法特征提取后，将其输出向量与语义特征提取模块的输出向量进行拼接，作为实体关系联合抽取模块的输入向量。

4.3.4　实体关系联合抽取模块

实体关系联合抽取模块主要包括了主实体识别层、关系与客实体识别层。其中，头实体识别层的输入即为语义特征提取模块和依存关系提取模块的输出向量拼接而成，通过指针网络预测实体的开始位置（start）和结束位置（end），这里的做法是通过一层全连接层和sigmoid激活函数，判断当前字是否为开始位置或者结束位置，其计算公式为

$$p_i^{\text{start\_s}} = \sigma\left(W_{\text{start}} x_i + b_{\text{start}}\right) \tag{4-22}$$

$$p_i^{\text{end\_s}} = \sigma\left(W_{\text{end}} x_i + b_{\text{end}}\right) \tag{4-23}$$

式中，$p_i^{\text{start\_s}}$ 和 $p_i^{\text{end\_s}}$ 为在输入序列中识别第 i 个 Token 为起始位置和结束位置的概率；W_{start} 和 W_{end} 为权重矩阵；b_{start} 和 b_{end} 为偏置向量；x_i 为输入序列中第 i 个 Token 的编码表示。

在第一步识别实体后，分别每一个实体作为主实体，对于每一个关系 r，识别与当前主实体对应的客实体，与主实体识别不同，客实体的识别需要考虑主实体特征，每个Token上识别客实体的详细公式如下：

$$p_i^{\text{start\_o}} = \sigma \left(\boldsymbol{W}_{\text{start}}^r (x_i + \boldsymbol{v}_{\text{sub}}^k) + \boldsymbol{b}_{\text{start}}^r \right) \tag{4-24}$$

$$p_i^{\text{end\_o}} = \sigma \left(\boldsymbol{W}_{\text{start}}^r (x_i + \boldsymbol{v}_{\text{sub}}^k) + \boldsymbol{b}_{\text{end}}^r \right) \tag{4-25}$$

式中，$p_i^{\text{start\_o}}$ 和 $p_i^{\text{end\_o}}$ 分别为在输入序列中识别第 i 个 Token 作为客实体的开始和结束位置的概率；$\boldsymbol{v}_{\text{sub}}^k$ 为在主实体识别层中检测到的第 k 个主实体的编码表示向量。

4.3.5 实验结果与分析

1. 实验数据

本章节实验数据集采用团队内部标注的基于区域地质报告的实体关系抽取数据集，详情见 4.2.5 小节。

2. 实验环境及参数设置

本章算法的实验环境操作系统为 Windows，使用的编程语言是 Python 3.7，采用的深度学习框架为 PyTorch1.11.0+cu113 版本。具体实验参数参照表 4-10。

表 4-10　参数设置

参数	值
学习率	1×10^{-5}
最大句子长度	256
优化器	Adam
epoch	300
batch size	8
主实体识别阈值	0.5
客实体识别阈值	0.5
dropout	0.3

3. 评价指标

在本书中，主要运用了三个关键指标来全面评估模型的性能，它们分别是精确率（precision）、召回率（recall）和 F1 分数（F1 score），详情见 4.2.5 小节。

4. 实验结果

1）训练批次与批处理大小对地质实体关系抽取效果的影响

批处理大小（batch size）是一个重要的超参数，它不仅影响模型的训练速度，还直接关系到模型的性能。batch size 指的是在每一次权重更新前，模型用于前向和反向传播的样本数量。较小的 batch size 使模型每次更新时使用的样本较少，导致训练过程中的梯度更新更加频繁且不稳定。而小批量训练有助于模型跳出局部最优解，对于非凸优化问题可能更有利。同时，较大的 batch size 能够更准确地估计整个数据集的梯度方向，使得每次更新更加稳定，但也可能导致模型陷入局部最优解。此外，考虑到内存和显存的限制，不同的 batch size 对模型训练时间也存在影响。通过观察实验数据集上不同 batch size 下的模型效果，实验结果如表 4-11 所示，当 batch size 为 8 时，$F1$ 分数最高且训练时间最短；当 batch size 为 2 和 4 时，在训练过程中更新时使用的样本数少，模型无法充分学习到文本中的信息；当 batch size 为 16 时，由于使用 StanfordCoreNLP 工具对内存消耗较大，受到内存限制，训练时间不减反升，模型训练效果也不足。当 batch size 为 32 时，由于内存限制问题，出现内存溢出（OutofMemory）错误，无法实施实验。

表 4-11　batch size 对地质文本实体关系抽取的影响

模型	batch size	$F1$	训练时间/h
DGRE	2	0.7596	13.8
	4	0.7682	11.5
	8	0.7798	10.7
	16	0.7647	12.0

训练批次（epoch）也是一个重要的超参数，它表示整个数据集被模型完整遍历的次数。每个 epoch 都表示模型遍历数据集中的所有样本一次，并进行了一次权重更新。选择合适的 epoch 数量是深度学习训练过程中的一个关键问题。过少的 epoch 可能导致模型不能充分学习到数据集中的信息，即欠拟合（under-fitting）。相反，过多的 epoch 则可能导致模型在训练集上过度优化，从而失去对新数据的泛化能力，即过拟合（over fitting）。因此，epoch 的数量直接影响着模型的训练程度和最终性能。通过实验观察 epoch 大小对模型的影响，实验结果如表 4-12 所示。

表 4-12　epoch 大小对地质文本实体关系抽取的影响

模型	epoch	$F1$	Loss
DGRE	50	0.4103	0.249 86
	100	0.5452	0.191 55
	150	0.5981	0.176 82
	200	0.6221	0.154 89
	250	0.7173	0.119 87
	300	0.7798	0.098 54
	350	0.7743	0.098 52

2）对比实验分析

为验证本书所提出的针对区域地质调查报告文本的实体关系联合抽取模型 DGRE（dependency syntax analysis generate graph convolutional neural networks for relation extraction）在关系抽取任务上的效果，本章基于构建的地质文本数据集与其他主流实体关系联合抽取模型进行对比实验，其对比结果如表 4-13 所示。

表 4-13 对比实验结果

模型	P	R	$F1$
CasRel	0.3234	0.7777	0.4568
BERT+CNN	0.4152	0.4587	0.4358
CasRel+BiLSTM	0.4720	0.7304	0.5734
SpERT	0.5182	0.6527	0.5777
OrderRL	0.5923	0.6285	0.6099
CasRel+BiLSTM+Axial Attention	0.7136	0.7669	0.7393
DGRE	0.7973	0.7815	0.7798

3）消融实验分析

为了进一步分析 DGRE 模型中提出的每个模块的有效性，本章进行了消融实验。本章从表 4-14 中观察到，去除依存句法特征和图卷积网络后的模型，在关系抽取任务中 $F1$ 分数下降了 0.0405，这表明通过结合依存句法特征的图卷积网络的信息聚合能够有效获取输入文本中的句法结构信息和深层语义信息。去除轴向注意力机制后，$F1$ 分数下降了 0.2593，表明轴向注意力机制能够有效提取输入语料中的重要特征，对模型性能有较大提升。去除 BiLSTM 层时，$F1$ 分数下降了 0.0168，表明 BiLSTM 层对模型性能有利。

表 4-14 消融实验结果

模型	P	R	$F1$	$F1$ 提升
Full Model	0.7973	0.7815	0.7798	—
−GCN	0.7136	0.7669	0.7393	−0.0405
−Axial Attention	0.3911	0.7776	0.5205	−0.2593
−BiLSTM	0.7513	0.7750	0.7630	−0.0168

参 考 文 献

刘文聪，张春菊，汪陈，等，2021. 基于 BiLSTM-CRF 的中文地质时间信息抽取. 地球科学进展，36（2）：211-220.

邱芹军，马凯，朱恒华，等，2022. 基于 BERT 的三维地质建模约束信息抽取方法及意义. 西北地质，55（4）：124-132.

邱芹军，吴亮，马凯，等，2023. 面向灾害应急响应的地质灾害链知识图谱构建方法. 地球科学，48（5）：1875-1891.

周成虎，王华，王成善，等，2021. 大数据时代的地学知识图谱研究. 中国科学：地球科学，51（7）：1070-1079.

Wei Z , Su J , Wang Y , et al, 2020. A Novel Cascade Binary Tagging Framework for Relational Triple Extraction//The 58th Annual Meeting of the Association for Computational Linguistics. Seattle.

Zeng X , He S , Zeng D , et al, 2019. Learning the Extraction Order of Multiple Relational Facts in a Sentence with Reinforcement Learning//Empirical Methods in Natural Language Processing. Association for Computational Linguistics. Hong Kong.

第5章 | 面向矢栅地质图件的信息抽取

5.1 引　　言

地质图件矢量数据是指通过地质调查和勘探获取的地质信息，以矢量形式进行数字化处理后的数据集合。目前，大部分地质图矢量数据以 shape 文件格式或 geodatabase 存储，这些数据可以通过 GIS 软件以点、线、面等形式进行可视化展示（Obi Reddy，2018），在这些数据的属性表中，包含了丰富的结构化字段信息，如地层岩性、构造特征、地质年代等。这些信息对于地质勘探、矿产资源评价、地质灾害防治等领域具有重要意义。地质图件矢量数据具有数据量大、精度高、易于更新和共享等特点，广泛应用于地质科研、工程勘察、地质灾害评估等领域。通过地质图件矢量数据的分析和处理，可以为地质工作者提供准确、全面的地质信息，为相关决策提供科学依据。在数字化时代，地质图件矢量数据的应用将更加广泛，为地质领域的发展和进步提供强有力的支持。

地质图件分为几种类型，包括有平面地质图，地质剖面图以及地质柱状图等等。平面地质图是一种展示地表地质特征的图件，通常用于研究地质构造、岩性分布和地层关系。地质剖面图则是一种展示地下地质特征的图件，通常用于研究地下构造、岩性分布和地层厚度。地质柱状图是将地层按其时代顺序、接触关系及各层位的厚度大小编制的图件，编制地层柱状图所需的资料是在野外地质工作中取得的。

平面地质图通常以平面投影的方式展示地表地质特征，包括地层分布、构造线、岩性分布等（Tanaya et al.，2022）。通过分析平面地质图，地质学家可以了解地表地质构造的特征，推断地质历史和演化过程。平面地质图在矿产勘探、地质灾害评估、地质调查等领域起着至关重要的作用，在平面地质图中常常伴随生产相应的附属文本描述报告。图 5-1 显示了表达为面的地质图件以及其对应的 DBF 文件，记录每个地质单元的名字以及相应属性。

地质剖面图则是以剖面投影的方式展示地下地质特征，通常是通过在地面上设置测线，利用地球物理勘探方法获取地下地质信息，然后绘制剖面图（Li et al.，2017）。地质剖面图可以帮助地质学家了解地下构造、岩性分布和地层厚度等信息，对于石油勘探、地下水资源评价、地质工程设计等具有重要意义。图 5-2 显示了表达为面的地质剖面图件以及其在文本报告中的相应描述。

地质柱状图（geologic column）是一种用于展示地层结构、岩石类型、化石内容、地质年代等信息的图表。它是地质学研究中的一种基本工具，广泛应用于地质勘探、地质教学和科研中。通过地质柱状图，可以直观地了解某一地区的地质构造和地层序列，对理解地球历史和演变过程非常有帮助。图 5-3 显示了地质柱状图的图面。

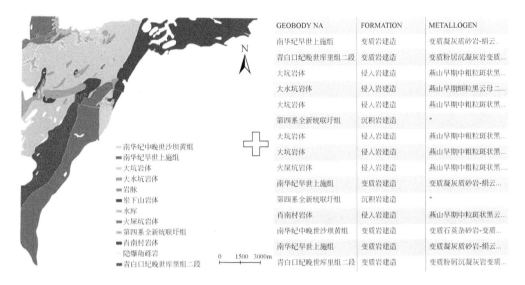

GEOBODY NA	FORMATION	METALLOGEN
南华纪早世上施组	变质岩建造	变质凝灰质岩-绢云…
青白口纪晚世库里组二段	变质岩建造	变质粉屑居沉凝灰岩变质…
大坑岩体	侵入岩建造	燕山早期中粗粒斑状黑…
大水坑岩体	侵入岩建造	燕山早期细粒黑云母二…
大坑岩体	侵入岩建造	燕山早期中粗粒斑状黑…
第四系全新统联圩组	沉积岩建造	*
大坑岩体	侵入岩建造	燕山早期中粗粒斑状黑…
大坑岩体	侵入岩建造	燕山早期中粗粒斑状黑…
火犀岩体	侵入岩建造	燕山早期中粗粒斑状黑…
南华纪早世上施组	变质岩建造	变质凝灰质砂岩-绢云…
第四系全新统联圩组	沉积岩建造	*
肖南村岩体	侵入岩建造	燕山早期中粒斑状黑云…
南华纪中晚世沙坝黄组	变质岩建造	变质石英杂砂岩-变质…
南华纪早世上施组	变质岩建造	变质凝灰质砂岩-绢云…
青白口纪晚世库里组二段	变质岩建造	变质粉屑沉凝灰岩变质…

图 5-1　地质图件以及其对应的 DBF 文件

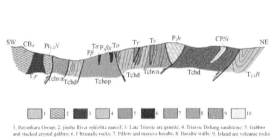

1. Bayankara Group; 2. jinsha River ophiolite massif; 3. Late Triassic are granite; 4. Triassic Dalung sandstone; 5. Gabbro and stacked crystal gabbro; 6. Ultramafic rocks; 7. Pillow and massive basalts; 8. Basaltic walls; 9. Island are volcanic rocks; 10. Middle Permmian tuff blocks

三叠纪青藏特提斯构造演化早-中三叠世离散扩张和晚三叠世俯冲碰撞形成的区域性甘孜-理塘节理带的一部分。该构造单元位于该区北部，位于察冲以北，北以奥巴达-荣格断裂和巴彦卡拉双向边缘前陆盆地为界，南以纳日-查理-次沙坎断裂为界，与党江-多色蛇绿岩亚带相邻。该带向西北-东南方向延伸。对于该带的地质特征治多县1:20万区域地质调查没有反映出该带的超镁铁质岩和玄武质岩，枕状构造极为发育的玄武质岩石均被归为晚三叠世巴塘群的部分，后来的研究也一般将其划入通天河石炭-二叠系蛇绿混杂岩带中，没有对其进行解剖。研究表明，该带构造记录丰富，构造变形复杂，蛇绿岩成分齐全，原始地层蚀变较少。

图 5-2　地质剖面图件及其描述文本

在地质图件的制作过程中，附属文本作为半结构化或结构化的文本数据，与地质图件一同生产，起着补充描述的作用。由于地质图件的图幅版面有限，设计要求简明易读，附属文本则能对地质图件中的信息进行有效扩充。通过附属文本，读者可以更全面地了解地质图件所呈现的地质信息，进一步提高地质图件的可读性和实用性。以下是一些附属文本中可能包含的关键信息。

目录（contents）：提供地质图件内容的概览，帮助读者快速定位感兴趣的部分。目录可能包括地层、断层、地质时代、采样点等信息的索引。

地质构造（geological structure）：详细描述图件中展示的地质构造特征，如断层、褶皱、节理等。这些信息有助于了解区域地质历史和构造运动。

岩石和矿物（rocks and minerals）：列出并描述地区内发现的岩石和矿物类型，包括它们的化学成分、结构、成因等。这对于矿产资源勘探和地质研究非常重要。

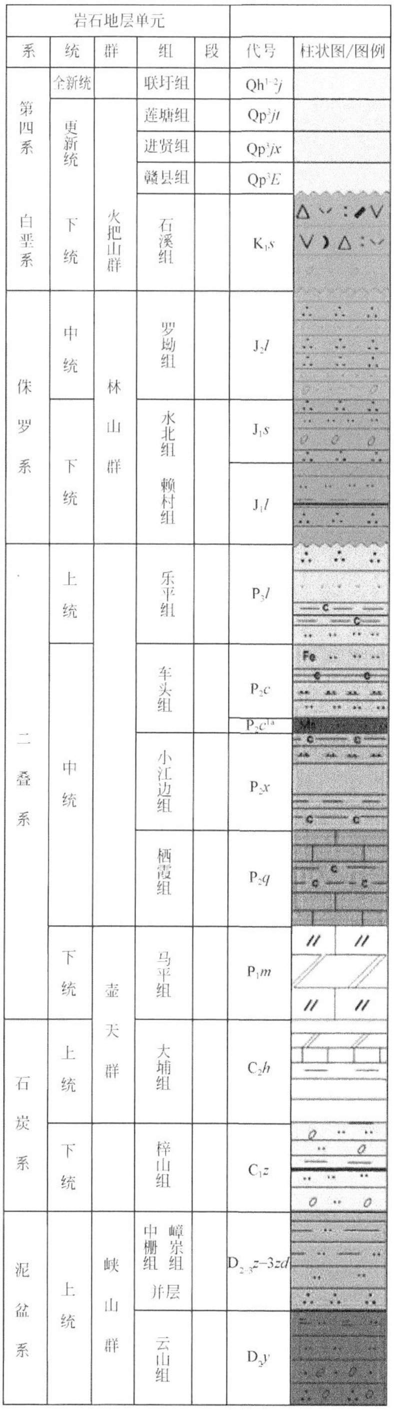

岩石地层单元					代号	柱状图/图例
系	统	群	组	段		
第四系	全新统		联圩组		$Qh^1\text{-}2j$	
	更新统		莲塘组		Qp^3jt	
			进贤组		Qp^3jx	
			赣县组		Qp^1E	
白垩系	下统	火把山群	石溪组		K_1s	
侏罗系	中统	林山群	罗坳组		J_2l	
	下统		水北组		J_1s	
			赖村组		J_1l	
二叠系	上统		乐平组		P_3l	
	中统		车头组		P_2c	
					P_2c^{1a}	
			小江边组		P_2x	
			栖霞组		P_2q	
	下统	壶天群	马平组		P_1m	
石炭系	上统		大埔组		C_2h	
	下统		梓山组		C_1z	
泥盆系	上统	峡山群	中棚组嶂崇组并层		$D_{2\text{-}3}z\text{-}3zd$	
			云山组		D_3y	

图 5-3　地质柱状图

　　地层描述（stratigraphic description）：提供各地层的详细描述，包括岩石类型、化石内容、厚度、分布范围等信息。这有助于理解地区的地质历史和沉积环境。

化石记录 (fossil record)：记录在相应地层中发现的化石种类和特征，这些信息对于地质年代的划分和古生态、古气候的重建非常重要。

采样和测试结果 (sampling and testing result)：包括地质样品的采集位置、样品编号、测试方法和结果等。这些数据对于验证地质模型和理论假设至关重要。

地质历史和演化 (geological history and evolution)：综合上述信息，对该地区的地质历史和演化过程进行总结和解释，帮助读者理解地质图件所展示的地质现象背后的历史背景。

图例和符号说明 (legend and symbol explanation)：虽然通常直接包含在地质图件中，但在附属文本里也可能提供详细的图例和符号说明，帮助读者正确解读地质图件。

5.2　多源数据驱动下的地质图知识表达框架

多源数据驱动下的地质图知识表达框架的构建，是地质知识表达领域以及地质知识管理关联的重要前提。随着知识图谱在地质领域的应用，以地质实体为基本单元对地质信息进行描述和表达成为地质知识模型构建的主要手段 (Zhan et al., 2021)。地质实体表达手段通常以地质对象为实体，地质对象基本属性以及地质对象间的语义关系作为关系，采用 (实体，属性/关系，属性值/实体) 三元组方式进行表达 (Qiu et al., 2023b)。现有地质调查数据组织结构分为地质矢量数据库、附属文本资料 (如地质报告) 以及其他图幅说明资料 (Hartmann and Moosdorf, 2012)。目前，大多数地质知识图谱都是基于海量地质文本档案或报告而构建的 (Wang et al., 2022)，如从地质报告中提取信息，然后从提取的实体和关系中自动构建地质知识图谱。部分研究方法基于简单的地质剖面图件及地质文本构建基于知识图谱的地质剖面-文本关联框架，通过深度学习提取地质实体关系形成三元组，并以图结构的形式存储和表达为地质文本 (Qiu et al., 2023c)。同时，部分研究仅仅基于计算机视觉各类算法从输入图像 (平面地质图、地质剖面图等) 中识别地质对象，建立地质对象间的语义关系形成地质知识图谱，缺少了其他数据源的辅助及支撑 (如矢量地质图件、地质文本等)，这些多模态地质数据中蕴含着丰富的地质知识 (Qiu et al., 2023a)。或者结合 GIS 手段将矢量形式的地质图用于地质矿产图知识图谱建模 (Yan et al., 2023)，这种方法也没有考虑到其他多模态数据源中蕴含的丰富地质知识。已有部分学者实现了地图知识的抽取和语义建模，在传统的地学知识图谱领域，主要是构建地学领域地学现象和过程的图谱 (张洪岩等，2020)。针对现在高速发展的高精地图，也有构建高精地图知识图谱以支撑高精地图数据到自动驾驶知识的转化 (齐如煜等，2024)。但上述已有的工作未系统性地考虑地质图的知识表示与抽取问题，也未充分挖掘地质图中蕴含的地质知识，对地质知识的建模与表示，是智能化时代地质制图以及为机器智能提供地图服务的关键问题。

针对上述问题，本书结合地图基本知识，面向基础地质知识服务和机器智能的需求，深入分析地质领域知识表达特点，提出多源数据驱动下的地质图知识表达框架。根据地质数据的特点和应用服务的需求，从概念和关系两个层面进行构建，将表达模型自上而下的划分为概念层、逻辑层和物理层，概念层注重表达地质图中的基本概念，逻辑层在概念层的分类下注重表达地质图表达框架的构建逻辑，物理层在逻辑层的指导下进行实例存储与可视化，多源数据驱动下的地质图知识表达框架如图 5-4 所示。与其他纯文本模型不同，本模型的特点是整合了视觉图件中的空间位置关系，并采用图结构表达方式，有效实现了地质知识的表达、关联、挖掘和应用。

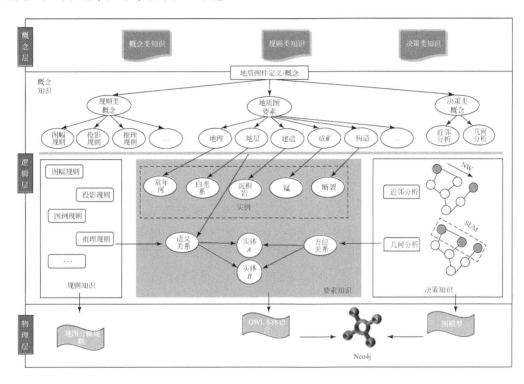

图 5-4　多源数据驱动的地质图知识表达模型

5.2.1　地质图知识概念层模型

概念表达关注地质图中的地质实体概念、属性和隐含的数学知识，将信息分类为地质概念类知识、规则类知识和决策类知识。具体来说，这包括对地质图所描绘的不同地质实体的概念理解，这些概念不仅仅是指实体自身，还包括与之相关的各种属性以及这些属性背后所蕴含的数学知识。此外，这个过程还涉及将所获取的信息进行有效分类，基于地质学的概念层模型将信息细分为三个主要部分：地质概念、与之相关的规则以及基于这些规则所作出的决策知识。这样的分类有助于更好地理解地质图，并对其中的信息进行深入分析，以便能够更加准确地识别和应用地质学中的各种规则和决策过程，并且为逻辑层提供基础的分类。

5.2.2 地质图知识逻辑层模型

地质图的逻辑层在概念层的引领下形成，包括规则知识、要素知识和决策知识的构建，是构成地质图知识模型的核心。该层面的工作将地质学的基本和专业知识转换成可用于理解和分析地质图的结构化信息。目标是通过明确的规则、概念和决策流程，丰富和精细化地质图的语义层次。

要素知识通过 GIS 软件识别地质图的要素及其属性；规则知识来源于地质图的基础图像信息或地质报告的文本内容；决策知识依赖 GIS 软件的空间分析功能，确定地质图要素之间的空间关系。

1. 基础地质知识与专题地质知识

在地质学领域，将知识分为基础地质知识和专题地质知识两类。基础地质知识的核心在于阐释地质图件所描绘的各种地质要素及与之紧密相关的基础信息（Groshong et al.，2024），包括但不限于地层的结构、不同年代的特征、各种成矿过程的数据以及各类构造活动的详细信息，这些信息对于理解地球的构造和演变过程至关重要。专题地质知识着重于描述和分析特定的地质学科或问题（Keller et al.，2000），深入探讨特定领域，如水文地质学提供的地下水流动、水质等信息，矿产地质学涉及的矿床分布、开采潜力等数据，环境地质学关注的土壤污染、废物处理等环境问题，地球化学专业提供的元素分布、化学反应等信息，以及地震学记录的地震活动、断层动态等重要的地震信息。在领域知识的指导下将基本地质知识以及专题地质知识定义为

$$\text{GeoKnow}_{(\text{General or thematic})} = \{\text{Geo}_{\text{Name}}, \text{Geo}_{\text{ID}}, \text{Geo}_{\text{Type}}, \text{Geo}_{\text{TypeID}}\} \tag{5-1}$$

式中，Geo_{Name} 为地质实体在地质图中的地质实体要素表达名称；Geo_{ID} 为辨别每一个地质实体的唯一值，不同的地质实体可能拥有相同的表达名称，基于 Geo_{ID} 可以标识每一个地质实体；Geo_{Type} 为描述地质实体的类型，如矿产地质；$\text{Geo}_{\text{TypeID}}$ 为地质实体要素所属类型的编码。

2. 地质图规则知识

地质图规则知识是指在地质图件制作和解读过程中至关重要的一系列规则，这些规则涵盖了地质图件所隐含的各种数学规则，包括但不限于地质图的投影方式、图件的分幅方法以及所采用的比例尺信息等。其详细阐述了如何在地质图件中正确表达和识别这些重要的数学规则，以及如何确保这些规则在地质图的制作和使用中得到恰当的应用，对于确保地质图的准确性和一致性起到了基础性的作用。在领域知识的指导下将地质图规则知识定义为

$$\text{GeoMath} = \{\text{Math}_{\text{Name}}, \text{Math}_{\text{Type}}, \text{Math}_{\text{code}}\} \tag{5-2}$$

式中，$\text{Math}_{\text{Name}}$ 为地质图件中的数学规则名称；$\text{Math}_{\text{Type}}$ 为地质图件数学规则的具体类型；$\text{Math}_{\text{code}}$ 为数学规则的具体编码。

3. 地质图决策知识

在地质图决策知识的核心传达方面，详细地表达了在地质图件的分析过程中，如何利用空间推理的方法来获取对决策至关重要的知识信息。例如，通过对地质图件进行精确的几何分析，不仅能够计算出地质要素的具体面积、周长，还能够确定这些要素的质心坐标位置。此外，通过运用近邻分析技术，能够明确地识别出地质要素之间的方位关系，如哪些要素位于东北方向，哪些位于西北方向。通过进行更为深入的推理分析，可以构建出一系列的假设场景，如在某个假设的地质灾害发生时，哪些特定的地质环境或地形地貌可能会受到最严重的影响。这样的分析对于地质灾害预防和准备工作具有极其重要的意义，能够帮助决策者制定更为科学合理的应对措施。在领域知识的指导下将地质图决策知识定义为

$$\text{GeoAnalys} = \{\text{Analys}_{\text{Type}}, \text{Analys}_{\text{GeoFrom}}, \text{Analys}_{\text{GeoEnd}}, \text{Analys}_{\text{Result}}\} \tag{5-3}$$

式中，$\text{Analys}_{\text{Type}}$ 为在 ArcGIS Pro 中获得决策知识所需要的空间分析手段，如近邻分析或者最小距离分析；$\text{Analys}_{\text{GeoFrom}}$ 为空间分析的起始对象节点；$\text{Analys}_{\text{GeoEnd}}$ 为空间分析的目的对象节点；$\text{Analys}_{\text{Result}}$ 为分析得到的决策知识。

5.2.3　地质图知识物理层模型

地质图知识的物理表示模型是建立在逻辑表示模型基础之上的，它主要是在逻辑表示模型完成知识抽取的工作后，利用图数据库技术，如 Neo4j 来实现对地质实体以及这些实体之间关系的存储。这种存储涉及的地质实体和关系覆盖了单个图幅的范围。在地质图知识的体系中，不仅需要关注地质实体的概念本身，还需要关注这些概念的特征以及它们之间的相互关系。这些信息通常是通过语义网络来表示的，而在这样的网络中，最基本的表示单位就是由三个部分组成的三元组，即（节点，关系，节点），这样的结构形式有助于准确地表达和理解地质信息。

1. 地质实体表达

地质图地质实体基于概念层的指导，通过逻辑层的抽取以及物理层的存储表达，最终以知识图谱的形式进行地质实体的可视化表达。地质图中的知识点，如地质实体的名称和属性，会被构建为图谱中的节点。这些节点之间的联系，如名称和属性之间的语义关系，或者是基于逻辑构建的决策知识所形成的地质图实体名称的方位关系，都会以边的形式在图谱中表示出来。这样的表达方式不仅有助于揭示地质实体之间的内在联系，还能够帮助地质学家和研究人员更好地理解地质结构和地质现象。通过这种层次分明且结构化的方法，地质图变得更加直观和信息丰富，为地质学研究和实际应用提供了强有力的支持，地质实体的表达形式定义为

$$\text{GeoTriple} = \{\text{Geo}_{\text{EntityA}}, \text{Rela}_{\text{AB}}, \text{Geo}_{\text{EntityB}}\} \tag{5-4}$$

式中，$\text{Geo}_{\text{EntityA}}$ 以及 $\text{Geo}_{\text{EntityB}}$ 为两个不同空间位置上的地质实体要素或者地质实体要素的属性节点；Rela_{AB} 为两个地质实体之间的语义关系、属性关系或者空间关系。

2. 地质关系表达

在概念层的指导下，将地质学中的关系分类为几种不同的类型：首先是语义关系，它涉及不同地质实体之间的意义和内涵的联系；其次是属性关系，这是指地质实体所具有的各种特性之间的相互关联；最后是空间关系，它描述的是地质实体在空间分布上的相对位置以及它们之间的距离和方位等方面的关系。通过这样的分类，能够更加系统和详细地分析和理解地质学中的各种复杂联系，图 5-5 显示了地质实体关系表达的具体结构。

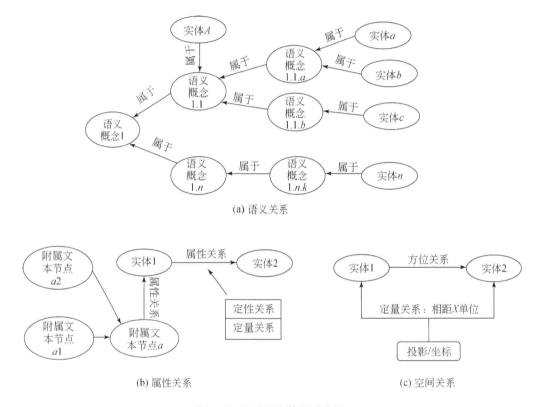

图 5-5　地质图实体关系表达

（1）语义关系：在地质图上所展示的各种地质实体，其所附带的语义描述信息是非常全面的，这些信息不只包括了地质实体的名称，还涵盖了这些实体存在的时空背景，以及它们所具有的各种属性等众多方面。这些语义信息非常丰富，不仅仅是简单地罗列这些地质实体的基本信息，更重要的是，它们强调了不同地质概念之间的意义联系，揭示了这些概念之间相互关联的内在语义特征。语义关系模型定义为

$$\text{Rela}_{\text{Des}} = (\text{Entity}_{\text{Name}}, \text{Entity}_{\text{ID}}, \text{Entity}_{\text{Type}}, \text{Entity}_{\text{TypeID}}) \tag{5-5}$$

式中，$\text{Entity}_{\text{Name}}$ 为地质图件中的实体名称；$\text{Entity}_{\text{ID}}$ 为地质图件中地质实体的标识唯一值；$\text{Entity}_{\text{Type}}$ 为地质图实体的具体类型；$\text{Entity}_{\text{TypeID}}$ 为地质图实体所属类型的唯一值编码。

（2）属性关系：在地质图件的编制和分析过程中，会遇到一种特殊的概念，即属性关系。这个概念是用来描述地质图件内部的地质要素实体或其属性项之间的相互关联。这种

关系的识别和分类对于理解地质数据的特性以及满足后续的应用服务需求至关重要。为了更好地分析和利用地质图件中所蕴含的丰富信息，首先需要通过深入研究地质要素实体的属性表达体系和信息的表达特点，然后根据这些特点将属性关系分为两大主要子类别：定性关系和定量关系。这两种子类别可以根据具体情况细分为更多的小类。定性关系主要描述的是地质要素实体所囊括的那些非数值型的具体属性。以"地质要素实体–时代–侏罗纪"为例，这里的时代属性就是一个定性关系，它表明了地质要素实体属于侏罗纪时代。这种关系有助于我们理解地质要素的基本特征和分类。而定量关系则侧重于描述地质要素实体的数值型属性关系。例如，在地质要素属性关系中，本书会涉及如面积、周长以及质心坐标等属性。这些数值型的属性能够提供关于地质要素实体的具体尺寸和空间位置等定量信息，这对于进行精确的地质分析和建模是非常必要的，属性关系模型定义为

$$\mathrm{Rela}_a = (\mathrm{Entity}_i, A_j, Y, \mathrm{Rela}_{ax}, \mathrm{Rela}_{al}, \mathrm{Rela}_y) \tag{5-6}$$

式中，Entity_i 为地质要素起始节点实体；A_j 为地质要素属性终止节点；Y 为地质图件附加的文本资源参考知识节点集合；Rela_{ax} 为地质要素实体节点与属性节点间的定性关系；Rela_{al} 为地质要素实体节点与属性节点间的定量关系；Rela_y 为地质要素实体与附加文本资源参考知识节点集合之间的定性或定量关系。

（3）空间关系：在地质学领域内，所谓的空间关系，是指在地质图件上所展示的各种地质要素实体，它们之间由于各自的地理位置不同而形成的一系列空间上的联系。这些联系可以从几个不同的角度来理解和表达。首先是拓扑关系，它关注的是地质要素如何相互连接或者分离，以及它们之间的邻接与否。其次是度量关系，这涉及空间中的距离和大小等可量化的维度。最后是方向关系，它描述的是各个地质要素相对于彼此的方向性布局。在实际应用中，特别是针对地质数据的特定性质和后续的应用服务需求，地质图的知识表达在空间关系方面，更加侧重于两个方面：一是定性的方向关系，即不涉及具体数值的相对位置描述；二是定量的空间度量关系，即涉及具体数值的空间距离和尺寸度量。空间关系模型定义为

$$\mathrm{Rela}_s = (\mathrm{Entity}_i, \mathrm{Entity}_j, \mathrm{Rela}_{direction}, \mathrm{Rela}_{measure}) \tag{5-7}$$

式中，Entity_i 和 Entity_j 分别为地质要素的起始节点和终止节点实体；$\mathrm{Rela}_{direction}$ 为这些实体节点之间的定性方位关系，涵盖南、东南、北、东北等八种方向；$\mathrm{Rela}_{measure}$ 为地质要素实体之间的具体距离（欧式距离），该距离是基于投影并依据空间坐标计算得出的。

5.3 基于迁移学习及通道先验注意力机制的地质构造识别

在地球科学领域，地质构造是指地球表面或地壳内部的各种形态和结构，如褶皱、断层和岩浆岩体等。这些地质构造实体承载着地球演化的信息，其形态、分布和性质直接关系到地下资源的分布和可持续开发，同时也影响着地质灾害的发生和演变。准确识别和理解地质构造是推动资源勘探、地质灾害预测和环境管理的重要因素。为了更全面地理解地球的演变过程以及提高资源勘探和灾害预测的准确性，对于平面地质图件中的地质构造进行自动化识别和分类成为当务之急。虽然已有的深度学习算法用来识别地质构造取得了很

大的进步，但仍然存在一些不足：①由于平面地质图件具有复杂多样的背景，深度学习模型对不同颜色、纹理及非地质结构的元素无法识别，从而降低了识别的准确性。②地质图中的地质构造往往通过不同大小和风格的符号表示，增加了模型对不同尺度和风格的地质构造的识别难度，对于模型的泛化能力有着更高的要求。

针对上述存在的问题，本书提出了一种基于迁移学习和通道先验卷积注意力（channel prior convolutional attention，CPCA）机制的地质构造识别方法 MsAttenEfficientNet。具体而言，结合地质构造图像的特点，首先在 EfficientNet（Tan and Li，2019）模型的特征提取模块中引入通道先验多尺度注意力机制，该机制能够自动学习不同通道之间的相关性并根据输入数据的特性进行自适应调整，使得神经网络能更准确捕捉到地质构造所在区域的关键信息以及空间结构特征，更好地适应地质图件中复杂多变的符号表示；其次，通过改进预测模块加强地质构造特征信息的理解，并采用 Adam 优化算法提高网络模型的泛化性能和鲁棒性；最后，通过引入迁移学习对改进后的识别模型进行微调，将其在大规模数据集上学习到的通用特征表示迁移到目标任务中，提升模型在目标数据集上的泛化性能，实现特征参数共享，加速识别模型的训练，从而实现对地质图件中地质构造快速、准确地识别。

5.3.1 地质构造识别模型构建

1. EfficientNet 网络

基于深度学习的图像识别模型往往单独调整神经网络的深度（He et al.，2016）、宽度（Zagoruyko and Komodakis，2016）以及输入图像的分辨率（Huang et al.，2019）这三个维度来优化模型的性能，但上述方法需要烦琐的手动调优，并常产生次优性能。因此，Tan 和 Le（2019）提出了一种复合缩放方法构建了 EfficientNet 模型，将网络深度 d、宽度 w 以及输入图像的分辨率 r 这三个维度按照固定比例系数进行协同调整，最大限度地提升模型的性能。复合缩放方法公式如下所示：

$$d = \alpha^{\varphi}, w = \beta^{\varphi}, r = \gamma^{\varphi} \tag{5-8}$$

$$\alpha \cdot \beta^2 \cdot \gamma^2 \approx 2 \tag{5-9}$$

$$\alpha \geqslant 1, \beta \geqslant 1, \gamma \geqslant 1 \tag{5-10}$$

式中，φ 为复合缩放系数，用来控制模型的扩增；α，β，γ 为通过神经网络结构搜索获得的参数（唐浪等，2021），分别对应网络深度、宽度、分辨率的资源分配系数。式（5-9）和式（5-10）为约束条件。

在约束条件下，固定复合缩放系数 $\varphi = 1$，通过神经网络结构搜索（neural architecture search，NAS）技术确定 $\alpha = 1.20$，$\beta = 1.10$，$\gamma = 1.15$，从而构建 EfficientNet B0 模型。EfficientNet B0 模型的网络结构如图 5-6 所示，由 2 个卷积层、16 个移动翻转瓶颈卷积（mobile inverted bottleneck convolution，MBConv）模块、1 个全局平均池化层和 1 个全连接层组成。其中，输入神经网络的图像尺寸大小为 224×224×3，首先通过卷积核大小为 3 和步长为 2 的卷积层提取图像的低级特征，得到大小为 112×112×32 的特征图。然后，经过多个重复堆叠的 MBConv1 层和 MBConv6 层（MBConvn 中的 n 是倍率因子，控制通道数的倍数变化）提取特征图中更加抽象和高级的特征，得到大小为 7×7×320 的特征图，再通过卷积核大小为 1 和步长为 1 的卷积层得到大小为 7×7×1280 的特征图。最后，通过全局平均池化层对特征图进行降维，将池化后的特征输入到全连接层获取图像识别的最终预测。

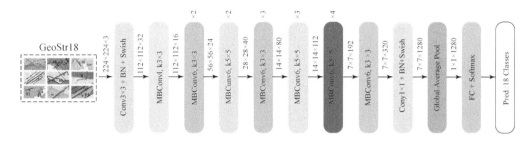

图 5-6 EfficientNet 网络结构

MBConv 模块是 EfficientNet 中的核心组成部分（Dai et al., 2021），MBConv 的结构如图 5-7 所示。其主要由普通卷积、深度可分离卷积（depth wise convolution）、压缩和激励网络（squeeze-and-excitation net, SENet）以及 dropout 层构成。普通卷积主要用来进行升维和降维操作；相比于传统卷积，深度可分离卷积将标准卷积分解成深度卷积和逐点卷积，在减少参数量的同时保持对特征的有效提取并降低计算负担；SENet 可以动态地调整不同通道的重要性，提高对关键特征的关注度；dropout 层以一定概率随机舍弃部分特征，有效避免模型过拟合，进而提升模型的泛化性能。这些组成部分协同作用，使得 MBConv 模块能够在高效性和强大的特征建模之间取得平衡，为 EfficientNet 模型整体性能的提升作出了重要贡献。

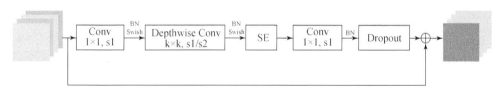

图 5-7 MBConv 网络结构

2. 通道先验注意力机制

通道先验注意力（CPCA）机制是由 Huang 等（2024）提出一种轻量级高性能的卷积神经网络注意力机制，该注意力机制能够在通道和空间维度上动态分配注意力权重，从而更有效地利用输入特征图的信息，提升网络模型的特征提取能力。CPCA 机制主要由通道注意力模块和空间注意力模块两部分组成。

通道注意力模块通过计算各通道的权重来增强每个通道的特征表达，如图 5-8 所示。当通道维度中包含显著或者重要的特征信息时会赋予较大的权重，而包含轻量非必要特征信息的通道则被赋予较小的权重。首先，将输入的特征图 $F(H×W×C)$ 在通道维度上进行全局最大池化和全局平均池化，计算每个通道上的最大特征值和平均特征值，得到两个包含通道数的特征向量（$1\times1\times C$），分别表示每个通道的全局最大特征和平均特征，然后再将这两个特征向量输入到一个两层共享的全连接层（multilayer perceptron，MLP）中，其中，第一层的神经元个数为 C/r（r 为减少率），第二层神经元个数为 C。该全连接层用于学习每个通道的注意力权重，通过学习上述权重参数，网络可以自适应地决定哪些通道对于当前任务更加重要。然后，对 MLP 输出的特征进行逐元素加和操作，随后经过 Sigmoid 函数处理，得到最终的通道注意力权重向量 $\boldsymbol{CA}$（F）。其计算公式为

$$CA(F)=\sigma(\mathrm{MLP}(\mathrm{AvgPool}(F))+\mathrm{MLP}(\mathrm{MaxPool}(F))) \tag{5-11}$$

式中，AvgPool 为全局平均池化；MaxPool 为全局最大池化；σ 为 Sigmoid 激活函数。

通道注意力权重向量 $\boldsymbol{CA}$（F）与输入特征图 F 逐元素相乘，生成通道细化特征图 F_{cr}，其计算公式为

$$F_{\mathrm{cr}}=\boldsymbol{CA}(F)\otimes F \tag{5-12}$$

式中，$\otimes$ 为逐元素相乘。

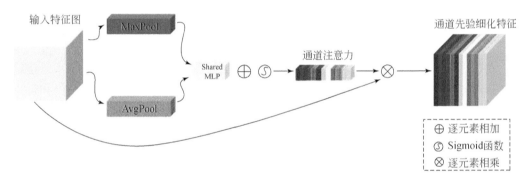

图 5-8　通道注意力模块

空间注意力模块通过计算各像素的空间权重来捕捉图像的空间结构信息，如图 5-9 所示。空间注意力模块与通道注意力模块相互补充，图像中单个像素位置上的特征信息将根据其在空间位置上的权重进行动态更新。首先，将通道注意力模块最终生成的通道细化特征图 F_{cr} 作为本模块的输入特征图，将 F_{cr} 输入到卷积核大小为 5 的深度卷积层，得到中间特征 F_{m}。然后，将 F_{m} 输入到三条深度可分离卷积路径 $L1$、$L2$、$L3$ 中分别得到不同尺度的特征图 FL_1、FL_2、FL_3，其中第一条路径 $L1$ 的卷积核大小为（1，7）和（7，1），第二个路径 $L2$ 的卷积核大小为（1，11）和（11，1），第三条路径 $L3$ 的卷积核大小为（1，21）和（21，1），通过上述操作有效地捕捉通道内部的多尺度空间信息。然后，再将不同尺度的特征图 F_{m}、$L1$、$L2$、$L3$ 进行逐元素加和的操作，再通过卷积核大小为 1 的卷积层对融合后的特征进行处理，保证通道信息的整合以及空间信息的有效提取，生成空间注意力特征图 $\mathrm{SA}(F_{\mathrm{cr}})$。其计算公式为

$$\mathrm{SA}(F_{\mathrm{cr}})=\mathrm{Conv}_{1\times1}\left(\sum_{i=0}^{3}\mathrm{Branch}_i(\mathrm{DwConv}(F))\right) \tag{5-13}$$

$$F_{\mathrm{CPCA}}=\mathrm{SA}(F_{\mathrm{cr}})\otimes F_{\mathrm{cr}} \tag{5-14}$$

式中，$\otimes$ 表示逐元素相乘。

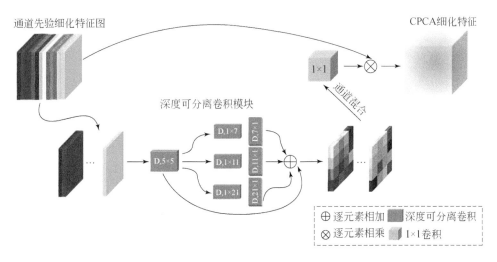

图 5-9　空间注意力模块

3. MBConv 模块改进

EfficientNet 网络中的特征提取模块 MBConv 使用了 SE 注意力机制来加强神经网络的特征提取能力，通过对图像中的通道信息进行加权，强调了图像中有用的特征，并且抑制了非显著特征，但是地质图件中往往具有复杂的空间结构信息，而 SE 注意力机制 ［图 5-10（a）］并未考虑到空间信息，因此会导致特征图丢失部分细节特征（He et al., 2016）。尽管 CBAM 注意力机制 ［图 5-10（b）］整合了通道注意力和空间注意力，提升了神经网络对图像中空间信息的提取，但由于其在所有的特征通道上强制执行一致的空间注意分布，导致空间注意力权重不能基于每个通道的特性动态调整，限制了特征提取模块的

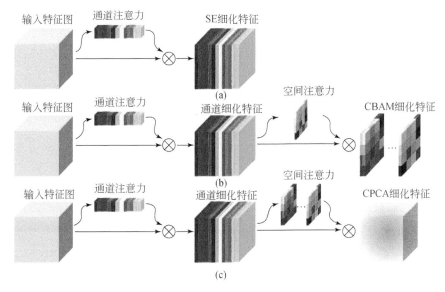

图 5-10　不同注意力机制结构图

自适应能力并损坏了通道和空间注意力权重之间直接的对应关系（Wang et al., 2020；Woo et al., 2018）。因此，本书引入注意力机制 CPCA［图 5-10（c）］替换 MBConv 特征提取模块中的 SE 注意力机制。

注意力机制 CPCA 将通道注意力和空间注意力以特定的先验方式结合，实现在通道和空间维度上动态分配注意力权重，自适应地调整注意力窗口的大小，从而更好地适应地质图件中呈现出复杂空间结构和形状的地质构造，更准确地捕捉到图像中的重要区域和空间结构，有效地利用输入特征图的信息，改进后的 MBConv 模块 MBConv（CPCA）如图 5-11 所示。

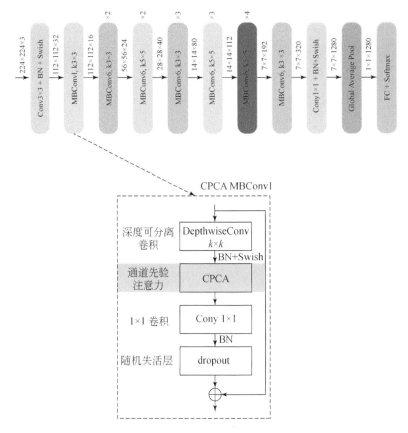

图 5-11 改进的 MBConv 模块

4. TopLayer 预测模块改进

EfficientNet 网络的顶层预测模块使用一个全局平均池化层将特征图转化为固定大小的向量后，连接一个全连接层用于最终的分类识别。虽然预测模块的设计简化了网络模型的结构，减少了参数数量和计算的复杂性，但对于具有复杂背景和丰富细节的地质构造图像而言，会在一定程度上导致图像局部细节信息的丢失，从而影响网络模型对地质构造的准确识别。为了增强顶层预测模块的特征提取能力以及模型的泛化能力，对预测模块进行改进，具体而言，顶层预测模块首先使用两层 MLP，通过两个神经层捕获 EfficientNet 特征提取模块的输入特征信息，每个 MLP 后依次加入批归一化（batch normalization，BN）层、Swish 激活函数以及随机失活（dropout）层，BN 层极大加速神经网络的训练以及稳定性，从而产生更可预测和稳定的梯度行为（Santurkar et al.，2018）。在本书中，激活函数选择 Swish 函数，其计算公式如下：

$$f(x) = x \cdot \left(1 + \exp(-x)\right)^{-1} \tag{5-15}$$

即 Swish 激活函数通过将输入特征信息 x 与 Sigmoid 函数相乘获得。Swish 函数具有在零处的一侧有界性、平滑性以及非单调性（Ramachandran et al.，2017），这些特性将有助于减轻网络训练时梯度消失的问题。在执行激活操作之后，通过 dropout 层以一定的概率随机删除神经网络当中的节点，从而提高网络的泛化能力并减少过拟合。在本书中 dropout 层中随机丢弃节点的概率 p 设置为 0.3。最后，再添加 Softmax 分类层将输出信息转换为地质构造的类别评分。改进后的预测模块 Refined TopLayer 如图 5-12 所示。

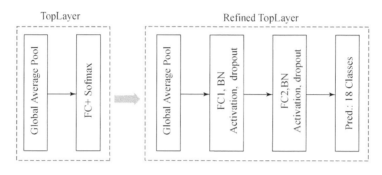

图 5-12　改进后的 TopLayer 预测模块

5. 优化算法改进

EfficientNet 网络中采用的优化算法为随机梯度下降（stochastic gradient descent，SGD）算法，由于 SGD 算法对所有的网络模型参数都采用固定的学习率进行更新，因此针对不同的数据选择合适的学习率比较困难，同时 SGD 算法在某些情况下被困在鞍点，并且容易收敛到局部最优。

针对上述存在的问题，本书引入了自适应矩估计（Adam）算法，该算法结合了自适应梯度（AdaGrad）算法对稀疏梯度的有效处理以及均方根传播（RMSprop）算法对非平稳目标具有适应性等优点，能够有效地加快模型的收敛。相较于 SGD 算法而言，Adam 算法通过计算梯度的一阶矩估计和二阶矩估计自动调整每个参数的学习率，从而更为灵活地适应不同参数在梯度变化上的差异，这一优势对于地质构造识别任务尤为重要。由于地质图像中存在许多复杂的地质结构，对模型的动态学习能力也有着更高的要求。Adam 算法计算公式如下所示：

$$m_t = \mu \times m_{t-1} + (1-\mu) \times g_t \tag{5-16}$$

$$n_t = \sigma \times n_{t-1} + (1-\sigma) \times g_t^2 \tag{5-17}$$

$$\hat{m}_t = \frac{m_t}{1-\mu^t} \tag{5-18}$$

$$\hat{n}_t = \frac{n_t}{1-\sigma^t} \tag{5-19}$$

$$\theta_t = \theta_{t-1} - \frac{\hat{m}_t}{\sqrt{\hat{n}_t}+\varepsilon} \times \alpha \tag{5-20}$$

式中，m_t 为一阶矩估计，用于估计梯度的平均值；m_{t-1} 表示在时间步 $t-1$ 时计算的一阶矩估计，即梯度的指数加权移动平均；n_t 为二阶矩估计，用于估计梯度的平方的平均值；n_{t-1} 表示在时间步 $t-1$ 时计算的二阶矩估计，即梯度平方的指数加权移动平均；$\hat{m}_t$ 和 $\hat{n}_t$ 分别为修正后的一阶矩估计和二阶矩估计；μ 和 σ 分别为一阶矩估计和二阶矩估计的指数衰减系数；g_t 为当前步骤的梯度；α 为学习率，用于控制步幅；ε 为为了数值稳定而加入的小常数；θ_t 为参数的更新值；θ_{t-1} 表示在时间步 $t-1$ 时模型参数的值。

6. 迁移学习

作为一种数据驱动的技术，深度学习的性能深受数据集大小的影响。大量的训练数据可以让模型学习到更多的特征，从而达到更高的性能。然而，在现实应用中收集大量的数据用于训练一般难以实现，这是由于标记数据只能通过人工过程获得，既耗时又容易出错，在一些情况下还需要专业人员进行辅助指导。因此，利用迁移学习将在源领域学到的知识应用于目标领域的新问题，能够加快和优化模型的训练效率。通过这种方式，迁移学习允许重用现有参数，即先使用经过大量视觉数据训练的神经网络模型的卷积权重，用于训练具有相对较少数量数据集的新模型，从而减少网络模型对标签数据的依赖，提高模型的鲁棒性。

本书的迁移学习模型如图 5-13 所示，首先通过 ImageNet 1K 数据集对 EfficientNet 模型进行预训练，获取模型的预训练权重等参数，然后将除顶层预测模块以外的预训练权重等参数迁移到本书的地质构造识别模型中，再将改进后的 MBConv 模块 MBConv（CPCA）以及顶层预测模块 Refined TopLayer 更新到网络中，最后冻结除 MBConv 模块中 CPCA 注意力

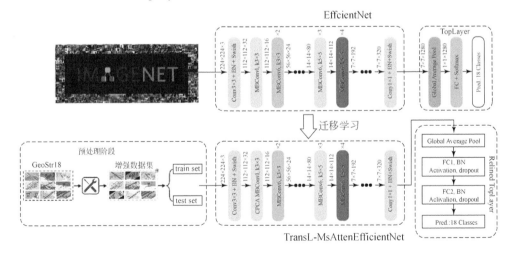

图 5-13　迁移学习模型

模块以及顶层预测模块之外的所有网络层，再通过地质构造数据集进行微调和再训练，从而构建出对应的地质构造识别模型 MsAttenEfficientNet。

5.3.2 实验设置

1. 地质构造数据集构建

本书使用的数据集 GeoStr 18 来自全国地质资料馆、国家地质资料数据中心以及地质云，主要选取其国家地质图数据库中比例尺大小为 1∶5 万、1∶20 万、1∶25 万中的平面地质图件，从中选取背斜、间隔劈理、片理产状、逆掩断层、走滑断层、糜棱岩化带等 18 类地质构造，如图 5-14 所示。每个类别包含不同的地质背景信息，数量均在 80 ~100 张，共计 1800 张。考虑到数据集规模有限，本书采取数据增强的方法对地质构造数据集进行扩充。采用的数据增强方法有：①翻转。对源数据集中的图像随机进行水平或者垂直翻转。②添加噪声。对源数据集中的图像随机添加高斯噪声或者椒盐噪声。③旋转。基于源数据集中图像的几何中心为参考点，随机选择 30°~270°的角度范围进行旋转。④平移。对源数据集中的图像向上下左右四个方向随机平移 10~30 像素。⑤灰度化。对源数据集中的图像进行灰度化处理。数据增强效果如图 5-15 所示，在不改变图像原始的纹理结构、组织形态等符号特征的情况下，有效地提高模型的学习效率并减少过拟合的问题。通过上述数据增强方法将地质构造数据集 GeoStr 18 扩充至 9000 张，将其按照 8∶2 的比例划分为训练集和测试集，其中训练集包含 7200 张图像，测试集包含 1800 张图像。

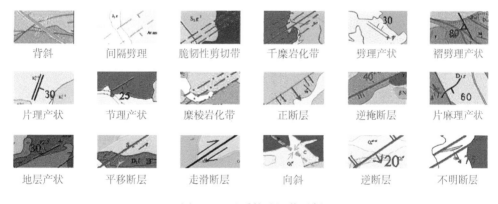

图 5-14 地质构造图像示例

2. 实验环境及参数设置

本节实验运行环境配置如下：操作系统为 Windows 10 专业版，中央处理器为 Intel（R）Core（TM）i5-10400F CPU@ 2.90GHz，内存为 16GB，显卡为 NVIDIA GeForce RTX 4060Ti，实验软件平台为 PyCharm 2023，Python 版本为 3.8，深度学习框架采用 PyTorch 2.0，CUDA 版本为 11.8。

实验中输入图像的尺寸为 224 像素×224 像素，批处理大小 batch size 设置为 64，迭代

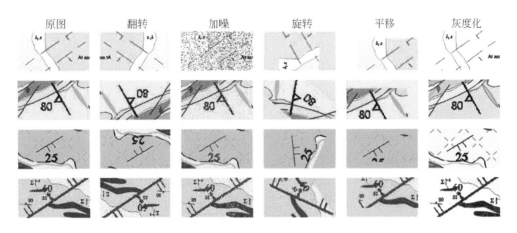

图 5-15　数据增强效果示例

次数 Epoch 设置为 60，采用 Adam 算法对模型进行优化，学习率设置为 0.001，损失函数采用交叉熵损失函数，dropout 层随机丢弃节点概率参数设置为 0.3。

3. 评价指标

通过评价指标定量分析神经网络模型的分类识别能力是必要的。本书中采用精准率（precision）、召回率（recall）以及 $F1$ 分数（$F1$）这三个图像识别领域主流的评价指标来评估各模型对地质构造识别与分类的效果。其计算公式如下所示：

$$P = \frac{\text{TP}}{\text{TP+FP}} \tag{5-21}$$

$$R = \frac{\text{TP}}{\text{TP+FN}} \tag{5-22}$$

$$F1 = 2 \times \frac{P \times R}{P + R} \tag{5-23}$$

式中，TP 为每个地质构造实体被正确分类的数量；FP 为除相关地质构造实体类别外所有其他地质构造实体类别中被错误分类的数量；FN 为相关地质构造实体被错误分类的数量。并且使用模型参数量以及每秒帧数（frames per second，FPS）说明模型的大小以及模型的处理速度。

5.3.3　实验结果与分析

1. 基准模型选取实验

EfficientNet 通过神经网络结构搜索（neural architecture search，NAS）技术确定其基准模型 EfficientNet B0，随后改变 EfficientNetB0 模型中残差网络块的数量来调整深度，改变 EfficientNetB0 模型中的卷积层的宽度来调整宽度，改变模型中输入图像的分辨率来调整分辨率，从而确定 EfficientNet B1～B7 模型。为了确定 EfficientNet B0～B7 网络对于地质构造识别这一应用场景的适用性，本书在构建的地质构造数据集 GeoStr 18 上对 EfficientNet B0 ~ B7 网络进行了实验对比，实验结果如表 5-1 所示。

表 5-1 不同 EfficientNet 模型对比实验结果

模型	$P/\%$	损失值	模型参数/M	FPS
EfficientNet B0	94. 32	0. 1706	4. 03	397. 1
EfficientNet B1	93. 78	0. 2375	6. 54	347. 1
EfficientNet B2	92. 63	0. 2844	7. 73	340. 5
EfficientNet B3	93. 52	0. 1967	10. 72	170. 2
EfficientNet B4	94. 30	0. 1329	17. 58	144. 6
EfficientNet B5	94. 28	0. 1639	28. 38	118. 9
EfficientNet B6	94. 84	0. 2008	40. 78	98. 6
EfficientNet B7	94. 12	0. 2184	63. 83	78. 9

通过上述实验结果可知，EfficinetNet B6 模型的精确率为 94.84%，优于其他的 EfficientNet 模型，但是其模型参数量高达 40.78M，损失值为 0.2008，而 EfficientNet B0 模型相较于 EfficientNet B6 模型而言，其模型参数仅为 4.03M，使得其在实际应用中更容易进行部署和维护。EfficientNet B0 模型的精确率高达 94.32%，损失值为 0.1706，这表明 Efficient B0 模型在相对较小的模型容量下仍然能提供优秀的识别性能，展现出其在计算效率的出色表现。此外，EfficientNet B0 模型相对较低的资源开销，包括模型存储和计算资源，进一步凸显了其在资源受限环境中的实用性，并且，EfficientNet B0 模型相对简单的结构更易于解释和理解，有助于在科学研究中更深入地探究地质构造的识别任务。因此，从实际应用的角度出发，为了实现模型的轻量化，综合考虑模型对地质构造的识别效果、模型的性能以及可解释性等方面，本书选用 EfficientNet B0 模型作为基础网络进行下一步的研究工作。

2. 模型对比实验

为了进一步验证本书提出的 MsAttenEfficientNet 模型对地质构造识别性能的优越性，将 MsAttenEfficientNet 模型与多个经典的分类识别模型进行了对比实验，包括 VGG 模型、ResNet 模型、MobileNet 模型、ResNeXt 模型、ShuffleNet 模型、DenseNet 模型、RegNet 模型、MobileViT 以及 ConvNeXt 模型。在实验过程中，首先使用 ImageNet 1K 对所有模型进行预训练以获取预训练权重，然后再通过 GeoStr18 地质构造数据集对上述分类识别模型进行训练并进行测试。采用多评价指标能够从多维度全面地比较不同模型在数据集上对不同地质构造的分类识别效果，表 5-2 给出了所有待比较网络模型以及本书提出的 MsAttenEfficientNet 模型在 GeoStr18 数据集上的地质构造识别精确率、召回率以及 $F1$ 分数的相关定量评价指标，从而更加客观地体现出网络模型识别性能的好坏。

表 5-2   不同网络模型对比实验结果

模型	P/%	R/%	F1/%	模型参数/M	FPS
VGG16	88.64	86.33	86.75	134.33	210.9
ResNet50	86.56	85.33	85.51	23.54	250.8
MobileNetV3	91.62	91.27	91.33	1.54	480.3
ResNeXt	88.09	87.16	87.27	23.02	273.8
ShuffleNetV2	90.29	90.22	90.20	5.38	436.7
DenseNet121	86.21	85.88	85.82	6.97	232.4
RegNet	92.31	92.16	92.16	37.40	207.4
MobileViT	93.77	91.34	92.53	0.96	429.2
ConvNeXt	94.01	93.72	93.77	27.83	236.5
MsAttenEfficientNet	96.92	96.89	96.88	4.84	337.2

由表 5-2 可知，MsAttenEfficientNet 模型在地质构造数据集 GeoStr18 上的识别精确率达到了 96.92%，召回率达到了 96.89%，F1 分数达到了 96.88%，相较于 MobileNetV3 模型、ShuffleNetV2 模型、ConvNeXt 模型等其他模型展现出更为出色的性能。通过与表 5-2 的其他模型进行对比，ResNet50 模型以及 DenseNet121 模型这两个模型在本书的地质构造数据集 GeoStr18 上表现不佳，表 5-2 中实验结果显示本书改进的模型 MsAttenEfficientNet 的识别精确率相较于其他九个模型分别提高了 8.28%、10.36%、5.30%、8.83%、6.63%、10.71%、4.61%、3.15%、2.91%，召回率比其他模型分别提高了 10.56%、11.56%、5.62%、9.73%、6.67%、11.01%、4.73%、5.55%、3.17%，F1 分数比其他模型分别提高了 10.13%、11.37%、5.55%、9.61%、6.68%、11.06%、4.72%、4.35%、3.11%。因此，通过上述数据分析可得，MsAttenEfficientNet 模型对地质构造的识别呈现出更为全面和稳健的性能表现。

为更深入理解模型训练过程并直观展示不同模型在地质构造数据集 GeoStr18 上的识别性能，本书给出了各个模型在训练过程中的损失值变化曲线和识别精确率曲线，如图 5-16 所示。

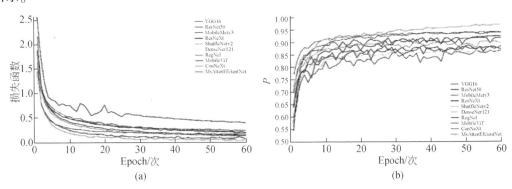

图 5-16   各个模型训练损失函数及识别精确率曲线图

由图 5-16（a）可以看出，模型的训练损失值随着迭代次数的增加能够较快地稳定下降，表明迁移学习后的预训练模型的有效性以及在地质构造识别这一场景上的可学习性。当迭代次数为 40 次时，损失值已基本收敛，表明模型已经达到学习饱和状态，识别精确率也不再剧烈变化，逐渐趋于稳定。同时，从图 5-16 中能够看出 MsAttenEfficientNet 模型相较于其他模型表现出更快的收敛速度和更小的损失值。通过图 5-16（b）可知，模型的识别精确率总体随着迭代次数的增加而提高，并且从曲线的波动情况能够看出，初始的增长速度比较快，随着迭代次数的增加，曲线变化逐渐趋于平稳，直至收敛。在前 15 次训练中，MobileNetV3 模型的识别精确率增长最快，ConvNeXt 模型在测试集上识别精确率最先达到 90% 以上。当迭代次数达到 13 次时 ConvNeXt 模型的识别精确率最先趋于平稳，基本稳定在 93% 左右。而本书提出的 MsAttenEfficientNet 模型在前 20 次时，识别精确率处于迅速上升阶段；在 30 轮时，识别精确率趋于稳定，并最终取得了 96.92% 的最佳识别精确率。

3. 注意力机制对比

为了验证不同注意力机制对基准模型 EfficientNet 中特征提取模块 MBConv 的影响，本书在基于相同主干网络和数据集的情况下，使用不同的注意力模块去替换 MBConv 模块中的原有的 SE 注意力模块，设计了一系列的对比实验，以验证通道先验注意力模块 CPCA 在提升 MBConv 特征提取模块性能方面的积极影响。本书在相同的实验设置下，通过在 MBConv 模块中嵌入不同注意力模块来比较它们对模型性能的影响，实验结果如表 5-3 所示。

表 5-3 不同注意力机制对比实验结果

注意力机制	$P/\%$	$R/\%$	$F1/\%$	模型参数/M	FPS
EfficientNet（SE）	94.32	94.05	94.07	4.03	397.1
EfficientNet（CBAM）	95.21	95.06	95.08	4.03	388.0
EfficientNet（CPCA）	96.16	96.06	96.05	4.04	346.9

从表 5-3 可以看出通过将 MBConv 中的 SE 注意力模块替换为通道先验注意力模块 CPCA，模型的各项评价指标均优于其他的注意力模块，其中 EfficientNet（CPCA）模型的识别精确率为 96.16%，召回率为 96.06%，$F1$ 分数为 96.05%。从表 5-3 中三种注意力机制的识别效果可知，嵌入 CBAM 机制以及 CPCA 机制的识别效果均高于原模型中嵌入的 SE 机制，这是因为 SE 机制只考虑了图像的通道信息，并未考虑到图像的空间信息，而 CBAM 机制以及 CPCA 机制能够提取图像在通道以及空间上的特征信息，更好地结合通道和空间信息来提高模型的感知能力。另外需要指出的是，CPCA 机制在 CBAM 机制的基础上进行了进一步的优化，能够基于通道的特性动态地调整权重的分配，这些优化使得模型能够更好地理解和区分地质构造的复杂特征，从而提高模型的识别精确率和召回率。

为了更加直观地体现不同注意力机制对基准模型以及特征提取模块 MBConv 的影响，本书对嵌入不同注意力模块的基准模型在测试集上对应的混淆矩阵进行可视化，其中混淆矩阵能够直观地反映出网络模型分类识别性能的好坏。本书中 18 个类别的混淆矩阵如图 5-17 所示。

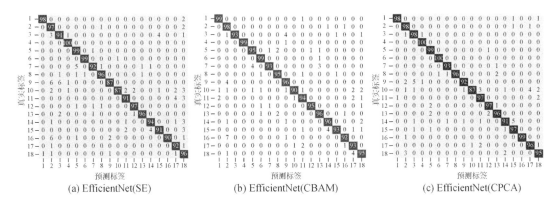

图 5-17 嵌入不同注意力机制模型的混淆矩阵

混淆矩阵的横轴表示真实类别的数目，纵轴表示预测类别的数目，主对角线表示识别模型能够正确识别的数目，数值越大，识别精确率越高，说明模型的识别效果越好。从图 5-17 可以看出，EfficientNet（CPCA）模型的正确识别数目为 1729 张，高于 EfficientNet（SE）模型的 1693 张以及 EfficientNet（CBAM）模型的 1711 张，结果表明嵌入了 CPCA 模块的 MBConv 模块有着更好的特征提取能力，验证了 EfficientNet（CPCA）模型的有效性。因此，通过上述对比实验，本书能够清晰地观察到不同注意力机制在 EfficientNet 模型的 MBConv 模块中的表现差异，特别是验证 CPCA 模块能够在提高特征表示能力和模型性能方面具有优势，这一研究能够为基准模型中注意力机制的选择提供指导，进而优化地质构造识别模型的性能。

4. 消融实验

为了深入验证改进的 EfficientNet 模型在地质构造识别任务上的性能，采用了如下六组消融对比实验，旨在分析不同改进因素对模型性能的影响，具体实验设置为：①仅使用 EfficientNet 模型，不进行任何改进。②在 EfficientNet 模型的基础引入 Adam 算法。③将 EfficientNet 模型中特征提取模块 MBConv 的 SE 模块替换为 CPCA 模块并采用 Adam 算法。④将 EfficientNet 模型的预测模块改进为 Refined TopLayer 模块并采用 Adam 算法。⑤将 EfficientNet 模型中特征提取模块 MBConv 的 SE 模块替换为 CPCA 模块。⑥将 EfficientNet 模型中特征提取模块 MBConv 的 SE 模块替换为 CPCA 模块，采用 Adam 算法，并将预测模块改进为 Refined TopLayer 模块，即本书提出的 MsAttenEfficientNet 网络模型。上述六组消融实验在地质构造数据集测试集上的实验结果如表 5-4 所示。

表 5-4 改进模型消融实验结果

项目	基准模型	CPCA	Adam	Refined TopLayer	P/%	R/%	F1/%
1	√	—	—	—	94.32	94.05	94.07

项目	基准模型	CPCA	Adam	Refined TopLayer	$P/\%$	$R/\%$	$F1/\%$
2	—	—	√	—	94.81	94.72	94.71
3	—	√	√	—	96.46	96.39	96.38
4	—	—	√	√	95.36	95.27	95.28
5	—	√	—	—	96.16	96.06	96.05
6	—	√	√	√	96.92	96.89	96.88

由表 5-4 中方法 1 和方法 2 的对比可知，采用 Adam 优化器优化网络模型优于原 EfficientNet 模型中使用的 SGD 优化器，Adam 优化器相较于 SGD 优化器而言，能够实现自适应调增学习率，适应更加多样化的任务，并有效地加速模型的收敛速度，使得识别模型的识别精确率提升了 0.49%。由表 5-4 中方法 2 和方法 3 的对比可知，通道先验注意力模块 CPCA 相较于 MBConv 中的 SE 模块能够进一步优化特征提取和模型注意力权重分配的过程，并考虑通道及空间特征之间的相关性来增加模型的表示能力，从而更加有效地提取图像的重要特征，使得识别模型的识别准确率提升了 1.65%，召回率提升了 1.67%，F1 分数提升了 1.67%。由表 5-4 中方法 2 和方法 4 对比可知，本书对模型的预测层进行了改进，优化了模型在输出层的特征表达，提高了对地质构造的识别准确性，在识别精确率上有了一定的提升。通过在上述消融实验中逐步引入相关改进因素，能够清晰地观察到每个因素对模型性能的独立和综合影响，进一步验证了本书提出的 MsAttenEfficientNet 模型的改进方案是有效的，其中相较于 EfficientNet 模型而言，改进后的 MsAttenEfficientNet 模型在识别精确率上提升了 2.60%，召回率提升了 2.84%，F1 分数提升了 2.81%。

5.4 面向矢栅格地质图件的对象及语义关系抽取

5.4.1 面向栅格地质图件的矢量化及对象语义关联

地质剖面是显示地表地质构造和地层分布的地图，具有确定深度范围的特定方向，是垂直于地下平面的切线，是横截面图的面积。地质剖面反映了地层的地形和厚度、岩性、产量和年龄，可以表达断层的性质、褶皱形状、火成岩体和矿体的性质，也可以表达断层的空间大小和方向。

以上框架的提出是为了从输入中提取输出，这是一个半自动化的过程。总体思路是将地质剖面矢量化，读取地质剖面并提取其相关的空间关系，然后从地质剖面中提取上下文文本信息，进一步丰富对象属性和语义关系。图 5-18 是该框架的概览。该框架由四个主要部分组成：①地质剖面预处理；②地质剖面图像矢量化；③提取上下文文本信息；④剖面对象与文本关联以构建知识图谱。

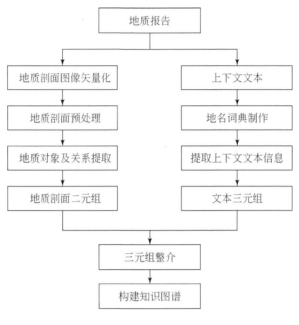

图 5-18　框架概述

1. 地质剖面图的预处理

区域地质报告一般由大量非结构化地质文本、多幅地质图（柱状图、地质剖面图等）等组成。本书主要针对地质剖面中地质对象之间的空间关系，结合地质图的相应上下文，进一步丰富地质图中地质对象的属性和语义关系。在地质图的对象化过程中，地质对象可以通过分割或矢量化等方法进行图像处理形成。区域地质报告中的地质剖面通常是彩色栅格图像，由于剖面中可能存在颜色相近的地质对象，不易识别，因此在图像矢量化之前有必要使用颜色对比的方法，将地质图图例的颜色与可能对应的地质对象的颜色进行对比，以便进行后续的图像矢量化。此外，目前的图像分割算法对地质对象效果不佳，无法用于后期地质对象的关联。因此，本书选择矢量化方法对地质剖面进行对象化处理。

2. 地质剖面图像矢量化

由于地质剖面涉及的地理对象较少，ArcScan 等自动矢量化方法得到的结果精确率不高，因此本书采用了手持式跟踪数字化方法，利用数字板和 ArcGIS 相结合的方式对剖面进行矢量化，采集剖面中的相关地质对象信息。剖面矢量化的具体过程如下：

（1）在 ArcGIS 中导入需要矢量化的地质栅格图。由于本书只需要提取所有地质对象之间的关系，因此不需要进行地理配准，直接在栅格地图上进行数字化导入。

（2）为地图上的每个地质对象创建一个新的形状文件（这里不为形状文件分配坐标），并根据地图进行数字化处理，以获得矢量。

（3）在矢量化过程中，每个地质对象被切割成两部分：左侧部分命名为 Obj-L，右侧部分命名为 Obj-R。如果地质体中有小目标，则不挖出大目标，直接将小目标重叠在大目标之上，以方便以后提取关系。

（4）如果不同位置存在相同属性的地质对象，则使用板块 Obj 进行编码。

3. 基于地质剖面的语境文本信息的提取

地质报告中的地质剖面往往伴随着大量的背景描述，其中包含大量与地质剖面相关的描述性信息，包括地质构造、性质、颜色、岩石成分、时空信息以及地质剖面中地质对象的语义关系。这些信息是地质剖面的重要组成部分，可以进一步丰富和改善地质剖面的结构和信息关联。

一个句子被用作信息提取的一个推理单位，因为它包含了描述一个地质剖面对象所需的信息。假设与一个地质剖面对象相关的时空信息和属性词最有可能在一个句子中找到，而下面的句子包含了下一个地质剖面对象的时空词。句子级的信息提取是常用的，并且可以在文献中找到（Strötgen et al.，2010；Abraham et al.，2018）。然而，这显然取决于不同的作者和他们表达和写作的方式。图 5-19 显示了一个描述在空间和时间上相关的地质剖面对象的段落示例。在这个意义上的一段包含了出现在同一时间和空间边界内的地质剖面物体。文件中描述地质剖面对象的模式对地质剖面对象和性质至关重要。在这里，图 5-19 中的示例描述了段落如何在句子中包含地质剖面对象信息。图中的第二句话是第一个地质剖面物体的延续。因此，在本书中，句子被认为是一个位置访问单元。

> This tectonic unit is located in the north of the survey area in the area of Chachong, north of Colorful Township, bounded by the Obada-Rongge Fault in the north, and the Bayankara bi-directional margin foreland basin in the south, bounded by the Nari-Charlie-Kanshakan Fault in the south, and adjacent to the Dangjiang-Colorful ophiolite sub-belt, with a north-westt-south-east trending belt in the area. The zone extends in a north-west - south-east direction.

图 5-19　报告中段落的屏幕截图

本节重点介绍了提取与地质剖面相关的上下文属性信息，并通过以下步骤进行处理。

（1）上下文段落信息的获取。地质剖面中的图例信息用于获取上下文段落，并从获取的段落中提取关键信息。由于地质报告通常很大，与地质剖面有关的段落只是文本的一部分。图例可以用来将整个文本划分为属于单个地质对象的几个段落，以便以后可以提取出单个地质对象的属性和语义关系。

（2）构造地质对象的文本信息。第一步是使用 Jieba 中的定制字典方法分割段落，定制停用的词汇，下一步是使用 jieba 中的 Posseg 对分割单元进行词汇注释，并根据分割单元的词汇属性确定分割单元的内容。例如，名称可能更像是岩石矿物成分，动词可能更像是地质对象之间的语义关系。

从文档预处理、词汇信息和文档中定制的词汇用于上下文信息提取。这里的主要目的是解析文档中表示地质剖面对象的句子，并将剖面图例中的词汇与输入文档相匹配，从而对地质剖面对象信息进行标注和标记。上下文信息提取主要包括三个提取管道，即实体提取管道、语义关系提取管道和属性信息提取管道。

命名实体提取管道可识别和注释文档中的命名元素（地质构造、地层学、地质年龄、地名和岩石矿物）。实体提取管道由词汇处理、文本处理和规则构建处理三个处理部分组成。首先进行文本处理，准备文本内容进行进一步处理。接下来是词汇匹配和规则构建。NER 可以通过词汇处理或规则来执行，这取决于被注释的实体。在本节中，所有已命名的实体都将被注释并分配给一个注释类。在这一阶段之后，对地质地层、地层、地质年代学、地名和岩石矿物进行注释和准备，用于语义关系提取管道。表 5-5 显示了一个地质年龄字典的样本。

表 5-5 领域特定的时间实体地名词典

序号	时间实体	样例
1	宙	显生宙、元古宙、太古宙
2	年代	新生代、中生代、古生代、早古生代
3	周期	第四纪、古近纪、震旦纪、青白口纪
4	纪元	全新世、更新世、上更新世、中更新世、下更新世
5	地质年代	查特时代、鲁珀尔时代、普里亚伯尼亚时代、巴尔顿时代、路德特时代、伊普里斯时代

在地质对象的语义关系提取过程中，本书构建了包含地质时间、空间和属性三个主要类别的关系，共计 24 个特定关系。同时，收集并构造包含这些关系的触发词，如"属于年龄""暴露在""暴露于""位于""综合接触""未整合接触""伪整合接触""断层综合接触""侵入性接触"等，并通过触发词的匹配提取地质对象的语义关系。

在提取地质对象属性信息的过程中，对区域地质报告中提取时空信息和属性信息的模式进行了总结和分析，总结并形成了时空信息和属性信息的提取模式，通过模式匹配提取了地质对象的属性信息。时空信息和属性信息的提取规则如表 5-6 所示。

表 5-6 领域-一般时间实体地名词典

序号	时间实体	模式
1	日期	2021 年 6 月
2	日期	6 月 23 日
3	日期	二零二一年六月二十三日
4	日期	6 月 23 日
5	日期	2021 年 6 月 23 日
6	日期	23.06
7	日期	23.06.2021

4. 配置文件对象和文本关联

在本节中主要描述将轮廓对象与文本关联和可视化的过程。它分为：①空间关系提取；②地质对象关系和上下文文本属性生成；③Neo4j 可视化。

（1）空间关系的提取。根据地质剖面中地质对象的特征，将地质对象关系分为左接、右接、包含三种拓扑关系，并在 ArcGIS 中提取这些关系。右接和左连关系提取是利用模型生成器对数据集中所有地质对象迭代使用最近邻分析生成其右接和左连地质对象名称。模型构建器如图 5-20 所示。

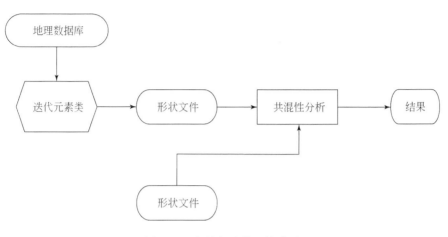

图 5-20　邻域提取模型构建器

运行模型构建器后，将为每个地质对象自动生成 NEAR_FC 字段，以记录其左右连接的地质对象。命名为目标 Obj- L 的 NEAR_FC 字段记录了 Obj 的左连接地质对象。同样，命名为目标 Obj- R 的 NEAR_FC 字段记录了 Obj 的右连接地质对象。

包含关系提取是模型构建用于使用空间连接文件遍历数据集中的所有地质对象。其输出将生成一个新的 Obj 空间连接文件，其中包含小目标的地质板将包含小目标的 ID，如果不包含它们，其余的将有空字段。模型构建器如图 5-21 所示。

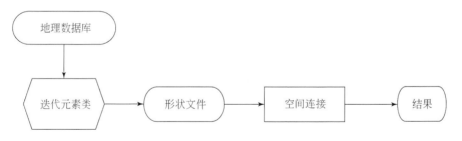

图 5-21　关系提取模型构建器

（2）对象关系和上下文文本属性生成。上述步骤处理的单个元素使用合并工具合并到相同的形状文件中后，将最终的形状文件使用表通过 Excel 函数导出到 Excel 文件，最后整理形成一个关系表。结果如表 5-7 和表 5-8 所示。

表 5-7　地质剖面中的上下文文本提取关系和属性信息 1

Id	Near_id	Left relation	Near_id1	Right relation	Contain_id	Contain relation
Geologicalplate 10-1	Geologicalplate 4	left	Geologicalplate 9	right	None	containedin
Geological plate 2-1	Geological plate 3	left	Geological plate 4	right	None	contained in
Geological plate 3	Geological plate 2-1	left	Geological plate 2-2	right	None	contained in
Geological plate 4-1	Geological plate 2-2	left	Geological plate 7	right	None	contained in
Geological plate 9	Geological plate 10-1	left	Geological plate 1	right	None	contained in
Geological plate 8	Geological plate 7	left	Geological plate 7	right	Geological plate 7	contained in
Geological plate 2-2	None	left	Geological plate 3	right	None	contained in
Geological plate 4-2	Geological Plate 7	left	Geological plate 10-1	right	None	contained in
Geological plate 6	Geological Plate 7	left	Geological plate 7	right	Geological plate 7	contained in
Geological plate 5	Geological Plate 3	left	Geological plate 3	right	Geological plate 3	contained in

表 5-8　地质剖面中的上下文文本提取关系和属性信息 2

Id	Near_id	Left relation	Near_id1	Right relation	Contain_id	Contain relation
Geological plate 10	Geological plate 4	left	Geological plate 8-3	right	Geological plate 6	contained in
Geological plate 2	Geological plate 8-2	left	None	None	None	contained in
Geological plate 3	Geological plate 8-1	left	Geological plate 4	right	None	contained in
Geological plate 4	Geological plate 3	left	Geological plate 10	right	None	contained in
Geological plate 9	Geological plate 8-3	left	Geological plate 8-2	right	None	contained in
Geological plate 8-1	Geological plate 1	left	Geological plate 3	right	None	contained in
Geological plate 8-2	Geological plate 9	left	Geological plate 2	right	None	contained in
Geological plate 8-3	Geological plate 10	left	Geological plate 9	right	None	contained in

续表

Id	Near_id	Left relation	Near_id1	Right relation	Contain_id	Contain relation
Geological plate 6	Geological plate 10	left	Geological plate 10	right	Geological plate 10	contained in
Geological plate 5	Geological plate 8-2	left	Geological plate 8-2	right	Geological plate 8-2	contained in
Geologicalplate 7	Geologicalplate 8-3	left	Geologicalplate 8-3	right	Geologicalplate 8-3	containedin

在表 5-7 和表 5-8 中，Near_id 和 Near_id1 表示地质对象的左接合–右接合关系；near_id 和 near_id1 表示地质对象的左接合–右接合地质 ID；contain_id 表示地质对象中的小板块。

（3）Neo4j 可视化：通过 Py2neo 接口连接 PyCharm 中的 Neo4j，读取上一步生成的关系表，并可视化地质实体和关系，最后形成知识图谱，并进行可视化展示。

5. 实验结果

1）地质剖面图像矢量化结果

在本书中，通过在数字板上的手持跟踪数字化对轮廓进行矢量化。在手持跟踪数字化之前，实验使用 ArcScan 对光栅图像进行自动向量化，在向量化过程中影响实验的有以下两个问题。

（1）由于栅格图中同一地质砌块的 RGB 不均匀，因此同一地质体有可能被识别为具有不同属性的两个地质物体。

（2）除了剖面中的地质体外，还有一些也在一定程度上影响了自动矢量化的结果，如裂缝的状态符号。

因此，选择手持跟踪技术对光栅图进行向量化，通过对地质类别的人工目视解释，排除了线符号干扰信息，可以很好地恢复原地图块，建立相应的知识图谱。矢量化后的地质剖面图如图 5-22 和图 5-23 所示。

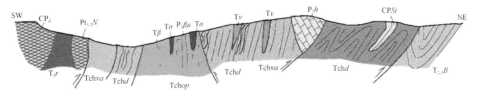

Schematic diagram of the structural section of the scrpentine green mélange belt in Chayong
(according to section VI003P, and P)

(Regional Upper Ganzi-Litang Combined Belt)

1. Bayankam Mounlain Group; 2. Jinsha River ophiolite mélange land mass; 3. Late Triassic arc granite; 4. gabbro and stacked crystal gabbro; 5. ulramafic rocks; 6. pillow and massive basalt; 7. strong basaltic rocks; 8. island arc volcanic rocks; 9. Middle Permian tulfblocks

图 5-22 地质剖面的图像向量化结果 1

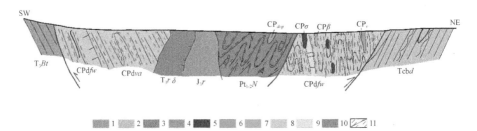

Schematic diagram of the structural section of the multicolored serpentine green mixed rock belt
(according to section VIII003P₃ and P₁₅)

(Regional Upper West Glden Upland Jinsha River Comhined Belt)

1. Late Trasic Bakng Group; 2. Cha (iroup ophiolitic mixed rcks; 3. Jurassic granites; 4. Late Triasic are granites; 5. ultramafic rocks; 6. elminitized gabbro;
7. Elminitized metabasalt and green schist; 8. Elminitized island are volcanic rocks; 9. Miscellaneous sandstone clasts (matrix); 10. Nindo Group basement rocks;
11 Weakly deformed zone/strongly deformed zone

图 5-23   地质剖面的图像向量化结果 2

2）上下文文本信息提取的结果

如前所述，NER 可以通过地名词典匹配来进行。本书提取的命名实体有地名、地质构造、地层学和岩石矿物。地名词典注释者使用一个句子中的单词，并将其与地名词典中列表中的单词相匹配。如果有一个匹配项，则该单词将获得一个注释类标记。

从该数据源中共提取了 151 条记录。利用本书构建的字典和规则，可以从文本中自动提取关于实体、关系和属性的信息，如表 5-9 和表 5-10 可知。由表 5-9 可知，玄玄岩分区与甘孜–理塘上联合带也存在语义关系，弧形花岗岩地质年龄为 215～220Ma。通过将这些信息添加到从地质剖面中提取的三联征中，可以进一步丰富和提高地质剖面中物体的内容。

表 5-9   地质剖面背景文本提取部分结果 1

No.	NER text	Relation text	Propertytext	Sentence ID
1	查冲蛇绿岩次带、上甘孜–理塘段缔合带、三叠纪、中三叠纪、晚三叠纪、蛇绿岩	Composition	—	1001
2	沙冲蛇绿岩熔岩、二叠纪黑达动态凝灰岩、大隆砂岩（基质）、格伦火山岩、沙冲蛇绿岩、晚三叠纪弧花岗岩	Composition	215～220Ma	1002
3	弧形花岗岩、晚三叠纪、中国–理塘海洋、花岗岩	—		1003
4	加布罗体、蛇绿岩杂体	Emerge	151.9 ± 2.1 Ma、148.1±1.3 Ma	1004
5	基底卵黄石、长石、角闪石、晚侏罗世	—	—	1005
6	二叠纪、带状凝灰岩、厚层状灰白色凝灰岩、硅质带状凝灰岩、结晶凝灰岩、碎屑凝灰岩、早至中二叠纪			1006

表 5-10 地质剖面文本提取部分结果 2

No.	NER text	Relation text	Propertytext	Sentence ID
1	丹江-多彩、那丽-查理-康萨坎断裂带、长冲-郑茂冲断裂带	North West-South East facing, North, South	—	2001
2	基底陆（残余）块、龙伦杂砂岩（基质）、当江荣火山岩和彩色蛇绿岩、二叠纪奥巴塔动态凝灰岩、晚三叠纪花岗岩、晚侏罗世花岗岩	Contains	—	2002
3	变岗融火山岩	—	$Na_2O + K_2O = 2.08 - 7.84$，$\delta = 0.22 - 3.07$，$K_2O/Na_2O = 0.28 - 16.79$，$\sum REE = 50.77 - 271.18 \times 10^{-6}$	2003
4	闪长岩壁群	Age value	$345.9 \pm 0.91 Ma$，$345.8 \pm 0.62 Ma$（Ar-Ar）	2004
5	晚侏罗世中酸性侵入岩、晚三叠世中酸性侵入岩	Intrusion	—	2005
6	霍恩布伦德片岩	Age value（U-Pb）	$709 \pm 66 Ma$	2006

由于文本表示的灵活性和非结构化性质可能会对提取结果产生影响，因此本书进一步评估了模型的输出以理解误差，发现了三种主要类型的错误。第一，在中国地质报告文本中，存在地质对象或地质事件的属性信息被替换或遗漏的情况，上述背景下的地质对象或地质事件的属性值信息可以直接省略或替换，如"构造单元"。第二，不同地质实体属性信息的完整表达一般包括"地质实体""属性名称"和"属性值"。在某些情况下，只有属性值信息出现在地质报告的文本描述中，一般可以从属性值类型推断出具体的属性类型，如"岩石中的氧化钠+$K_2O = 0.42 - 7.67$"。第三，中国地质报告文本中对实体关系和属性信息的描述具有一定的分散性，实体关系或属性信息分散在多个句子、段落和章节中。但是，在许多情况下，属性名称和相应的属性值被收集在单个句子描述和表达式中。针对上述问题，本书提出了结合上下文中的描述，如段落作为信息提取的单位，选择前一个句子主题作为地质对象描述的形式。

5.4.2 面向矢量图件的地质事件及关系抽取与关联

地质图件可以反映一个地区的地层、岩性特征、地质构造（褶皱、断层等）、矿产分布、区域地质特征等内容。为了实现地质图件中地质事件的抽取，需要对地质图件中的多元要素进行特征提取及融合。本书拟在地学领域知识的支撑下，通过卷积神经网络模型对地质图件中地质事件触发要素及相关联的事件论元进行识别，实现地质图件事件的抽取。

地质图件中事件要素多呈线状或面状特征，尺度不一，常与图件中的其他点要素、线要素、面要素、字符相互交错。针对事件要素上述特点，构建多尺度地质事件要素分割模型（multi-scale geological event element segmentation model，MS-GeoEESeg），提取具有判别力的尺度不变性特征，对事件触发要素（线要素）及地质实体（面要素）进行分割。模型包括多尺度特征抽取以及要素分割两个阶段，如图 5-24 所示。

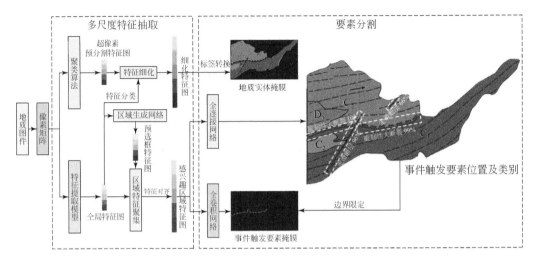

图 5-24　事件触发要素识别模型

MS-GeoEESeg 需要充足的数据支撑，因此需要大量收集地质图件，构建面向地质事件抽取的地质图件事件要素数据集。该模型主要从全国地质资料馆中获取 1：5 万及 1：25 万的地质图件，并针对数据集规模有限、数据噪声等问题进行数据增强以及标签平滑等预处理操作。目前，地质图件事件要素数据集包含 5300 余张地质图件，并根据项目的深入研究适时扩充。

多尺度特征抽取阶段分为两个部分：面向地质事件触发要素（线要素）的特征提取以及地质实体（面要素）的特征提取。由于事件触发要素与地质实体的特征（纹理、形状等）不同，本章节设计了基于注意力机制及特征金字塔网络（feature pyramid network，FPN）的特征抽取模型，获取事件触发要素与地质实体准确的特征表示。通过注意力机制中的权值函数为各神经元分配权重，再通过神经元不同的权重为地质图像中与事件要素有关的像素点计算权重，获取三维权重信息，自适应地聚焦具有重要特性的事件要素特征区域，并且 FPN 能够在不同尺度下提取事件要素特征信息进行特征融合，得到地质图件多尺度信息，从而增强特征的判别性及尺度不变性，提高地质事件要素特征提取能力。其中，注意力机制相关定义如式（5-24）～式（5-27）所示。式（5-24）～式（5-26）用于计算注意力机制目标神经元 t 的权重，a 为所有神经元在某个通道上的均值；v^2 为所有神经元在单个通道上的方差；w_t^* 为目标神经元 t 的最小权值函数，w_t^* 值越小，表明地质事件要素目标神经元与其他神经元的区分度越高，也说明其重要程度也越高；t 和 x_i 分别为输入特征张量的目标神经元和其他神经元；φ 为超参数；M 为某个通道上神经元的总数。式（5-27）用于增强事件要素特征张量，根据神经元的重要程度进行加权，E 为 w_t^* 在所有空间和通道维度的总和；X 为输入特征张量；X' 为增强事件的特征张量；$\odot$ 为哈达玛积（Hadamard product）。

$$a = \frac{1}{M} \sum_{i=1}^{M} x_i \tag{5-24}$$

$$v^2 = \frac{1}{M} \sum_{i=1}^{M} (x_i - a)^2 \tag{5-25}$$

$$w_t^* = \frac{4(v^2 + \varphi)}{(t-a)^2 + 2v^2 + 2\varphi} \tag{5-26}$$

$$X' = \text{Sigmoid}\left(\frac{1}{E}\right) \odot X \tag{5-27}$$

经过 MS-GeoEESeg 处理得到全局特征图, 而后再通过区域特征聚集模块 (region of interest align, ROI Align) 对全局特征图及预选框特征图进行特征对齐得到感兴趣区域特征图, 完成对事件触发要素的特征提取。通过基于图表示 (graph-based image segmentation, GBS) 的聚类算法对地质实体进行超像素分割得到预分割特征图。GBS 聚类算法通过区域间间距和区域内间距不相似度的判断标准进行区域合并, 根据图像数据的局部特征自适应地调整阈值并使用贪心选择来进行图像分割。使用加权图 G 抽象化表示地质图像, 其中 $G = (V, E)$, 由顶点集 V 和边集 E 组成; $v_i \in V$, $(v_i, v_j) \in E$ 为相邻顶点 (v_i, v_j) 之间连接的边; $\omega(v_i, v_j)$ 为每条相连的边 (v_i, v_j) 具有的权值; $S = (C_1, \cdots, C_r)$ 为分割后互不相交的区域, 初始状态下, S 中的区域均为顶点, $C_i \subseteq V$。图像区域之间边界定义的判断标准由区域间间距、区域内间距构成。区域内间距是指分割后的区域 C_i 中最小生成树 (minimum spanning tree, MST) 的最大权重, 使用 Int (C) 表示:

$$\text{Int}(C) = \max_{e \in \text{MST}(C, E)} \omega(e) \tag{5-28}$$

区域间间距是指属于两个区域且相互之间有边连接的点对之中的最小权重值, 使用 Dif (C_1, C_2) 表示:

$$\text{Dif}(C_1, C_2) = \min_{v_i \in C_1, v_j \in C_2, (v_i, v_j) \in E} \omega(v_i, v_j) \tag{5-29}$$

边界判断函数使用 $D(C_1, C_2)$ 表示:

$$D(C_1, C_2) = \begin{cases} \text{True}, \text{Dif}(C_1, C_2) > \text{MInt}(C_1, C_2) \\ \text{False}, \text{Dif}(C_1, C_2) \leqslant \text{MInt}(C_1, C_2) \end{cases} \tag{5-30}$$

其中, 最小内部差异使用 MInt (C_1, C_2) 表示:

$$\text{MInt}(C_1, C_2) = \min(\text{Int}(C_1) + \tau(C_1), \text{Int}(C_2) + \tau(C_2)) \tag{5-31}$$

式中, $\tau(C) = k/|C|$ 为用来控制区域间差异必须大于区域内部差异的阈值函数, $|C|$ 为加权图 G 中包含的全部像素点, k 为超参数。通过超像素预分割特征图对全局特征图进行特征细化得到细化特征图, 完成对地质实体的特征提取。

要素分割阶段分为两个部分: 面向地质事件触发要素的分割以及地质实体的分割。在事件触发要素分割阶段, 将提取到的事件触发要素特征通过全连接网络得到其类别和位置信息, 通过全卷积网络对事件触发要素进行实例分割获取其掩膜, 并且通过事件触发要素位置信息对掩膜进行边界限定, 提高分割精度。在地质实体分割阶段, 通过对细分特征图进行标签转换得到地质实体掩膜。

对于地质图件中事件的空间关系判定, 通过 MS-GeoEESeg 得到每个地质事件触发要素的位置和掩膜信息, 提取事件触发要素轮廓特征, 拟使用结合迁移学习的卷积神经网络提取特征，将地质事件映射到向量空间，获取每个地质事件的特征向量。根据地质事件之间的距离以及其方位能够确定地质事件之间的确切空间位置关系，拟通过地质事件之间的距离和特征向量之间的相似度确定地质事件的空间关系。

参 考 文 献

齐如煜，尹章才，顾江岩，等，2024. 高精地图的知识图谱表达. 武汉大学学报（信息科学版），49（4）：651-661.

唐浪，李慧霞，颜晨倩，等，2021. 深度神经网络结构搜索综述. 中国图象图形学报，26（2）：245-264.

张洪岩，周成虎，闾国年，等，2020. 试论地学信息图谱思想的内涵与传承. 地球信息科学学报，22（4）：653-661.

Abraham S, Mäs S, Bernard L, 2018. Extraction of spatio - temporal data about historical events from text documents. Transactions in GIS, 22（3）：677-696.

Dai Z H, Liu H X, Le Q V, et al, 2021. Coatnet：marrying convolution and attention for all data sizes. Advances in Neural Information Processing Systems, 34：3965-3977.

Groshong R H, 2006. 3-D Structural Geology. Berlin, Heidelberg：Springer.

Hartmann J, Moosdorf N, 2012. The new global lithological map database GLiM：a representation of rock properties at the earth surface. Geochemistry, Geophysics, Geosystems, 13（12）：Q12004.

He K M, Zhang X Y, Ren S Q, et al, 2016. Deep residual learning for image recognition// Proceedings of the IEEE conference on computer vision and pattern recognition, Las Vegas.

Huang H J, Chen Z G, Zou Y, et al, 2024. Channel prior convolutional attention for medical image segmentation. Computers in Biology and Medicine, 178：108784.

Huang Y P, Cheng Y L, Bapna A, et al, 2019. Gpipe：efficient training of giant neural networks using pipeline parallelism. Advances in Neural Information Processing Systems, 32：06965.

Keller C K, Allen-King R M, O' Brien R, 2000. A framework for integrating quantitative geologic problem solving into courses across the undergraduate geology curriculum. Journal of Geoscience Education, 48（4）：459-463.

Li S C, Liu B, Xu X J, et al, 2017. An overview of ahead geological prospecting in tunneling. Tunnelling and Underground Space Technology, 63：69-94.

Obi Reddy G O, 2018. Geographic information system：principles and applications//Obi Reddy G P, Singh S K. Geospatial Technologies in Land Resources Mapping, Monitoring and Management. Switzerland：Springer International Publishing.

Qiu Q J, Duan Y X, Ma K, et al, 2023a. Information extraction and knowledge linkage of geological profiles and related contextual texts from mineral exploration reports for geological knowledge graphs construction. Ore Geology Reviews, 163：105739.

Qiu Q J, Wang B, Ma K, et al, 2023b. Geological profile-text information association model of mineral exploration reports for fast analysis of geological content. Ore Geology Reviews, 153：105278.

Qiu Q J, Xie Z, Zhang D, et al, 2023c. Knowledge graph for identifying geological disasters by integrating computer vision with ontology. Journal of Earth Science, 34（5）：1418-1432.

Ramachandran P, Zoph B, Le Q V. 2017. Searching for activation functions. arXiv Preprint arXiv, 1710：05941.

Santurkar S, Tsipras D, Ilyas A, et al, 2018. How does batch normalization help optimization？. Advances in neural information processing systems, arXiv, 1805: 11604.

Strötgen J, Gertz M, Popov P, 2010. Extraction and exploration of spatio-temporal information in documents// The 6th Workshop on Geographic Information Retrieval. Zurich.

Tan M X, Le Q V, 2019. EfficientNet: rethinking model scaling for convolutional neural networks// Proceedings of the 36th international conference on machine learning. Long Beach.

Tanaya G, Sugata H, Anup K D, 2022. Potential of ALOS-2 PALSAR-2 StripMap data for lithofacies identification and geological lineament mapping in vegetated fold-thrust belt of Nagaland, India. Advances in Space Research, 69 (4): 1840-1862.

Wang B, Wu L, Xie Z, et al, 2022. Understanding geological reports based on knowledge graphs using a deep learning approach. Computers & Geosciences, 168: 105229.

Wang Q L, Wu B G, Zhu P F, et al, 2020. ECA-Net: Efficient channel attention for deep convolutional neural networks//The IEEE/CVF conference on computer vision and pattern recognition. Seattle.

Woo S, Park J, Lee J Y, et al, 2018. Cbam: Convolutional block attention module//The European conference on computer vision (ECCV). Munich.

Yan Q, Xue L F, Li Y S, et al, 2023. Mineral prospectivity mapping integrated with geological map knowledge graph and geochemical data: a case study of gold deposits at Raofeng area, Shaanxi Province. Ore Geology Reviews, 161: 105651.

Zagoruyko S, Komodakis N, 2016. Wide residual networks. arXiv Preprint arXiv, 1605: 07146.

Zhan X L, Lu C, Hu G M, 2021. Event sequence interpretation of structural geological models: a knowledge-based approach. Earth Science Informatics, 14 (1): 99-118.

第6章 | 面向多类型表格的地质信息抽取

6.1 引　言

地质表格是地质学研究中常用的数据展示形式之一，它通过清晰的结构和规范的格式，有效地呈现了地质信息、数据和关系。在地质学领域，表格通常用于记录和比较岩石、矿物、地层、构造等地质要素的特征、性质和分布，以及实验数据、地质勘探数据、观测数据等各种地质信息。除此之外，地质表格中的数据往往是相互关联的，对地质表格进行结构解析有助于理清地质信息的关联和联系。通过解析表格结构可以发现数据之间的内在联系，理清各种地质要素之间的关系。例如，在地层对比的表格中，不同地层的名称、年代、岩性等信息之间都存在着一定的联系，通过解析表格结构，可以更好地理解地层之间的时空分布和地质演化关系。在岩石地球化学分析表格中，不同元素的含量数据可以反映岩石的成因和演化过程，通过解析表格结构，可以发现不同岩石样品之间的地球化学特征，进而推断岩石的成因和演化过程。因此，设计一种地质表格结构解析方法，将非结构化的地质表格信息转化为结构化的地质知识，是目前亟须解决的问题之一。

地质表格中通常包含大量的数据，由于记录者的数据内容差异，导致不同的地质表格往往结构差异大，归纳其主要特点有：①同一表格中单元格大小相差大；②含复杂表头；③合并单元格较多，部分表格边框不全。一方面，目前的表格解析方法研究涉及通用领域、金融领域、生物学领域等，现有表格解析方法并不适用于地质表格解析。另一方面，现存公开表格数据集中大多数为通用类与金融表格数据，没有公开地质表格数据集支持实验，因此迫切地需要构建地质表格数据集，并设计一套地质表格结构解析方法，实现表格中的地学知识提取。

基于上述问题，本章节提出了一套地质表格信息抽取方法。首先，构建一个包含4000张地质表格的数据集（GeoTables），其中包括表格空间位置信息以及表格中单元格空间位置信息；其次，利用 Attention-Mask R-CNN 模型对表格位置进行识别；再次，使用MaskGTabNet 模型识别表格中单元格位置；最后，利用 PP-OCR 技术对单元格内容进行提取。另外，使用 GeoTab 算法对表格结构进行解析。具体来说，通过识别表格中每个单元格的位置信息解析单元格所属行列信息，得到表中单元格间内容关系，由此完成表格结构解析工作，从而输出表格内容中的三元组关系。

6.2 数 据 集

6.2.1 公开表格数据集介绍

开源数据集大多经过标准化与清理，使得数据集质量得到了保障，为研究者们提供了广泛的实验基础，也为学者们进行不同对比实验提供了良好的数据支撑。随着深度学习技术的发展，各类开源表格数据集层出不穷，涉及金融、生物学等众多领域，不同的开源表格数据集侧重点各异。近年来，随着表格解析任务关注度的提升，表格数据集已从早期的文档页数据集到单个表格图像数据集。本书将对不同类别开源表格数据集进行梳理与介绍，各类数据集信息整理如表 6-1 所示。

表 6-1 各类表格数据集信息

数据集	样本数量/个	数据类型	发布年份	语言	表格类别
Marmot（Fang et al., 2012）	2 000	BMP、XML	2012	中文+英文	会议论文
ICDAR 2013（Göbel et al., 2013）	128	PDF、XML	2013	英文	通用
ICDAR 2017（Gao et al., 2017）	2 400	BMP、XML	2017	英文	通用
ICDAR 2019（Gao et al., 2019）	1 640	JPG、XML	2019	英文	通用
TableBank（Li et al., 2019）	417 000	JPG、JSON	2019	英文	在线文档
SciTSR（Chi et al., 2019）	15 000	PNG、JSON	2019	英文	通用
PubTabNet（Zhong et al., 2020）	568 000	PNG、JSON	2020	英文	通用
WTW（Long et al., 2021）	13 700	JPG、XML	2021	英文	发票
FinTabNet（Nassar et al., 2022）	112 800	PDF、JSON	2022	英文	金融报表

（1）Marmot 数据集。该数据集由北京大学于 2012 年公布，其数据来源于 1970～2011年发布的中、英文会议论文，其包含 2000 张兼具多样性和复杂页面布局的图像和用于表格边界检测的注释，可用于表格检测任务。

（2）ICDAR 2013 数据集。该数据集由国际文档分析与识别会议（ICDAR）于 2013 年举行的表格识别竞赛发布，数据来源于美国政府与欧盟文件，包含 PDF 文件 67 个、页面238 个和表格 128 个。数据集含有用于表格检测和表格结构识别的注释，标注数据类型为XML 文件格式，可用于表格检测和表格结构识别任务。

（3）ICDAR 2017 数据集。该数据集由国际文档分析与识别会议（ICDAR）于 2017 年举行的表格识别竞赛发布。与上文介绍的"ICDAR 2013"数据集相比，其所含规模更大，包含2400多个图像数据集其中，该数据集含有用于表格边界检测的注释，数据标注类型为 XML 文件格式，可用于表格检测任务。

（4）ICDAR 2019 数据集。该数据集由国际文档分析与识别会议（ICDAR）于 2019 年举行的表格识别竞赛发布，包含现代和历史数据集两个部分。其中，现代数据集含有 600 张训练集和 240 张测试集，主要来自科学论文和财务资料中的表格。历史数据集含有 600 张训练集和 200 张测试集，主要来自火车时刻表、手写账目等。数据集包含了用于表格边界检测和单元格检测的注释，注释类型为 XML 文件格式，可用于表格检测和表格结构识别任务。

（5）TableBank 数据集。该数据集由 Li 等于 2019 年发布，来源于在线可爬取的 .DOCX 格式文档和从 arXiv 数据集获取的 LaTeX 文档，包含 4.17 万张含有表格的图像。数据集包含了表格边界和表格结构信息的注释，注释类型为 JSON 文件格式，可用于表格检测和表格结构识别任务。

（6）SciTSR 数据集。该数据集由 Chi 等于 2019 年发布，来源于 arXiv 数据库中的 LaTeX 文件，其中包含25%的复杂表格数据集，即有跨多个行列单元格组成的表格数据。数据集由 15 000 个 PDF 格式表格文件组成，包含表格单元格空间信息、行列信息和内容信息。注释类型为 JSON 文件格式，可用于表格识别任务。

（7）PubTabNet 数据集。该数据集由 Zhong 等于 2020 年发布，来源于 PubMed Central 的科学文章，是目前最大的数据集。该数据集包含了 56.8 万张图像以及表格中单元格的行列和内容信息，注释类型为 JSON 文件格式，可用于表格结构解析和内容识别任务。

（8）WTW 数据集。该数据集由 Long 等于 2021 年发布，来源于不同场景下的发票、表单数据。数据集包含 10 100 张图片用于训练和测试集 3600 张图片，注释内容为表中单元格边界和行列信息，注释类型为 XML 文件格式，可用于表格结构解析任务。

（9）FinTabNet 数据集。该数据集由 Nassar 等（2022）发布，来源于公开的利润报表和 IBM 公司注释。数据集包含 89 650 个页面和 112 900 个表格，其中用于训练的表格图像为 91 600 个，用于测试的表格图像为 10 700 个，用于验证的表格图像为 10 600 个。数据集注释内容为表格边界和单元格边界，注释类型为 JSON 文件格式，可用于表格结构解析和内容识别任务。

6.2.2 地质表格数据集构建

当前，国内的地质数据管理平台功能齐全、数据丰富。例如，全国地质资料馆，该平台不仅有海量的地质数据，同时数据种类丰富（Wang et al.，2022）。据统计，截至 2022 年 3 月底，全国地质资料馆地质资料存储量已达 17.5 万余档，数据总量达 220TB，且均已实现数字化，为本书数据集的主要来源。

在种类繁多的地质报告中，矿产地质报告是对某一地区矿产资源的分布、储量、开采条件等进行调查和研究的报告；水文地质报告是对某一地区地下水资源分布、开采条件等进行调查和研究的报告；工程地质报告是对某一地区工程地质条件进行调查和研究的报告，包括地质结构、岩石类型、土壤性质等；资源储量核实报告是对某一地区矿产资源储量进行核实和评估的报告。不同地质报告中的表格信息类别存在较大差异，为尽可能全面覆盖各类地质表格，本书通过统计与归类，最终在全国地质资料馆中选取了工程地质报告和矿产地质报告各 15 篇、水文地质报告 7 篇、环境地质报告 7 篇及其他类型地质报告 6 篇，共计 50 篇地质报告作为数据来源。

本章节制作了一个地质表格数据集 B_GeoTables，并对它进行数据扩展得到了数据集 A_GeoTables。通过对 50 篇地质报告中的表格信息进行数据标注，得到 2000 个地质表格作为基本数据集。具体地，使用 Labelme 工具对地质报告中每个表格位置、表格中每个单元格位置进行标记，并将标记完成的内容以 JSON 格式导出，每个 JSON 文件对应一张表格图像。

大量的数据集有助于提升深度学习算法的泛化性，减少过拟合风险和克服样本不平衡问题。为此，本书在已有的地质表格数据集的基础上，通过数据增强实现表格数据集扩展。由于表格本身结构对称，常用的图像增强技术，如裁剪、旋转等并不适用，因此使用膨胀变换技术对原始表格进行表格框线和字体的加粗，并将增强后的数据集添加至原始数据集中实现数据集扩展。首先将原始表格图像转为二值图，随后通过迭代的 3×3 核均值滤波器将二值图像中为 1 的部分像素膨胀扩大，具体结果如图 6-1 所示。图 6-1 中左部分为原始表格图像，右部分为膨胀变化后的表格图像。经过膨胀处理后将表格数据集扩展至 4000 张，用于单元格识别任务的模型训练，其中 3000 张作为训练集，1000 张作为测试集。

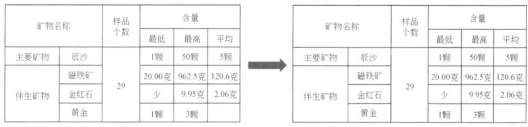

(a)原始表格图像　　　　　　　　　　　　　　(b)膨胀变化后的表格图像

图 6-1　表格数据扩展过程图

6.3　基于 Attention-Mask R-CNN 模型的表格位置识别

6.3.1　Attention-Mask R-CNN 模型

表格位置识别是实现地质表格信息抽取的第一步。表格位置识别即从地质报告中识别出表格的具体位置，本章节使用 Mask R-CNN 作为基础模型并对其进行了改进，为了主动捕获感兴趣区域之间的语义关系，在 FPN 层后引入了一个基于注意力机制的上下文注意模块记为 CAM 模块（Cao et al., 2020），整体网络框架图如图 6-2 所示。

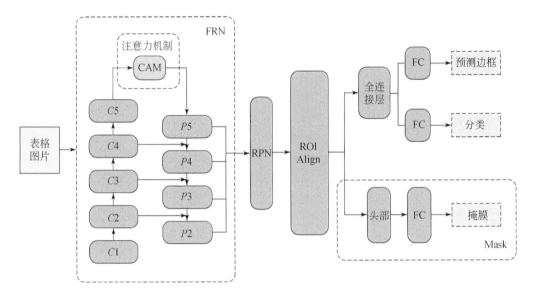

图 6-2　Attention-Mask R-CNN 网络框架模型

基于深度学习模型对数据集要求的特点，本书先使用 Attention-Mask R-CNN 模型在 Microsoft COCO 数据集上进行预训练来增加其对图像特征识别能力。另外，由于地质表格没有公开的数据集，为更好地完成表格中单元格检测任务，本书使用 TableBank 数据集进行迁移学习预训练。TableBank 数据集包含 16 万张 Word 文档中采样的文档图片，挑选其中使用 5 万张作为训练集，5000 张作为测试集用于表格检测预训练。

在模型训练完成后输入地质报告开始地质表格边界检测任务，将 PDF 文件格式转化为图片数据，然后将其输入到 Attention-Mask R-CNN 模型进行表格特征提取、分类预测、掩膜分割，并输出表格位置。在识别出地质表格位置后，对检测到的地质表格进行裁剪保存，同时储存表格位置的坐标信息并保留上下文内容，至此完成地质报告中表格位置识别任务。

6.3.2　Mask R-CNN 模型

Mask R-CNN 模型是一个实例分割框架，是对 Faster RCNN 模型的改进，在 Faster RCNN 模型的基础上引入了实例分割，不仅能确定目标的位置和类别，还能生成每个目标精确的像素级分割掩码，扩展了目标提取任务，适用于实例分割场景。Mask R-CNN 模型主要有两个部分，第一部分是对图像进行扫描并生成建议框；第二部分是进行分类并生成边界框和掩码。Mask R-CNN 的网络结构图如图 6-3 所示。

（1）特征金字塔网络（FPN）：FPN 层采用了自上而下的传递特征将高分辨率的特征

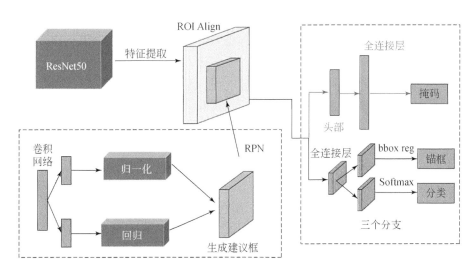

图 6-3　Mask R-CNN 基本结构图

图传递到低分辨率的特征图并通过上采样完成，使模型在不同层级上获得具有丰富语义信息。其结构如图 6-4 所示。

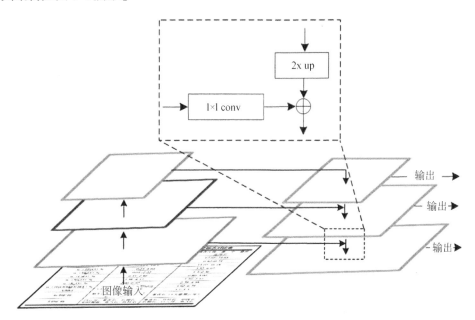

图 6-4　特征金字塔网络结构图

在自上而下特征传递的同时，FPN 还引入了横向连接，将低层级的高分辨率特征图与高层级的低分辨率特征图相连接，以确保每个金字塔级别都包含来自不同层级的语义信息，以此融合具有高分辨率的浅层信息和具有丰富语义信息的深层信息，从而实现了从单尺度的输入图像上快速构建具有强语义信息的特征金字塔。在将图像输入预训练的 FPN 网络模型后，得到相应的特征图。同时，FPN 是一个窗口大小固定的滑动窗口检测器，在不同层滑动可以增加其对尺度变化的鲁棒性。

（2）区域建议网络（RPN）：RPN 是一个轻量的神经网络，它用滑动窗口来扫描图像，并寻找存在目标的区域，RPN 扫描的矩形区域被称为 anchor，这些 anchor 相互重叠尽可能地覆盖图像。滑动窗口是由 RPN 的卷积过程实现的，可以使用图形处理器（GPU）并行地扫描所有区域。此外，RPN 并不会直接扫描图像，而是扫描主干特征图，使得 RPN 可以有效地复用提取的特征，并避免重复计算。RPN 为每个 anchor 生成两个输出，用于区分前景和背景的 anchor 类别以及更好地拟合目标的边框精度。通过使用 RPN 的预测，可以选出最好的包含了目标的 anchor，并对其位置和尺寸进行精调，如果有多个 anchor 互相重叠，通过非极大值抑制，保留拥有最高前景分数的 anchor。在图像经过 FPN 层通过主干网络进行特征提取后，将生成的特征图输入 RPN 进行子网络的选取。

（3）感兴趣区域推荐（ROI Align）：在 RPN 中的边框精调步骤，框可以有不同的尺寸，但是分类器只能处理固定的输入尺寸，并不能很好地处理多种输入尺寸，因此需要 ROI 池化来解决这一问题。ROI 池化是指裁剪出特征图的一部分，然后将其重新调整为固定的尺寸，利用 Softmax 分类器对前景和背景进行二元分类，通过双线性插值和非极大值抑制的局部感兴趣区域滤波获得更准确的候选帧位置信息，如图 6-5 所示。

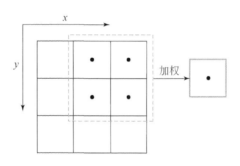

图 6-5　双线差值过程示意图

（4）三个分支：最后该流程将经过三个分支，一个分支进入全连接层（fully connected layer）进行掩码，其他分支进入 FCN 进行对象分类并生成边界。

6.3.3　CAM 模块

在 Mask R-CNN 模型中，虽然 FPN 层的特征金字塔模型能对输入的图片进行特征提取，但并非所有的特征都有助于提高目标检测的性能，而且表格区域可能因为被冗余信息误导而导致精度降低。为了消除这些影响，进一步增强特征图的特征，提出了一种注意力机制模块 CAM，可以有效捕获强语义信息和增加上下文依赖，如图 6-6 所示。

图 6-6 给出了判别特征图 $F \in K^{C \times H \times W}$，分别使用 W_p 和 W_s 对他们进行维度转化，转化后的特征图计算公式如下：

$$\begin{cases} P = W_p^{\mathrm{T}} F \\ S = W_s^{\mathrm{T}} F \end{cases} \tag{6-1}$$

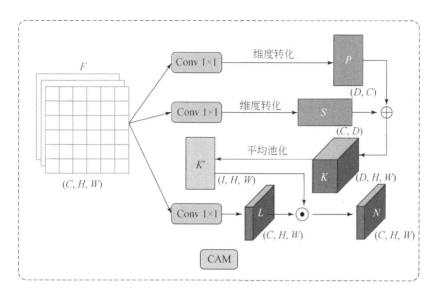

图 6-6　CAM 模块结构图

其中，$\{P, S\} \in K^{C'\times H\times W}$，然后将 P 和 S 维度转化为 $K^{C'\times D}$，$D = H\times W$，为了捕获每个感兴趣区域之间的关系，需要计算相关矩阵，其计算公式如下所示：

$$K = P^{\mathrm{T}}S \tag{6-2}$$

其中，$\{K\} \in K^{D\times D}$，接着维度转化为 $K \in K^{D\times H\times W}$，在使用平均池对 K 进行归一化后，得到注意力矩阵 $K' \in K^{1\times H\times W}$。

同时，使用卷积层 W_L 将特征图 F 转化为 L，具体计算公式如下，其中 $V \in K^{C\times H\times W}$。

$$L = W_L^{\mathrm{T}}F \tag{6-3}$$

最后，对特征 K' 和 L 进行特征相乘，从而获得注意力表征 N，计算过程如下，其中 N_i 为第 i 个特征图。

$$N_i = K' \otimes L_i \tag{6-4}$$

将 FPN 生成的特征输入 CAM 模块，由 CAM 输出经处理后的特征进入候选区域生成网络 RPN。基于这些信息特征，CAM 自适应更加关注感兴趣区域之间的关系，使得输出的特征建立在上下文内容依赖之上，解决了地质报告中表格种类多样、大小不一的问题。

6.4　基于 MaskGTabNet 模型的单元格位置识别

单元格位置坐标的提取是表格结构解析的基础，通过识别每个单元格所在的空间位置，解析出每个单元格所在的起始行列位置，可将其看作目标检测问题。为了解决合并单元格和单元格大小不一的问题，本书提出了一种新的网络模型（MaskGTabNet）。其主要将 Mask R-CNN 作为基础模型，在其中的特征金字塔网络（FPN）底层附加了一个渐进式上采样模块（Yue et al.，2021）来增加识别不同大小单元格的精度。

6.4.1 基于 MaskGTabNet 的单元格识别模型

MaskGTabNet 模型架构如图 6-7 所示，由四个主要组件组成：①特征提取器模块；②渐进式采样模块；③感兴趣区域推荐模块；④分类模块。特征提取器模块旨在提取密集特征图 F，渐进式上采样模块用于对判别性位置进行采样。密集特征图的每个像素可以被视为与图像的补丁相关联的标记。基于卷积算子在建模空间局部上下文的有效性，在使用 FPN 层提取图片特征后，再使用渐进式上采样模块进行上采样。

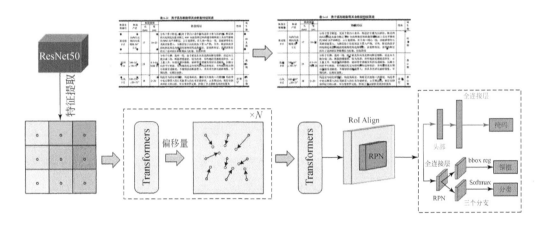

图 6-7　MaskGTabNet 模型结构图

MaskGTabNet 模型加入了渐进式上采样层，通过迭代将当前采样得到的词向量嵌入到 Transformer 层，预测一组采样偏移量来更新下一步采样的位置。由于渐进式采样的可微性，MaskGTabNet 模型可以自适应学习并查找采样点，达到更加高效、精确的结果。

6.4.2 基于 Transformer 的渐进式上采样模块

在普通 Vision Transformer（Vit）采样方法中（Du et al., 2020），通过规则地将图像分割为 3×3 的方块，以线性投影标记这些图像块可以将图像转化为一系列视觉标记，然后将这些图像块嵌入 Transformer 层的堆栈中进行分类。其结构如图 6-8 所示。

但该采样方式存在局限性，一方面，均等分割可能会将本该用统一参数建模的高相关语义区域分隔开，破坏固有的对象结构，造成输入图像块信息变小。另一方面，网络分割建立在固定规则上，忽略了图片本身的内容，可能造成网格集中在不感兴趣背景图中。因此，本节结合基于 Transformer 的渐进式采样方法，利用迭代的方式有目的地更新采样位置。如图 6-9 所示，其中×N 表示 N 次采样迭代。在每次迭代中，当前采样步骤的标记被反馈到 Transformer 层，并预测一组采样偏移值作为下一轮的采样位置。通过此种机制对感兴趣区域的偏移进行估算，结合了上下文与当前位置，从而更好地捕获全局信息。在表格识别工作中，由于图片中颜色不对表格信息提取造成影响，本书提前将表格图像二值化以

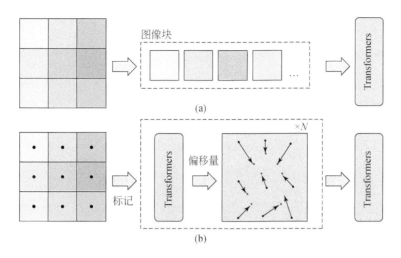

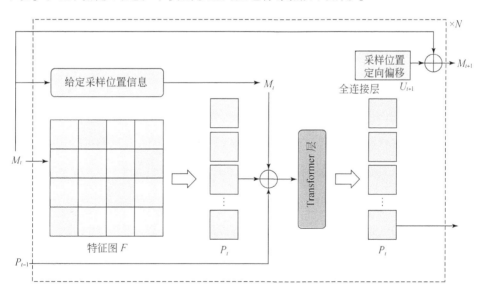

图 6-8　Vision Transformer 采样与 TPU 层结构图

减少干扰。在迭代偏移的过程中使偏移量向黑色像素点方向偏移。

图 6-9　基于渐进式采样的 TPU 层结构图

渐进采样模块的体系结构。在每次迭代中，给定采样位置 M_t 和特征图 F，通过对 F 上的 M_t 处的初始标记进行采样得到 P_t，这些标记与基于 M_t 生成的位置编码 M_t 和上一次迭代的输出标记 P_t 元素相加，然后送至 Transformer 层中来预测当前迭代的标记 P_t。由偏移矩阵 U_t 可获取采样定向偏移量，是基于 P_t 通过一个全连接层来预测的，P_t 与 M_t 相加以获得下一次迭代的采样位置 M_{t+1}。上述过程重复 N 次。

具体而言，渐进采样模块是一个基于迭代的网络层。首先，给定输入特征图 $F \in Q^{C \times H \times W}$，其中 C、H 和 W 分别是特征通道的维度、高度和宽度，最终输出一系列标记 $T_N \in Q^{C \times (n \times n)}$，其中 $(n \times n)$ 表示一个图像上的样本数，N 是渐进采样模块中的总迭代数。在每次迭代中，通过将采样位置与上次迭代的偏移向量相加来更新采样位置，计算公式如下。

$$m_{t+1}=m_t+U_t, \quad t\in\{1,\cdots,N-1\} \tag{6-5}$$

式中，$m_t\in Q^{2\times(n\times n)}$，$U_t\in Q^{2\times(n\times n)}$ 分别为在迭代 t 处预测的采样位置矩阵和偏移矩阵。对于第一次迭代，将 m_1 初始化为规则间隔的位置，如 ViT 中所做的那样。具体地，第 i 个位置 P_1^i 的计算过程由下式给出：

$$
\begin{aligned}
m_1^i &= \left[\pi_i^y s_h+\frac{s_h}{2}+\frac{s_w}{2}\right] \\
\pi_i^y &= \left[\frac{i}{n}\right] \\
\pi_i^x &= i-\pi_i^y\times n \\
s_h &= \frac{H}{n} \\
s_w &\frac{W}{n}
\end{aligned}
\tag{6-6}
$$

式中，m_1^i 表示第 i 个位置的采样位置；π_i^y 和 π_i^x 为将位置索引 i 分别映射到行索引和列索引；[ ] 为向下取整；s_h 和 s_w 分别为 y 和 x 轴方向上的步长。然后，在输入特征图的采样位置处对初始标记进行采样，公式如下所示：

$$P_t'=F(m_t), \quad t\in\{1,\cdots,N\} \tag{6-7}$$

式中，$P_t'\in Q^{C\times(n\times n)}$ 为迭代 t 处的初始采样位置。由于 m_t 的元素是分数的，采样是通过双线性插值运算实现的，双线性插值运算对输入特征图 F 和采样位置 m_t 都是可微的。在被反馈到 Transformer 层中以获得当前迭代的输出位置之前，初始采样位置、上一次迭代输出标记和当前采样位置的位置编码被进一步相加，具体有公式如下所示：

$$
\begin{aligned}
P_t' &= W_t m_t \\
X_t &= P_t'\oplus M_t\oplus P_{t-1} \\
P_t &= \text{Transformer}(X_t) \\
&t\in\{1,\cdots,N\}
\end{aligned}
\tag{6-8}
$$

式中，$W_t\in Q^{C\times2}$ 为将采样位置 m_t 投影到大小为 $C\times(n\times n)$ 的位置编码矩阵 M_t 的线性变换过程，所有迭代共享相同的 W_t；$\oplus$ 为逐元素加法；Transformer（·）为基于多头自注意的 Transformer 编码器层；P_t 为等式（6-9）中的零矩阵。ViT 使用贴片索引的二维正弦位置嵌入。由于它们的补丁是规则间隔的，补丁索引可以准确地编码一幅图像中补丁中心的相对坐标。然而，由于本书的采样位置是非等距的，因此对本书的研究并不适用。如图 6-9 所示，本书将采样位置的归一化绝对坐标投影到一个嵌入空间作为位置嵌入。最后，对于除最后一次迭代之外的下一次迭代，预测采样位置偏移的过程如下：

$$U_t=T_t P_t, \quad t\in\{1,\cdots,N\} \tag{6-9}$$

式中，$T_t\in Q^{2\times C}$ 为用于预测采样偏移矩阵的可学习线性变换。使用这种策略，能使采样位置逐渐收敛到图像的感兴趣区域。

在 MaskGTabNet 模型中，视觉转换器模块遵循 Mask R-CNN 模型中采用的架构。本书将一个由分类标记 $P_{cls}\in Q^{C\times1}$ 命名的额外标记添加到渐进采样模块中最后一次迭代的输出

标记 P_N 上，并将其输入到视觉转换器模块中。具体公式为

$$P_{cls} \in VTM([P_{cls}, P_N]) \tag{6-10}$$

式中，VTM 为视觉变换器模块函数，它是变换器编码器层的堆栈，$P \in Q^{C \times (n \times n+1)}$ 是输出。由于位置信息已经在渐进采样模块中融合到 P_N 中，此处不需要添加位置嵌入信息。综上所述，通过视觉变换器模块细化的分类标记最终用于预测图像类别。本书使用交叉熵损失来端到端地训练所提出的 MaskGTabNet 模型。

6.5 基于 PP-OCR 的单元格内容提取

在地质表格内容识别的过程中，不仅存在高密度长文本的单元格内容，而且存在大量地学专业词与字符，因此大大增加了表格文字内容识别任务的难度。本书通过引入 PP-OCR（Aizawa，2003）技术和自建地学词汇库解决表格内容识别问题。其中，OCR 是一种自动识别图像中文本的技术，广泛用于各类场景的字符识别任务。PP-OCR 作为一种超轻量级 OCR 系统能识别 6622 个汉字和 63 个字母数字符号，一方面使用可微分二值化（DB）作为文本检测器可以减少模型大小；另一方面使用 CRNN 作为文本识别器，可以提高了文字识别的精确度。再将地质表格图片输入 PP-OCR 模型后得到输出的文字内容可能包含一些噪声错误，如冗余空格、合并拆分、文字纠正等。因此，需要对地质表格文字内容进行格式化与纠正。

6.5.1 地学词汇库的构建

基于上述描述的问题，本章节构建了一个包含 13 000 个地质词汇和 507 个地质符号的识别库。通过从地质文献、地质数据库、地质词典中搜集地质学领域的专业术语、地点名称、矿物名称等建立词汇库。此外，在地质表格内容识别过程中引入地质识别库对已识别结果进行检查与纠正。在地学文本中，常存在多种方式表达相同概念的描述行为，通过地学词汇库可识别并替换文本中的同义词，以统一表达方式，从而提高表格内容的可理解性与一致性。将每个单元格跨行列信息计算出来以后，通过 PP-OCR 模型对每个单元格内的文字进行提取，结合所构建的地学词汇库，在进行内容识别后，将识别结果与所构建的识别库进行对比、校正，由此将内容识别率提升至 98% 以上，最后将内容识别结果写入输出文件。最终，每个表格的 JSON 输出最终包含所预测的每个单元格的编号、边框坐标、内容、起始行列信息。

6.5.2 表格间数据融合

在对地质表格数据的标注过程中不难发现，同一篇地质报告中的不同表格存在相同的实体对象，表格信息可能是对同一实体的不同属性的描述，但若两个表格中存在对同一实体相同属性的描述，则会出现数据重合冗余现象，此时需要进行数据融合处理，即合并实体属性。

如图 6-10 所示，在同一地质报告中存在不同表格中包含了相同的实体属性。上方表格中"样号"（实体）有"P313""P310b""P38d""P327""P331"等属性与下方表格中"样号"（实体）的"P313"~"P331"属性重叠，通过匹配特定范围内的实体属性进行融合操作。

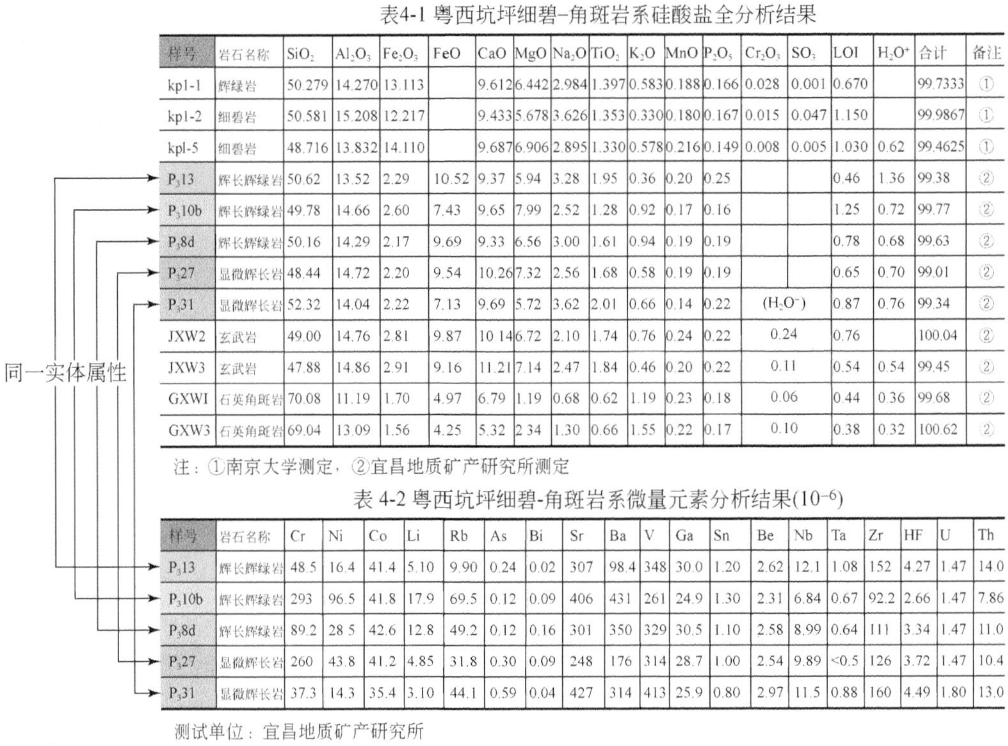

表4-1 粤西坑坪细碧-角斑岩系硅酸盐全分析结果

样号	岩石名称	SiO₂	Al₂O₃	Fe₂O₃	FeO	CaO	MgO	Na₂O	TiO₂	K₂O	MnO	P₂O₅	Cr₂O₃	SO₃	LOI	H₂O⁺	合计	备注
kp1-1	辉绿岩	50.279	14.270	13.113		9.612	6.442	2.984	1.397	0.583	0.188	0.166	0.028	0.001	0.670		99.7333	①
kp1-2	细碧岩	50.581	15.208	12.217		9.433	5.678	3.626	1.353	0.330	0.180	0.167	0.015	0.047	1.150		99.9867	①
kpl-5	细碧岩	48.716	13.832	14.110		9.687	6.906	2.895	1.330	0.578	0.216	0.149	0.008	0.005	1.030	0.62	99.4625	①
P₃13	辉长辉绿岩	50.62	13.52	2.29	10.52	9.37	5.94	3.28	1.95	0.36	0.20	0.25			0.46	1.36	99.38	②
P₃10b	辉长辉绿岩	49.78	14.66	2.60	7.43	9.65	7.99	2.52	1.28	0.92	0.17	0.16			1.25	0.72	99.77	②
P₃8d	辉长辉绿岩	50.16	14.29	2.17	9.69	9.33	6.56	3.00	1.61	0.94	0.19	0.19			0.78	0.68	99.63	②
P₃27	显微辉长岩	48.44	14.72	2.20	9.54	10.26	7.32	2.56	1.68	0.58	0.19	0.19			0.65	0.70	99.01	②
P₃31	显微辉长岩	52.32	14.04	2.22	7.13	9.69	5.72	3.62	2.01	0.66	0.14	0.22		(H₂O⁻)	0.87	0.76	99.34	②
JXW2	玄武岩	49.00	14.76	2.81	9.87	10.14	6.72	2.10	1.74	0.76	0.24	0.24			0.24	0.76	100.04	②
JXW3	玄武岩	47.88	14.86	2.91	9.16	11.21	7.14	2.47	1.84	0.64	0.20	0.21			0.11	0.54	0.54	99.45	②
GXWI	石英角斑岩	70.08	11.19	1.70	4.97	6.79	1.19	0.68	0.62	1.19	0.23	0.18			0.06	0.44	0.36	99.68	②
GXW3	石英角斑岩	69.04	13.09	1.56	4.25	5.32	2.34	1.30	0.66	1.55	0.22	0.17			0.10	0.38	0.32	100.62	②

同一实体属性

注：①南京大学测定，②宜昌地质矿产研究所测定

表4-2 粤西坑坪细碧-角斑岩系微量元素分析结果(10⁻⁶)

样号	岩石名称	Cr	Ni	Co	Li	Rb	As	Bi	Sr	Ba	V	Ga	Sn	Be	Nb	Ta	Zr	HF	U	Th
P₃13	辉长辉绿岩	48.5	16.4	41.4	5.10	9.90	0.24	0.02	307	98.4	348	30.0	1.20	2.62	12.1	1.08	152	4.27	1.47	14.0
P₃10b	辉长辉绿岩	293	96.5	41.8	17.9	69.5	0.12	0.09	406	431	261	24.9	1.30	2.31	6.84	0.67	92.2	2.66	1.47	7.86
P₃8d	辉长辉绿岩	89.2	28.5	42.6	12.8	49.2	0.12	0.16	301	350	329	30.5	1.10	2.58	8.99	0.64	111	3.34	1.47	11.0
P₃27	显微辉长岩	260	43.8	41.2	4.85	31.8	0.30	0.09	248	176	314	28.7	1.00	2.54	9.89	<0.5	126	3.72	1.47	10.4
P₃31	显微辉长岩	37.3	14.3	35.4	3.10	44.1	0.59	0.04	427	314	413	25.9	0.80	2.97	11.5	0.88	160	4.49	1.80	13.0

测试单位：宜昌地质矿产研究所

图6-10 不同表格中同一实体属性示意图

在进行单元格内容提取时，使用 PP-OCR 技术对文字内容进行识别的同时引进地学词汇库对识别结果进行校正，将每个单元格内容识别结果保存在表格所属 JSON 文件的 content 字段中。最后，在完成所有表格内容识别后，通过实体对齐与匹配的方法对表格间数据进行融合，合并重复的实体属性，更新 content 字段。

6.6 基于 GeoTab 算法的地质表格结构解析

表格结构解析任务的关键在于完成表格中单元格的所属行列判断，由此确定不同单元格间内容关系，以图 6-11 中表格为例，标注为黄色的单元格（内容为"矿体号"）起始于第一行结束于第三行，可确定其包含了同属于以第一列结束的单元格（内容为"Ⅰ""Ⅱ"），由此可解析出矿体号分为Ⅰ和Ⅱ。实现过程即通过 6.4 小节中的方法完成单元格识别后，输出所识别到的每个单元格左上角坐标 (x_1, y_1) 和右下角坐标 (x_2, y_2) 来判断单元格所处行列位置。本节将讲述以 2.4 节获得的单元格位置信息作为输入，由使用 GeoTab 算法计算单元格起始行（SC）、结束行（EC）、起始列（SR）、结束列（ER）的信息。单元格所属行列判断结果示意图如图 6-11 所示。

SC=1,EC=1 起始于第1行，结束于第1行
SR=2,ER=14 起始于第2列，结束于第14列

SC=1, EC=3
SR=1, ER=1

矿体号	各类型矿石在矿体矿石总厚中所占厚度百分比													
	磁 铁 矿 石 类											磁铁-赤铁矿石		其他
	块状	粉状	浸染状	粉状贫矿	条带状	斑块状	合角砾	矽卡岩-磁铁矿石	大理岩-磁铁矿石	菱铁-磁铁矿石	小计	氧化型	热液型	
I	34.68	17.32	29.08	3.00	1.19	0.83	0.16	9.16	0.97	2.26	98.65	0.80	0.21	0.34
II	18.40	18.85	31.40	10.68		0.40	1.58	11.31	0.60	5.87	99.09	0.81		0.10

图 6-11 单元格所属行列示意图

当识别到含分割线表头单元格时，以图 6-12 中表格为例，黄色部分中表头单元格 cell_1（内容为"验证分析"）与单元格 cell_2（内容为"内验"）、cell_3（内容为"外验"）同属于第一行，其中 cell_1 为第一列起始列与 cell_2、cell_3 为包含关系，表示为 cell_2 cell_1 且 cell_3 cell_1，单元格内容关系为"验证分析"包含"内验"和"外验"。

在识别含斜线分割表头单元格识别中，本书利用 OpenCV 将原始单元格的图像提取饱和度，将图像转为二值图，同时识别单元格中线段端点坐标 (x_0, y_0)，(x_k, y_k) 如图 6-12（a）所示，当线段端点落在矩形单元格的长上时，关注 y_k 所属的行坐标区间，当

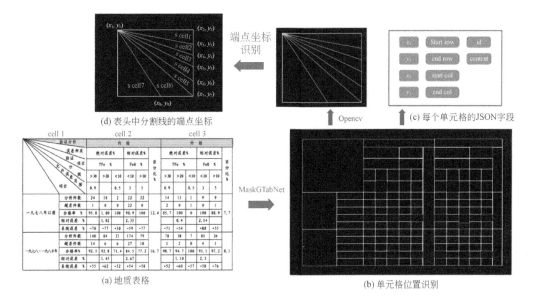

图 6-12 对含分割线单元格的处理过程

线段端点落在矩形单元格的宽上时，关注 x_k 所属的行坐标区间，判断得到单元格 s_cell$_k$，为后续单元格位置解析提供基础。

在表格结构解析时由于 Mask R-CNN 模型的特殊性，识别到的同行（列）表格单元格位置坐标不完全相等，本书设计了一套融合误差容错机制的表格结构解析算法 GeoTab，这里本书将每个单元格看作一个拥有长宽的矩形，通过调试计算设置所有单元格中长边最短的三分之一为横坐标容错阈值 k_x，同理设置所有单元格中宽边最短的三分之一为纵坐标容错阈值 k_y，具体设置方法如式（2.11）所示。

根据表格固有的行列关系，对于单元格左上角坐标（x_1，y_1），同列单元格 x_1 坐标相等，同行单元格 y_1 坐标相等。在得到每个单元格左上角坐标（x_1，y_1）和右下角坐标（x_2，y_2）以后，将表格中所有单元格的左上角的横坐标 x_1 进行排序，通过设置横坐标容错阈值 k_x 来判断各单元格是否属于同一列，同时将所有单元格的纵坐标进行排序，通过设置纵坐标容错阈值 k_y 来判断各单元格是否属于同一行。最后，根据每个单元格 x_1 到 x_2 距离范围确定每个单元格的起点和终点列，根据每个单元格 y_1 到 y_2 距离范围确定每个单元格的起点和终点行，由此解决合并单元格位置问题。分割线段坐标示意图，如图 6-13 所示。

$$
\begin{aligned}
k_x &= \frac{\min(x_2 - x_1)}{3} \\
k_y &= \frac{\min(y_2 - y_1)}{3}
\end{aligned}
\tag{6-11}
$$

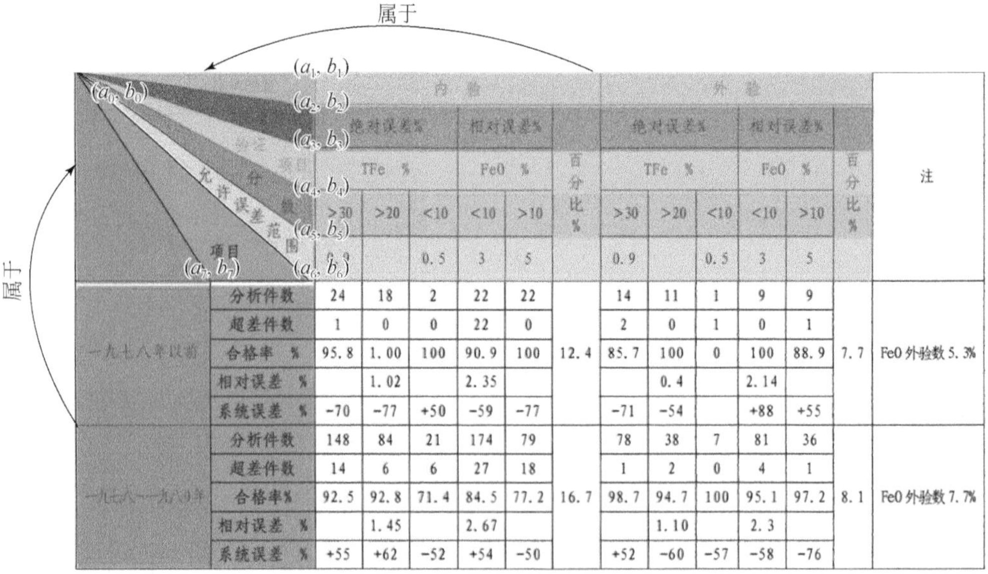

分类	项目	内检 绝对误差% TFe % >30	>20	<10	相对误差% FeO % <10	>10	百分比%	外检 绝对误差% TFe % >30	>20	<10	相对误差% FeO % <10	>10	百分比%	注
允许误差范围		0.9		0.5	3	5		0.9		0.5	3	5		
一九七八年以前	分析件数	24	18	2	22	22	12.4	14	11	1	9	9	7.7	FeO 外验数 5.3%
	超差件数	1	0	0	22	0		2	0	1	0	1		
	合格率 %	95.8	1.00	100	90.9	100		85.7	100	0	100	88.9		
	相对误差 %		1.02		2.35				0.4		2.14			
	系统误差 %	-70	-77	+50	-59	-77		-71	-54		+88	+55		
一九七八—一九八0年	分析件数	148	84	21	174	79	16.7	78	38	7	81	36	8.1	FeO 外验数 7.7%
	超差件数	14	6	6	27	18		1	2	0	4	1		
	合格率%	92.5	92.8	71.4	84.5	77.2		98.7	94.7	100	95.1	97.2		
	相对误差 %		1.45		2.67				1.10		2.3			
	系统误差 %	+55	+62	-52	+54	-50		+52	-60	-57	-58	-76		

图 6-13　分割线段坐标示意图

经过容错阈值校正后的坐标信息，以及表格特有的行列垂直关系，通过对所识别到的单元格坐标关系的计算得到每个单元格所跨行（start_row，end_row）列（start_col，end_col）情况信息。在含分割线的单元格中，通过 Opencv 定位分割线段的端点坐标，当单元格（a_x，b_y）属于第 m 行 n 列时，坐标关系应满足下式。

$$\text{start\_row/col} = m = \begin{cases} a_m - k_x < a_x < a_m + k_x \\ b_n - k_y < b_y < b_n + k_y \end{cases}$$

$$\text{end\_row/col} = m = \begin{cases} a_{m+1} - k_x < a_{x+1} < a_{m+1} + k_x \\ b_{n+1} - k_y < b_{y+1} < b_{n+1} + k_y \end{cases} \tag{6-12}$$

最后，本书将创建 JSON 格式文件，将每个单元格编号（ID）、坐标 $[(x_1, y_1)$、$(x_2, y_2)]$、行列信息 $[(\text{start\_row}, \text{end\_row})$、$(\text{start\_col}, \text{start\_col})]$ 作为字段写入其中。将识别到的单元格编号信息写入 id 字段，左上角和右下角坐标分别写入 x_1、y_1、x_2、y_2 字段，单元格信息写入 content 字段；计算出的单元格所属行列信息分别写入 start_row、end_row、start_col、start_col 字段。最终，每个表格的 JSON 输出最终包含所预测的每个单元格的编号、边框坐标、内容、起始行列信息，通过单元格行列位置信息判断单元格间关系，从而形成三元组，为构建加强型地质知识图谱做铺垫。

参 考 文 献

Aizawa A, 2003. An information-theoretic perspective of tf-idf measures. Information Processing & Management, 39 (1): 45-65.

Cao J X, Chen Q, Guo J, et al, 2020. Attention guided context feature pyramid network for object detection. arXiv, 2005: 11475.

Chi Z W, Huang H Y, Xu H D, et al, 2019. Complicated table structure recognition. arXiv, 1908: 04729.

Du Y, Li C, Guo R, et al, 2020. Pp-ocr: A practical ultra lightweight ocr system. arXiv Preprint arXiv, 2009: 09941.

Fang J, Tao X, Tang Z, et al, 2012. Dataset, ground-truth and performance metrics for table detection evaluation//2012 10th IAPR International Workshop on Document Analysis Systems. Gold Coast.

Gao L C, Yi X H, Jiang Z R, et al, 2017. ICDAR2017 competition on page object detection//2017 14th IAPR International Conference on Document Analysis and Recognition. Kyoto.

Gao L C, Huang Y L, Déjean H, et al, 2019. ICDAR 2019 competition on table detection and recognition (cT-DaR) //2019 International Conference on Document Analysis and Recognition. Sydney.

Göbel M, Hassan T, Oro E, et al, 2013. ICDAR 2013 table competition//2013 12th International Conference on Document Analysis and Recognition. Washington D. C.

Li M, Cui L, Huang S, et al, 2020. TableBank: table bench mark for image-based table detection and recognition//12th Language Resources and Evaluation Conference. Palais du Pharo.

Long R J, Wang W, Xue N, et al, 2021. Parsing table structures in the wild//2021 IEEE/CVF International Conference on Computer Vision. Montreal.

Nassar A, Livathinos N, Lysak M, et al, 2022. Table Former: table structure understanding with transformers//2022 IEEE/CVF Conference on Computer Vision and Pattern Recognition. New Orleans.

Wang B, Wu L, Xie Z, et al, 2022. Understanding geological reports based on knowledge graphs using a deep learning approach. Computers & Geosciences, 168: 105229

Yue X Y, Sun S Y, Kuang Z H, et al, 2021. Vision transformer with progressive sampling//The IEEE/CVF International Conference on Computer Vision. Montreal.

Zhong X, Shafieibavani E, Yepes A J, 2019. Image-based table recognition: data, model, and evaluation//16th European Conference on Computer Vision. Glasgow.

第7章 多模态地质信息融合、关联及知识图谱构建

7.1 引言

知识融合是将不同来源之间的知识在同一框架下进行对齐与融合，使得领域知识图谱的数据规模和质量均得到提升。在对不同来源的地质数据进行知识抽取之后，构建环节所得到的知识存在质量参差不齐、实体关系冗余等问题，因此需要地质知识融合技术进一步整合这些多源知识。

地质三元组的数据来源多样，存在地质实体名称不规范不统一的现象，导致一个实体有多种名称表示，需要进行实体对齐等知识融合操作，判断两个及以上信息来源的地质实体是否指向真实世界中同一对象，对不同表述和不同来源的同一对象进行合并，剔除冗余、修正错误，以提升质量。例如，"滑坡/地滑/走山"表示同一个实体，有必要将他们指向同一实体，否则会造成数据冗余的现象。因此，在滑坡知识图谱构建过程中，实体对齐显得十分关键。通过实体对齐，可以将含义相同的实体融合，使得实体和关系定义得更加完整和准确。在知识图谱的构建过程中，可通过人机结合的方法实现实体对齐，进而构建高质量的地质知识图谱。

针对地质知识图谱对齐融合技术，相关学者也进行了一系列的研究。邱芹军等（2023a）基于灾害链角度对地质灾害间复杂形成机理及成链规律进行分析，在已有地质灾害知识的基础上，基于自顶向下的方法建立了地质灾害本体，并结合自底向上方法构建了数据层，最终通过知识融合，构建了地质灾害知识图谱；刘文聪（2022）构建了顾及时空与机理的滑坡知识表示模型，运用知识抽取、知识融合、知识存储等技术，处理了结构化遥感影像解译关系数据库、半结构化网站灾情数据、非结构化滑坡机理数据，构建了滑坡知识图谱；叶育鑫等（2024）通过对矿产预测的理论和方法进行解析，构建了初始化领域本体，然后选择成熟的地质时间本体和地理空间本体对初始本体进行了本体融合和扩展，通过嵌入时空语义有效地表达了地矿产资源的时空特征。

在融合多源的知识后，一些未发现的知识联系并不能在知识图谱中进行表示，因此为进一步丰富和扩充知识图谱，需要对知识进行加工。知识加工环节包括知识推理、知识补全和质量评估，即利用知识推理技术在已经存在的实体和关系中进行推理，从而发现新的实体关系，并对知识图谱进行补全，最后对知识图谱的构建质量进行综合评估。

知识图谱融合是将不同数据源或知识图谱中的信息整合和结合的过程，旨在提高信息的连贯性、完整性和可用性。通过融合不同来源的知识图谱，可以消除信息孤岛，促进跨领域、跨源数据的共享和交流。这种综合性的融合可以帮助构建更加全面和精准的知识图

谱，为各种应用场景提供更丰富的数据支持，促进人工智能、数据挖掘和决策支持等领域的发展和应用。

7.2 知识表达框架的地质图及上下文的地质知识图谱构建

7.2.1 地质图知识与地质知识图谱

近年来，在地质知识表达方面，知识图谱拥有强大的信息整合和知识表达能力，是知识组织与关联的一种重要技术（Wang et al.，2022；陆锋等，2023；邱芹军等，2023b；王益鹏等，2023；张雪英等，2023）。目前，已有不少学者针对海量、繁杂的地质知识提出地质知识图谱（geological knowledge graph）的构建过程，并在理论、技术和应用方面都有着显著的成效，代表性的成果有 GeoSciML（Sen and Duffy，2005），SWEET ontology（Raskin and Pan，2005），GeoCore ontology（Garcia et al.，2020），深时知识图谱（deep time knowledge graph）（Ma et al.，2020）等。上述成果对于地质知识的抽取与表达具有重要指导意义，但现有的知识表达研究主要以文本中地质实体及关系表达为主，关于地质图中的实体及关系研究较少；现有关系的表达侧重于地质本文中一定相互作用或物理、逻辑关联的地质实体，关于地质图件中隐含的地质语义关系研究较少，因此在地质领域适用性较低。另外，已有部分学者实现了地图知识的抽取和语义建模（张雪英等，2020；刘万增等，2021；周成虎等，2021；任福等，2022；刘志豪等，2023；陆锋等，2023；邱芹军等，2023b；谢雪景等，2023），但在考虑地质图知识表示与抽取问题并未成体系，也未充分挖掘地质图中蕴含的地质知识。因此，对地图知识进行建模与表示是智能化时代地图制图以及为机器智能提供地图服务的关键问题。

针对上述问题，本书通过分析地质图基本管理对象及数据特点，在知识表达框架指导下，针对多源地质数据，提出了顾及地质图上下文的地质知识图谱构建方法，技术路线图如图 7-1 所示。

1. 地质图知识定义与分类

地质图是区域地质调查工作成果的重要载体和表现形式（Ma，2022）。地质图是指用一定的符号、颜色和花纹将某一地区各种地质体和地质现象（如各种地层、岩体、构造、化石、矿床形态等的产状、分布、形成时代及相互关系）按一定比例尺综合概括地投影到地形底图上的一种图件（Mantovani et al.，2020；Guo et al.，2021）。地质图知识建模有利于将地质实体对象关系进行显式表示，从而探究人类借助地质图来感知、认知现实世界的过程。

地质图一般附有综合地层柱状图、剖面图等，可以反映地质构造的立体概念和发展过程。在地图学的分类中，地质图属于专题地图，它能够比文字更清晰、更直接地表示出各种地质体之间的相互关系，清晰地反映区域地质基本特征的时空分布规律。地质图具有典

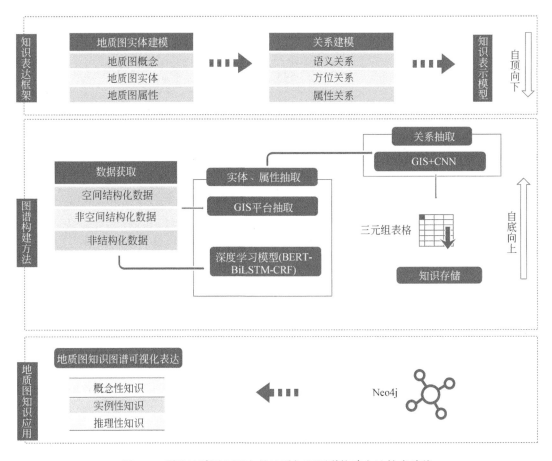

图7-1 顾及地质图上下文的地质知识图谱构建方法技术路线

型的数学法则、符号系统和综合法则三个基本特征。

依据地质图知识的载体不同，可将地质图知识分为以下四种：①专业学科中的地图知识。主要包括理论地图学、地图制图学和应用地图学等学科体系中的专业型知识，如概念、投影规则和视觉变量等。②地质图制图中产生的知识，如地质图投影变换、地质图制图综合和地图认识等。③源于地质图本身的知识。例如，地质中的实体对象及其关系、实体对象属性以及专题地质图中的专题要素等。④专家经验中蕴含的知识。地学家或制图专家在长期学图、制图的过程中积累的丰富经验知识，如识图用图、符号设计、版式设计和制图综合知识等。

2. 地质知识图谱定义

地学知识图谱是指将地学知识以三元组形式表示的标准语义网（Ma，2022）。其中，地学知识被抽象为实体、属性与关系的集合（张洪岩等，2020）。实体包括概念、术语，属性为其实体的描述性内容，关系为实体间的语义关系。在单个三元组中，各地学实体以节点的形式存储，概念间的关系以边相连，大量三元组根据关系连接形成知识网络，可表示为式（7-1）（齐浩等，2020）。

$$GKG = (V, E, T) \qquad (7\text{-}1)$$

式中，V 为节点集合；E 为边集合；$T \subseteq V \times E \times V$ 为节点和边组成的三元组集合。从层次上看，地学知识图谱可分为本体层和数据层。本体层是对地学概念的规范定义与形式化表达，是地学知识图谱的规则框架；数据层是在本体层约束下的大量实例数据。知识图谱通过本体层定义结构，依靠数据层中的海量数据进行应用，实现对地学知识的形式化表达。

7.2.2　领域知识指导的面向多源地质数据的关联模型构建

引入知识图谱构建思路，使用结构化、关联化的知识图谱模型网络表示地质图件及附属资源关系信息，可有效支撑地质领域知识检索、知识问答及决策推理等智能服务。本节以多源数据的地质图知识模型表达框架为基础，面向概念、属性及空间等多维语义关系，提出了多源数据的地质图实体及关系抽取方法流程：①面向多源地质数据的地质图地质要素实体信息及关系抽取；②基于 Neo4j 的地质要素实体信息存储。

1. 地质图实体识别及关系抽取

在地质学领域研究中，多源数据驱动的地质图实体模型构建方法的主要任务是通过分析地质图件及其相关的资源资料识别出那些与目标地质特征相匹配的地质要素实体。这不仅包括了对实体的类别、属性、空间分布等基本信息的识别和提取，还涉及挖掘不同地质实体之间的相互关系。为了更好地组织这些数据，并构建一个有效的参考体系，实验需要参考一系列的标准规范，如《区域地质图图例》（GB/T 958—2015）和《数字化地质图图层及属性文件格式》（DZ/T 0197—1997）等。这些规范为地质图件及其附属资源中地质要素实体的识别和实体间关系的抽取提供了方法上的指导。本章节基于这些标准和规范，展示了地质要素实体及其关系抽取的流程，具体流程见图 7-2。基于抽取流程，不仅能够系统地识别出地质图中的相关地质实体，还能够深入分析这些实体之间的复杂关系，从而为地质学的研究和实践提供更加丰富和精确的信息。

（1）矢量数据库实体抽取与关系构建：包括地质图件矢量数据库的清洗和空间信息关系的建立，这一步骤基于现有的 GIS 平台（如 MapGIS）。首先，需要根据地质图件矢量数据库清洗冗余及缺项数据。然后，通过 GIS 平台的空间分析功能建立地质要素实体间的属性关系及空间关系。

（2）附属文本地质实体及关系匹配：这一步包括附属文本同地质图件矢量数据集的实体及关系对齐等步骤。通过分析矢量数据集地质实体同文本数据中的关联性，针对实体匹配，通过使用自然语言处理技术来提取附属文本的实体和关系，再利用命名实体识别（NER）技术从附属文本中识别地质实体（BERT-BiLSTM-CRF 模型），最后采用字符串匹配、模糊匹配或基于本体匹配技术，将附属文本的实体映射至地质矢量数据库中的地质实体。针对关系匹配，通过分析文本中描述的关系，将它们与数据库中的关系模型进行匹配，最后验证匹配结果的准确性，并根据需要进行调整，迭代优化实体对齐与关系匹配的过程，直到达到满意的精度。

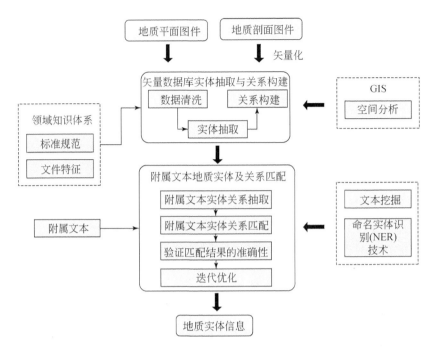

图7-2　地质图及附属资源地质要素实体识别及关系抽取流程

2. 基于附属文本的实体以及关系补全

在进行上下文文本信息与地质图件实体与关系之间的地质实体及其关系匹配的过程中，主要步骤分为三类。

（1）识别实体与关系：从非结构化信息中识别实体以及关系是知识抽取的难点，一般通过中文分词、实体及关系抽取、属性抽取、关键词匹配等文本处理方法抽取目标实体、关系及属性。基于规则和词典的方法，需要先验知识来设定规则，无法建立完备的语料库和规则库，识别效果不佳。基于半监督识别方法则需要大量领域知识作为研究支撑，对于研究者的要求较高。基于深度学习模型的金矿信息抽取方法可以有效地提上上下文文本特征，能够取得较好的精确率（P）和召回率（R）。本章节在地质知识体系的引导下，以现有的语言表达模型BERT（bidirectional encoder representations from transformers）、双向长短期记忆（bidirectional long short-term memory，BiLSTM）模型和条件随机场（conditional random field，CRF）模型进行聚合，设计了深度学习模型BERT-BiLSTM-CRF进行地质实体与属性信息的抽取。总体上，地质图描述的文本信息中地质实体及属性表述规范，其地质实体及属性效果都不错。BERT-BiLSTM-CRF模型（图7-3）抽取效果与主流深度学习模型相比，实体和属性信息抽取的精确率与$F1$度量值均得到了提升（表7-1和表7-2），较好的召回率验证了地质知识体系和语料库构建的有效性与可行性。

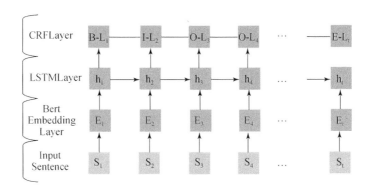

图 7-3 BERT-BiLSTM-CRF 模型

表 7-1 地质实体与属性信息抽取结果 单位:%

模型	实体			属性			总体均值
	P	R	$F1$	P	R	$F1$	
CRF	83.11	76.55	79.70	86.22	85.27	85.74	82.76
BiLSTM-CRF	89.26	86.19	77.89	88.07	89.19	88.63	86.54
BERT-BiLSTM-CRF	91.66	90.08	86.94	92.71	92.07	92.39	90.97

表 7-2 地质语义关系抽取结果 单位:%

模型	实体关系			属性关系			总体均值
	P	R	$F1$	P	R	$F1$	
CRF	82.67	83.16	82.91	87.63	86.54	87.08	85.00
CNN	87.06	86.19	86.62	88.19	90.03	89.10	87.87
BiLSTM-CRF	90.08	90.01	90.04	90.07	90.02	90.04	90.04
BERT-BiLSTM-CRF	92.28	91.17	91.72	93.77	92.09	92.92	92.33

（2）知识融合与存储：本书的数据源涉及结构化空间数据、非空间数据及文本数据，中文表述的多样性给知识抽取过程带来了挑战。由于同一内容可能有多种描述方式，导致了在抽取阶段获取到的实体、属性和关系存在孤立的情况，需要进行数据融合操作以消除冗余。采用基于词向量的语义相似度计算方法，可以对识别到的实体名称进行处理。首先，对实体名称进行中文分词，并计算每个词的词频。其次，构建实体名称的词袋向量，将实体名称从语义空间映射到向量空间。最后，计算向量之间夹角的余弦值，余弦值越大表示语义相似度较高。为进行数据融合操作，设定一个语义相似度阈值。将语义相似度计算结果小于设定阈值的实体名称进行融合对齐。具体而言，在相似度计算结果中找出相似度较高的实体名称集合，然后选择该集合中字符最长的实体名称作为融合之后的结果。通过知识融合，不同结构的源数据可以转化为结构化的知识三元组数据。

（3）验证与迭代优化：最后的步骤需要对匹配结果进行验证，确保所有的实体和关系都已正确对齐。在验证过程中，如果发现有不准确的匹配，需要进行适当的调整，过程可能需要多次迭代，在迭代中优化实体对齐和关系匹配的方法，确保地质数据的准确性和实用性，为地质研究提供坚实的数据支持。

3. 地质图知识存储及可视化

Neo4j 是一款高度专业化的图数据库系统，旨在为存储和管理图形数据结构提供一个专业的平台，能够将数据以图的形态进行存储，并且它们配备了一系列高性能的查询和分析工具，这些工具可以对图形数据进行深入的查询和分析。在进行实体识别，关系抽取以及知识补全后，本章节提出了一个基于 Neo4j 的地质图实体信息存储方案。该方案详细阐述了如何将抽取出的地质图实体、它们的属性以及它们之间的关系，根据知识的概念、逻辑以及物理表达模型进行有效地存储（图7-4）。存储方案主要分为三层，第一层一级节点表达地质图图件定义/概念；第二层二级节点表达地质知识、规则知识、决策知识；第三层将推理得到的节点间新关系作为补充决策知识加入图谱之中，具体信息如下。

（1）第一层节点：地质图的图件定义或概念被认为是最顶层的节点。这些顶层节点使用键值对的方式来存储关于它们的语义描述信息，从而为数据的语义层次提供了基础。

（2）第二层节点：地质知识、地质图的规则知识以及地质图的决策知识，这些都被视为第二级节点。这些第二级节点都直接与顶层节点相连，而且它们内部的数据也是按照从属于更高层次的节点的方式进行存储。

（3）第三层补充节点：实验考虑了通过图谱推理得出的节点间新的关系。这些新的关系作为补充的决策知识，被纳入整个图谱中，从而增强了图谱的知识结构和决策能力。这个多层次的存储方案不仅优化了数据的组织方式，还提高了检索效率，同时为地质图数据的分析和应用提供了坚实的基础。

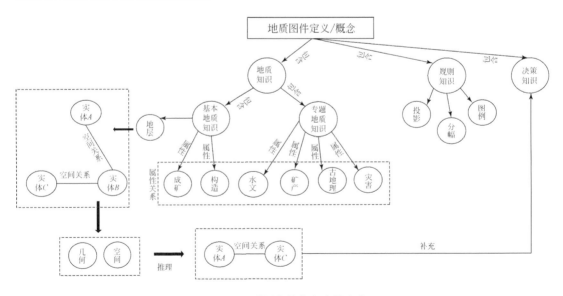

图 7-4 地质图实体信息存储方案

7.2.3 面向多源地质数据的信息抽取与可视化表达案例

本节将以剖面地质图件以及平面地质图件为基础数据源，附属调查报告为知识补全文本数据，基于多源数据驱动的地质图知识表达模型以及多源数据地质图知识模型对实体关系进行抽取，最终通过 Neo4j 进行知识图谱构建。

1. 剖面地质图件数据来源

本书采用的剖面地质图件为大开–当江蛇绿岩混杂亚区构造图（图7-5）。该构造带的主要构造类型为基性陆（残）块、龙人混合砂岩（基质）、党江戎火山岩及五彩蛇绿岩、二叠系奥巴达动凝灰岩、晚三叠世花岗岩和晚侏罗世花岗岩。该地质剖面图件的附属文本信息如图7-6所示。

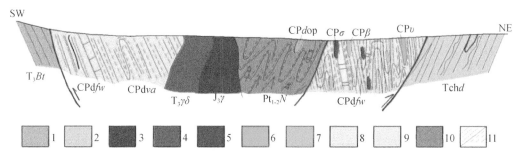

1.Late Triassic Batang Group; 2.Cha Group ophiolitic mixed rocks; 3.Jurassic granites; 4.Late Triassic arc granites; 5.Ultramafic rocks; 6.Mylonitized gabbro; 7.Mylonitized metabasalt and green schist; 8.Mylonitized island arc volcanic rocks; 9.Miscellaneous sandstone clasts (matrix); 10.Nindo Group basement clasts; 11.Weakly deformed/strongly deformed belts

图 7-5 大开–当江蛇绿岩混合带结构

> 该构造单元位于勘查区北部五彩乡以北的茶冲一带，北以小坂田–荣格断裂为界，南以巴颜喀拉双向边缘前陆盆地为界，南以那日–查理–坎沙坎断裂为界，毗邻党江–五彩蛇绿岩亚带，区内呈北西—南东走向带。该区向西北—东南方向延伸。

图 7-6 大开–当江蛇绿岩混合带地质剖面图文本报告

2. 平面地质图件数据来源

平面地质图件数据来源于江西省于都县银坑幅 G50E011007 图幅 1∶50 000 矿产地质调查矢量数据。江西省于都县银坑幅矿区处于东西向南岭成矿带与北东向武夷山成矿带交接复合的部位，属雩山成矿带北部于都–宁都坳陷带内，是南岭成矿带东段的重要有色贵多金属矿集区之一（贺根文等，2019）。矿区图如图7-7所示。地质图件的附属文本信息如表7-3所示。

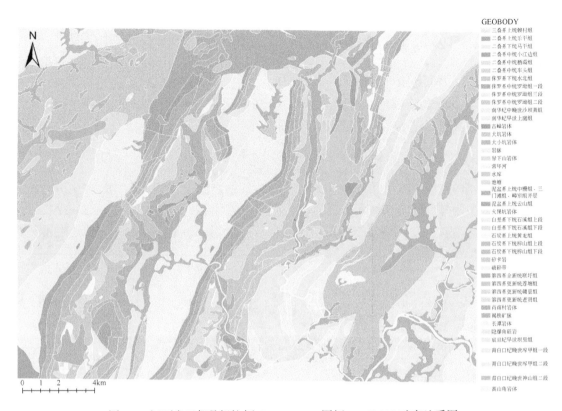

GEOBODY
- 三叠系上统赖村组
- 二叠系上统乐平组
- 二叠系下统马平组
- 二叠系中统小江边组
- 二叠系中统栖霞组
- 二叠系中统车头组
- 侏罗系中统水北组
- 侏罗系中统罗坳组一段
- 侏罗系中统罗坳组三段
- 侏罗系中统罗坳组二段
- 南华纪中晚世沙坝黄组
- 南华早世上施组
- 古嶂岩体
- 大坑岩体
- 大小坑岩体
- 岩脉
- 景下山岩体
- 常年河
- 水库
- 池塘
- 泥盆系上统中棚组·三门滩组·峰岩组并层
- 泥盆系上统云山组
- 火窝岩体
- 白垩系下统石溪组上段
- 白垩系下统石溪组下段
- 石炭系上统黄龙组
- 石炭系上统梓山组上段
- 石炭系上统梓山组下段
- 矽卡岩
- 破碎带
- 第四系全新统联圩组
- 第四系更新统厚埠组
- 第四系更新统赣县组
- 第四系更新统进贤组
- 肖南村岩体
- 褐铁矿脉
- 长潭岩体
- 隐爆角砾岩
- 宸旦纪早世坝里组
- 青白口纪晚世库甲组一段
- 青白口纪晚世库甲组二段
- 青白口纪晚世神山组二段
- 高山角岩体

图7-7　江西省于都县银坑幅 G50E011007 图幅 1：50 000 矿产地质图

表7-3　矿产信息卡片（部分）

内容	描述
名称	江西省于都县银坑镇牛形坝金银多金属矿
交通位置	矿区处于都县城北东45°方向直距约40km处，行政区划属于都县银坑镇和葛坳乡管辖
中心经、纬度坐标	东经115°39′08″，北纬26°11′53″
矿种	Ag、Pb、Zn
共（伴）生矿	Au、Cu
查明资源储量或预测资源量	保有金属量 Ag 763.3t，Au 15.8t，Pb 19.9万t，Zn 37万t
矿床成因类型	破碎带蚀变岩型
成矿时代	燕山早期（152～160Ma）
矿区地质情况	矿区处于东西向南岭成矿带与北北东向武夷山成矿带交接复合的部位。破碎蚀变岩型矿体赋存于库里组（Pt3k）及南华系上施组（Nh2-3s）中；前者为主要赋矿围岩，岩性以含凝灰质为特征中细-粉屑变沉凝灰岩为主；后者为次要赋矿围岩，岩性主要为变质粉砂岩、变质细砂岩、板岩。F1 逆冲推覆断裂为主控岩控矿构造，东西向次级裂隙为主要含矿构造，成矿岩浆岩为矿区广泛分布的燕山早期花岗闪长斑岩脉

续表

内容	描述
矿体特征	以破碎带蚀变岩型矿体为主，柳木坑、牛形坝区段共圈定原生硫化矿体 49 条，走向近东西，牛形坝区段矿体走向平均延长为 1808m，平均延深为 553m。主矿体 V11、V7、V6、V34、V31 真厚度为 0.91~1.60m，平均为 1.32m。矿体 Au、Ag、Pb、Zn、Cu 五种元素同体共生，主矿体圈定的矿块主产元素组合主要有 Ag（Pb-Zn）及 Zn（Pb）两类，Au 矿块规模小。除常见的方铅矿、闪锌矿、黄铁矿、黄铜矿等矿石矿物外，含银矿物主要为辉银矿-螺状硫银矿、银黝铜矿、含银铋方铅矿等，金矿物以银金矿为主，少数为自然金。矿石结构有结晶结构、交代结构、固溶体分离结构和受压结构等。矿石构造有团块状、细脉浸染状、网脉状、致密块状等
找矿标志	（1）地表氧化矿表现为褐铁矿化硅化破碎带。（2）围岩普遍具有硅化、绿泥石化等蚀变。（3）古采迹、古炼渣等民采痕迹
地质勘查程度	详查
主要勘查技术方法及完成工作量	矿区已于 2016 年完成详查工作，利用钻探、坑探及槽探对柳木坑区段和牛形坝区段的 49 条矿体进行了工程控制，控制标高为 212~-488m
开采利用情况或开发利用前景	已开采，目前储量核实为大型银矿床、中型金矿床
资料来源	2016 年赣南队提交的《江西省于都县银坑矿区（整合）铅锌银矿资源储量核实报告》
是否为新发现	是（ ） 否（√）

3. 实体识别与关系抽取结果

实体节点主要分为基础地质要素节点、专题地质要素节点、定性属性节点以及定量属性节点四种类型。本书主要基于 ArcGIS PRO 进行实体抽取并利用上文提到的 BERT-BiLSTM-CRF 模型进行实验。其中，基于剖面地质图件的实体识别结果见表 7-4。基于平面地质图件矢量数据的实体识别结果见表 7-5。

表 7-4　剖面地质图件的实体识别结果（部分）

实体名称	实体标签	节点类型
新生代	Dai	定性属性节点
第四纪	Ji	定性属性节点
上更新世	Shi	定性属性节点
伊普雷西亚时代	Dai	定性属性节点

表 7-5　平面地质图件矢量数据的实体识别结果（部分）

实体名称	实体标签	节点类型
白垩系下统石溪组上段	Geobody	基础地质要素节点
中小型银矿	Guimo	专题地质要素节点
白垩系	Xi	定性属性节点
下统	Tong	定性属性节点

实体名称	实体标签	节点类型
281.9m	Depth	定量属性节点
34 497	Mianji	定量属性节点

此外，本书还进行了相应的关系抽取实验。基于剖面地质图件的关系识别结果如表 7-6 所示，基于地质图件矢量数据的实体关系结果见表 7-7。在上述表达模型的指导下，将关系抽取结果分类为属性关系、语义关系以及方位关系。

表 7-6　基于剖面地质图件的关系识别结果（部分）

关系名称	关系标签	关系类型
建造类型	Jianzao	属性关系
岩性类型	Yanxing	属性关系
所属统	Tong	语义关系
所属期	Qi	语义关系
左接	Left	方位关系
右接	Right	方位关系

表 7-7　基于地质图件矢量数据的关系识别结果（部分）

关系名称	关系标签	关系类型
建造类型	Jianzao	属性关系
岩性类型	Yanxing	属性关系
所属统	Tong	语义关系
所属期	Qi	语义关系
东北方向	EN	方位关系
西南方向	WS	方位关系

4. 实体与关系补全结果

分别以地质平面图中的地质信息卡片以及地质剖面图的上下文文本为数据，提取地名、地质结构以及岩石矿物等实体，然后通过 NER 进行匹配，实体与关系如表 7-8 所示，基于地质剖面图件文本报告补全的实体与关系如表 7-9 所示。

表 7-8　基于地质平面图件信息卡片补全实体与关系

NER 文本	关系文本	属性文本
新元古代或燕山早期	成矿时代	—
地表氧化矿表现为褐铁矿化硅化破碎带	找矿标志	—

NER 文本	关系文本	属性文本
矿体主要赋存于库里组（Pt3k）及南华系上施组（Nh2-3s）中	—	Pt3k Nh2-3s
单个矿包走向上长度一般在 10 ~ 25m 左右，平均厚度一般 0.8 ~ 1.0m，各矿包的间距 10 ~ 35m 不等	厚度	10 ~ 25m；0.8 ~ 1.0m 10 ~ 35m
半自形-他形粒状结构、压碎结构、交代残余、乳滴状结构	结构	—

表 7-9　基于地质剖面图件文本报告补全实体与关系

NER 文本	关系文本	属性文本
丹江-多彩、那丽-查理-康萨坎断裂带、长冲-郑茂冲断裂带	西北—东南朝向，北面，南面	—
基底陆（残）积物、龙伦杂色砂岩（基质）、当江荣火山岩和彩色蛇绿岩、二叠纪奥巴塔动态凝灰岩、晚三叠世花岗岩和晚侏罗世花岗岩	包含	—
变岗荣火山岩	—	$Na_2O+K_2O = 2.08 - 7.84$，$\delta = 0.22 - 3.07$，$K_2O/Na_2O = 0.28 - 16.79$，$\sum REE = 50.77 - 271.18 \times 10^{-6}$
闪长岩墙群	年龄值	345.90 ± 0.91Ma，345.80 ± 0.62Ma（Ar–Ar）
晚侏罗世中酸性侵入岩、晚三叠世中间酸性侵入岩	入侵	—
角闪石片岩	年龄值（U-Pb）	709 ± 66Ma

5. 地质图件可视化表达

表 7-10 显示了在实体以及实体关系抽取和补全后基于地质平面图构建的三元组表格，表 7-11 显示了在实体以及实体关系抽取和补全后基于地质剖面图构建的三元组表格，图 7-8 和图 7-9 显示了基于 Py2neo 连接 Neo4j 进行可视化表达的地质平面图件知识图谱，图 7-10 表达了基于地质剖面图件构建的知识图谱。

表 7-10　地质平面图件知识图谱三元组数据（部分）

实体 A	关系/属性	实体 B/属性值
白垩系下统石溪组上段	建造类型	火山碎屑沉积建造
白垩系下统石溪组上段	厚度	587.3mm
白垩系下统石溪组上段	岩性	流纹质晶屑—玻屑凝灰岩
白垩系下统石溪组上段	岩性	安山岩
白垩系下统石溪组上段	岩性	火山角砾岩
白垩系下统石溪组上段	底部岩性	紫红色砂砾岩
白垩系下统石溪组上段	底部岩性	砂岩

续表

实体 *A*	关系/属性	实体 *B*/属性值
白垩系下统石溪组上段	底部岩性	粉砂岩
白垩系下统石溪组上段	东北方向	侏罗系中统罗坳组二段
大坑岩体	矿化蚀变特征	W、BeNbTa、YCu、Pb
大坑岩体	成矿	上安子铜矿
上安子铜矿	规模	中小型银矿
上安子铜矿	矿种	Ag、W、Pb、Zn
上安子铜矿	开采利用情况	民采
上安子铜矿	前景	有价值
上安子铜矿	找矿标志	硅化、黄铁矿化

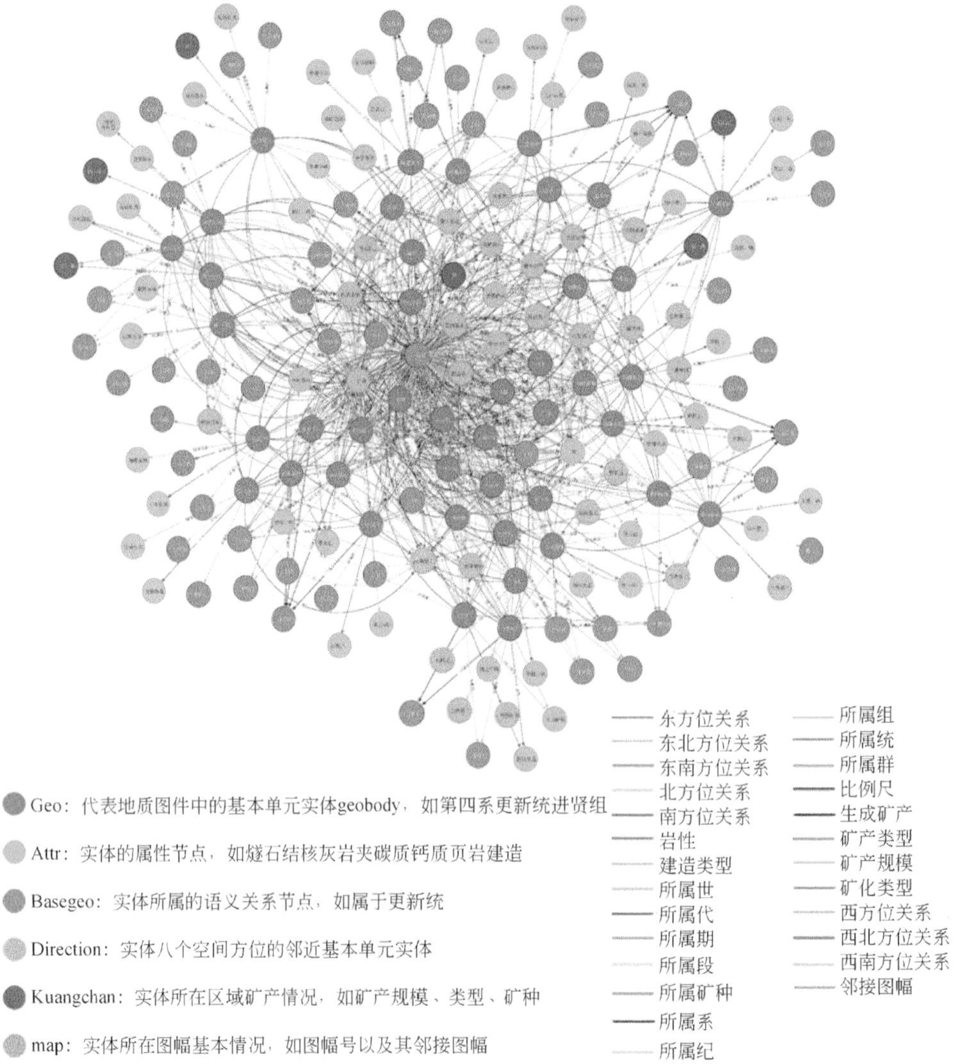
Geo：代表地质图件中的基本单元实体geobody，如第四系更新统进贤组
Attr：实体的属性节点，如燧石结核灰岩夹碳质钙质页岩建造
Basegeo：实体所属的语义关系节点，如属于更新统
Direction：实体八个空间方位的邻近基本单元实体
Kuangchan：实体所在区域矿产情况，如矿产规模、类型、矿种
map：实体所在图幅基本情况，如图幅号以及其邻接图幅
东方位关系
东北方位关系
东南方位关系
北方位关系
南方位关系
岩性
建造类型
所属世
所属代
所属期
所属段
所属矿种
所属系
所属纪
所属组
所属统
所属群
比例尺
生成矿产
矿产类型
矿产规模
矿化类型
西方位关系
西北方位关系
西南方位关系
邻接图幅

图 7-8　基于 Neo4j 的银坑幅 G50E011007 地质图构建平面地质知识图谱（全部）

表 7-11　地质剖面图件知识图谱三元组数据（部分）

实体 A	关系/属性	实体 B/属性值
地质板块 10-1	左侧	地质板块 9
地质板块 8-3	包含	地质板块 6
地质板块 8-3	出现	辉长岩体
地质板块 10	入侵	晚侏罗世中间酸性侵入岩
地质板块 10	年龄值	（709±66）Ma

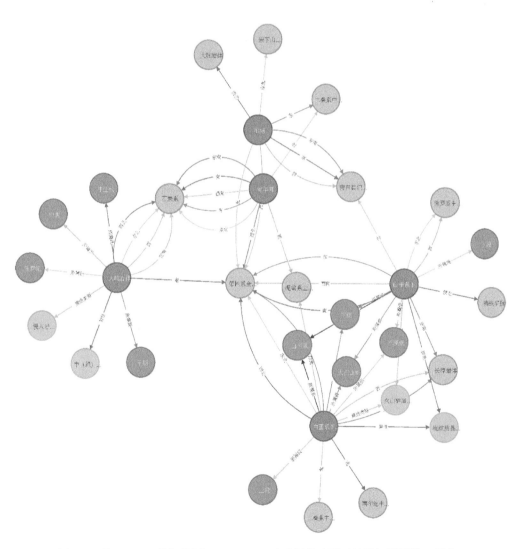

图 7-9　基于 Neo4j 的银坑幅 G50E011007 地质图构建平面地质知识图谱（部分）

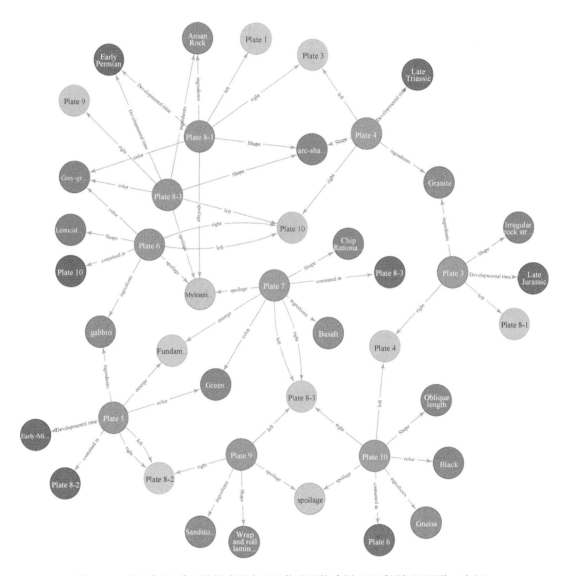

图 7-10　基于大开-当江蛇绿岩混杂亚区构造图构建剖面地质图知识图谱（全部）

7.3　顾及表格内容及上下文的地质知识图谱构建

　　地质报告中的大多数地质表格是对地质实验结果、矿物含量中数据的展示，文本信息是地质表格的补充说明，地质表格与上下文本信息相互补充形成完整的地质实验、过程和结果信息。仅对表格内容信息进行单一分析无法理解表格完整语义，因此本节主要针对表格上下文内容信息抽取研究，在增加地质信息挖掘深度的同时，构建基于表格及其上下文加强型知识图谱。

　　首先，利用语句筛选模型构建表格上下文信息库，并对上下文进行语义分析，选出与表格相关的上下文句子；其次，使用 NLP 方法对表格上下文进行信息抽取；最后，通过基于规则过滤以及神经网络模型对文本中描述关键词的信息进行抽取标记和关联，实现地质表格及其上下文信息的融合，完成基于表格及其上下文内容的语义加强型知识图谱的构建。

7.3.1 地质表格上下文范围定义

1. 地质表格上下文定义规则

为得到地质表格上下文相关语句，本节对地质表格上下文范围进行了相关规定，主要对两类句子进行提取：①上下文相关句子。当文中出现"如表所示""在表中……"等含表格引用词句时，将此句确立为表格上下文相关句，同时扩展至此句所在段落，将整个段落范围纳入地质表格上下文本库构建的重点区域。②相关实体句。表中内容和标题所包含的主要实体是表格整体信息的代表，当文中出现与表头或表中内容相同实体时，将此句确立为表格上下文相关句，同时扩展至此句所在段落，将整个段落纳入地质表格上下文本库。关于表格上下文本的具体范围，是在当检索到以上两类关键词信息时，确定以该关键词所在句子的所在段落为地质表格上下文本库索引区域，该句子前后八句将标记为表格上下文关联句。

2. 地质表格上下文本库构建

在本书中，将地质表格上下文库的构建分为两步：首先，构建基于表格标题、内容的原词向量库；然后，通过计算上下文句子与原词向量库之间的余弦相似度，设置相似度阈值范围，从而实现地质表格上下文库的构建。

在实现方法上，通过基于 TF-IDF 算法（Lan et al., 2019）将字符串转换为向量。首先，对文本进行预处理，包括去除停用词、标点符号、数字、词干化或词性还原，以确保在计算时考虑的是语义上的相似性；然后，对每个句子计算 TF-IDF 值，其中 TF 为某个词在当前文档中出现的频率，IDF 为包含该词的文档在整个文档集合中的稀有程度。TF-IDF 的计算公式为

$$\text{TF-IDF}(t,d,D) = \text{TF}(t,d) \times \text{IDF}(t,D) \tag{7-2}$$

$$\text{TF}(t,d) = \frac{\text{词语 } t \text{ 在文档 } d \text{ 中出现的次数}}{\text{文档 } d \text{ 中所有词语的总次数}} \tag{7-3}$$

$$\text{IDF}(t,D) = \log\left(\frac{\text{文档集合 } D \text{ 中文档的总数}}{\text{包含词语 } t \text{ 的文档数}+1}\right) \tag{7-4}$$

本书将表格标题、表格内容去掉停用词后的词向量共同构成查询集合 D，文本中所找到的待比较句子为 d，同时对分母进行平滑处理，避免出现分母为零的情况。利用计算得到的 TF-IDF 权重将每个句子表示为一个向量。句子向量的维度等于文档集合中的唯一词语数目。在利用 TF-IDF 算法将字符串转换为向量后，利用两向量间夹角可衡量其相似性。

$$\cos\theta = \frac{a-b}{\parallel a \parallel \cdot \parallel b \parallel} = \frac{\sum_{i=1}^{n} A_i B_i}{\sqrt{\sum_{i=1}^{n} A_i^2} \sqrt{\sum_{i=1}^{n} B_i^2}} \qquad (7\text{-}5)$$

式中，a 为比较向量即表头和表格内容相关的词向量；b 为被比较向量即上下文本句子相关词向量，A_i、B_i 分别是向量 a 和 b 在第 i 维上的分量，通过公式（7-5）设置相似性阈值 $k=0.7$ 来过滤无相似性的句子，将 $k>0.7$ 的句子确定为上下文本相关句。

7.3.2 基于 ALBERT-BiLSTM-CRF 模型的地质表格上下文本解析方法

本书使用 ALBERT-BiLSTM-CRF 模型结构对地质表格上下文进行结构化处理实现实体与关系抽取，如图 7-11 所示。将序列化文本作为模型的输入，输出为相应的注释序列，输出序列采用"BIO"标注。其中，B 表示实体的开头，I 表示实体的中间，O 表示非实体。在实现过程中，每个字符输入由 ALBERT 模型（Lan et al., 2019）转换为向量形式，并将该向量用作 BiLSTM（Miwa and Bansal, 2016）的输入，以提取上下文特征，然后将输出特征向量用作 CRF 层（Bale and Vale, 2004）的输入，CRF 层对输入进行规范化，学习标签间的约束关系，输出预测标签序列。

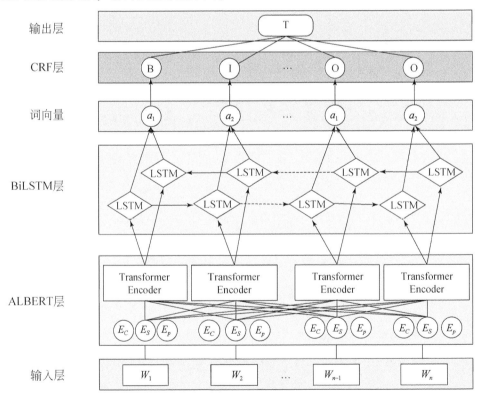

图 7-11 ALBERT-BiLSTM-CRF 模型结构图

最后，通过信息提取模型生成结构化信息以三元组形式输出，即（a, r, b）。其中，a 和 b 表示实体，r 表示实体 a、b 间关系。至此实现将非结构化的表格上下文信息转化为结构化的三元组信息。

1. ALBERT 层

ALBERT 模型是一种轻量级的 BERT 模型（Devlin et al., 2018），BERT 模型是一种基于 Transformer 架构的预训练语言模型，但存在参数规模大、训练成本高等问题。基于此，ALBERT 模型采用了参数共享和降维策略来减少模型的大小。一方面，引入了一个因子分解机制，通过对词嵌入矩阵进行分解，降低词嵌入矩阵维度，减少了模型参数量。另一方面，采用了跨层参数共享机制，加入多头注意力机制可以并行处理不同注意力权重。ALBERT 模型通过连接相邻层间参数，从而减少头数实现参数规模减小，在降低训练成本的同时提高了模型的计算效率。除此之外，ALBERT 模型还引入了文档排列任务，通过对两个相邻的句子进行预测来学习句子之间的关系，提高了模型对句子的层次理解能力。本章节将词汇嵌入大小表示为 S，将编码器层数表示为 L，将隐藏大小表示为 H，将前馈滤波器大小设置为 $4H$，将注意力头的数量设置为 $H/64$（Yue et al., 2021）。

ALBERT 模型的输入表示与 BERT 模型相同，采用了三个 Embedding 相加的方式，通过加入 Token Embedding、Segment Embeddings、Position Embeddings 三个向量来预训练和预测下一句。除此之外，ALBERT 模型与 BERT 模型一样会在句子的开头添加特殊［CLS］来标记句子的开始，用［SEP］标记句子的结束。图 7-12 中以句子"长英质矿物呈大小不规则粒状彼此紧密相连"作为例子，对句子输入 ALBERT 模型的变化过程进行了表示。

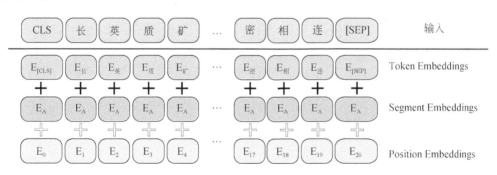

图 7-12　ALBERT 中的输入过程

2. BiLSTM 层

BiLSTM 模型是由前向 LSTM 与后向 LSTM 结合而成。虽然 LSTM 通过训练能学习到应该记忆和应该遗忘的信息，从而能更好捕捉到长距离的依赖关系，但其无法编码从后到前的信息，对于涉及程度词、否定词、情感词交互的任务无法捕捉，通过 BiLSTM 模型能更好地捕捉双向语义依赖。BiLSTM 模型引入了两个方向的隐藏状态，一个从左到右（正向），另一个从右到左（反向）。这两个方向的隐藏状态分别捕捉了当前时刻之前和之后的信息，使得模型能够更全面地理解输入序列。对于输入序列中的每个时间步，BiLSTM模型分别处理正向和反向的输入序列，产生正向和反向的隐藏状态。这两个方向的隐藏状态通过连接或拼接的方式传递给后续层或任务。消除了长文本引起的梯度消失和梯度爆炸的问题。BiLSTM模型的网络结构图如图7-13所示。

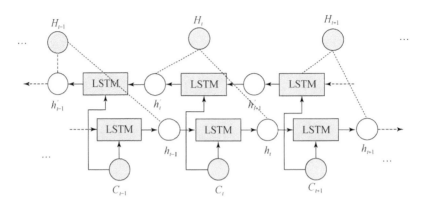

图7-13　BiLSTM网络结构图

3. CRF 层

命名实体识别可以理解为对问题中的每个标记进行多重分类，标签包括 B-LOC、I-LOC、O 等。然后，提取预测为特定标签的标记以形成实体。将嵌入向量输入到 BiLSTM 特征提取网络，并通过融合上下文信息获得特征表示转换器。如果将向量直接输入到全连接层以确定每个标记的标签，则每个标签的分类是独立完成的，并且无法学习标签之间的约束关系。例如，B-LOC 之后不能是 I-ORG。条件随机场使用 Viterbi 动态规划算法来获得问题标签的最优序列，是一个全局优化，而不是单个优化。因此，将 CRF 用于学习标签之间的约束关系，以预测实体标签，其结构图如图7-14所示。

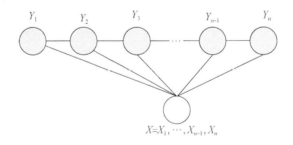

图7-14　CRF网络结构图

假设总标签数为 l，$n\times(p+q)$ 大小的特征融合向量 $\boldsymbol{T}=\{T_1, T_2, \cdots, T_n\}$ 通过全连接层处理后被转换成 $n\times l$ 大小矩阵 $\boldsymbol{N}=\{N_1, N_2, \cdots, N_n\}$，公式如下：

$$N_i = \text{sigmod}(\boldsymbol{W}^T T_i + b) \tag{7-6}$$

式中，N_i 为第 i 个特征融合变量；$\boldsymbol{W}^T$ 为训练权重矩阵；T_i 为第 i 个输出标签；b 为偏差值。CRF 引入了一个转移矩阵 A，其中 A_{ij} 表示标签 i 到标签 j 的转移概率。对于输入的句子 x，输出标签序列 $N = \{N_1, N_2, \cdots, N_n\}$ 的得分被定义为

$$score(x, y) = \sum_{i=0}^{n} A_{y_i y_{i+1}} + \sum_{i=0}^{n} N_{i, y_i} \tag{7-7}$$

$$y = argmax(score(x, y)) \tag{7-8}$$

对所有输出序列 y 计算得分，选择得分最高的序列作为使用 Viterbi 算法进行命名实体识别的输出结果。在将文本输入 ALBERT-BiLSTM-CRF 模型后，字符经过 ALBERT 层转化为向量形式；经过 BiLSTM 层进行上下文特征提取，并输出特征向量；经过 CRF 层对特征向量进行规范，学习标签间约束关系并输出预测标签。由此将非结构化的表格上下文信息转化为结构化的三元组信息进行输出。

7.3.3　地质表格及其上下文本知识图谱构建方法

地质知识图谱不仅能有助于实现更加精准的地学分析，发现新的地学知识和推动矿产资源的探测与预测，还能深化地质大数据分析和推动大数据驱动的高精度地质时间轴的构建、规则与地学知识演化推理。在海量的地学资料中文本和表格是两类重要的信息表示形式，本书提出通过合并基于表格的知识图谱和基于表格上下文的知识图谱来构建新的语义增强知识图谱，如图 7-15 所示。主要过程为将基于表格的知识图谱作为目标知识图谱 G_2 嵌入基于文本的知识图谱作为源知识图谱 G_1，Q 为两个知识图谱中所有实体与关系的嵌入，定义该过程的目标函数为

$$P(G_1, G_2 | Q) = P(G_1 | Q) P(G_2 | G_1, Q) \tag{7-9}$$

首先对源知识图谱 G_1 中的实体与关系嵌入公式为

$$P(G_1 | Q) = \prod_{(h, r, l) \in G_1} P((a, r, b) | Q) \tag{7-10}$$

式中，(a, r, b) 为源知识图谱 G_1 中的三元组，通过计算余弦相似度进行实体对齐，其中相似性阈值为 $k = 0.95$，当 $k > 0.95$ 时表明实体含义相同，重命名为相同的名字（h, r, l）为实体关系三元组，h 表示头实体，r 表示关系，l 表示尾实体。此外，关系也利用同样的方法对齐，将含义相同的两种关系进行对齐，为后续将两个知识图谱关系嵌入在同一个向量空间中做准备。然后，使用 TransE 模型（Bordes et al., 2013）对源知识图谱中的实体和关系进行嵌入。基于 TranE 模型的方法对知识图谱进行单独的表示学习来获得相应的实体和关系向量，通过实体对齐的判断将他们投影到统一的向量空间中。

然后，通过整合源知识图谱的信息，对目标知识图谱 G_2 中的实体和关系进行嵌入，G_2 中的部分实体与源知识图谱 G_1 存在链接，记为 $M = \{(k, l) | k\}$。其中，k 为 G_1 中所对应的实体，l 为 G_2 中对应的实体，具体如下：

$$P(G_2, G_1 | Q) \propto \prod_{(a, r, b) \in G_2} P((a, r, b) | Q) \prod_{(k, l) \in M} P(l | k, Q) \tag{7-11}$$

式中，(a, r, b) 为目标知识图谱 G_2 中的三元组，a, b 为实体，r 为 a, b 实体间关系。由此实现对地质报告中表格和上下文本知识图谱的融合。

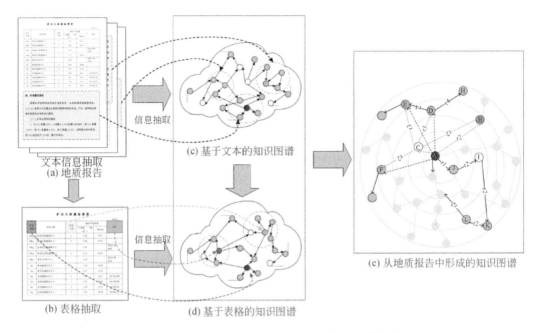

图 7-15 基于上下文结合的语义增强知识图谱构建

7.4 面向图-文-表多源地质数据的融合、消歧与关联

7.4.1 多源数据融合与关联

通过对基于文本的 KG、基于表格的 KG 和基于地图的 KG 分析之后，发现它们之间存在冗余。仔细检查地质文档后，显然表格中包含的信息构成了报告中贯穿始终的重要实体信息。因此，这减少了考虑与表格对应的文本中任何缺失实体信息的需要。为了应对这一挑战，提出了一种融合基于文本的 KG 和基于表格信息的 KG 中的实体方法，形成了一个具有丰富语义增强的知识图谱，称为 GeoKG（图 7-16）。这种方法结合了两种方法的优势，创建了一个更全面和准确的地质知识表示。

实体对齐是指识别不同知识库中指代现实世界中相同事物或概念的实体，并在它们之间构建链接，使得不同的知识库相互连接，形成一个统一的、大型的知识数据库。实体对齐过程可以描述如下：给定两个知识库和部分先验对齐的实体对，通过某些算法找到新的潜在对齐的实体，如比较实体表示符号的相似性，或学习实体的嵌入向量并计算向量的相似性等。对齐过程有时会借助知识库外部的信息。

在本节中，本书提出了一种使用 BERT 模型的实体对齐方法。综合测量数据融合对象在名称、层次分类和属性方面的相似度，以确定它们是否属于同一实体，并通过设置相似度阈值来控制是否融合实体。具体操作如下：将识别的地质实体分割成中文词汇，计算词

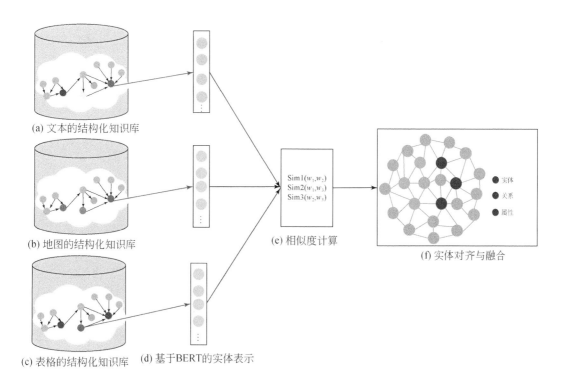

图 7-16　构建和重用融合了文本、地图和表格信息的 GeoKG 的基本过程

频，构建实体名称向量，通过词向量从语义空间转换到向量空间，计算向量之间角度的余弦值，并通过余弦值设置合理的阈值来判断实体之间的相似度，最终实现实体融合。其计算公式如式（7-12）和式（7-13）所示。

$$S_{(A_m, B_m)} = \frac{A_m \cdot B_m}{|A_m||B_m|} = \frac{\sum_{i=1}^{n}(a_i \cdot b_i)}{\sqrt{\sum_{i=1}^{n}(a_i)^2}\sqrt{\sum_{i=1}^{n}(b_i)^2}} \tag{7-12}$$

$$S_{(A,B)} = \frac{\sum_{m=1}^{s} S_{(A_m, B_m)}}{s} \tag{7-13}$$

式（7-12）是计算实体 A 和 B 的属性 m 相似度的公式。A_m 和 B_m 在语义空间中有 n 个子词，通过统计属性 A_m 和 B_m 中每个子词的词频 a_i 和 b_i 来构建词频向量，并通过计算向量的余弦值来确定两个词向量的相似度；式（7-13）通过计算实体 A 和 B 在每个属性上的语义相似度与属性数量的比例，来计算实体 A 和 B 的相似度比例。$S_{(A,B)}$ 的值在 $0 \sim 1$，越接近 1 意味着两个实体的语义相似度越高。

本书通过融合多源地球科学数据形成大规模地质知识图谱。分类的实体和关系被转化为三元组，然后用于构建包含 6 种实体类型和 14 种关系类型的知识图谱。为了探索和可视化这个知识图谱，可以使用像 Neo4j 这样的图形可视化系统。这种方法能够更直观、互动地探索知识图谱，为在地球科学领域增强地质知识的理解和利用提供了有价值的工具。

（1）基于知识图谱的查询。基于构建的知识图谱，将调查对象（地质实体/地质现象）的行政区域、地理位置、大地构造位置、地质年代、地层、岩石学、古生物学等信息与输入的调查对象、地理位置、调查日期或选定的调查类型相关联；将查询对象的同一大地构造位置或地质年代等的其他调查对象与显示相关联。

（2）地质分析的矿床知识图谱。本节关注研究区内的大中型典型矿床，使用基于知识图谱的技术进行成矿地质体、成矿构造面和构造特征、成矿标志的比较分析。此外，还提供信息服务功能，以方便检索与矿床相关的知识。通过使用 KGs 系统，可以通过提供查询的答案来促进知识检索，如马武金矿知识图谱矿化特征、翟山–马武金矿集中区内的金矿化地层选择性是否明显。

7.4.2 大规模知识图谱生成及应用

1. 语义化查询

本书提出了一个前端网页设计和嵌入式算法，用于开发原型 GeoKG 管理系统。该系统包括四个主要模块——表格检测、地图分割、信息提取、知识融合和地质分析，这些模块被集成到系统架构中（图7-17）。用于表格检测的是改进后的 Mask R-CNN 模型的变体，随后基于光学字符识别（OCR）进行内容描述识别。信息提取功能模块将文档正文转换为文本，并使用开源注释工具标注矿产勘探报告中的六种实体类型。最后，执行 GeoBERT-BiLSTM-CRF 算法进行实体关系提取训练，以生成知识图谱。

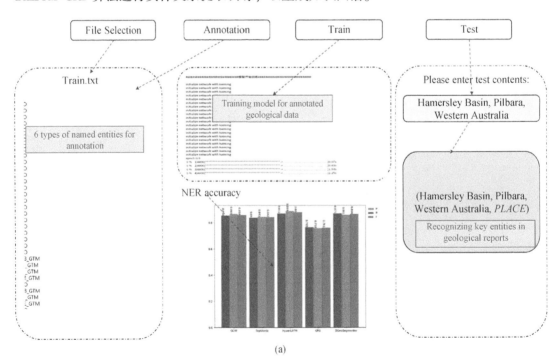

(a)

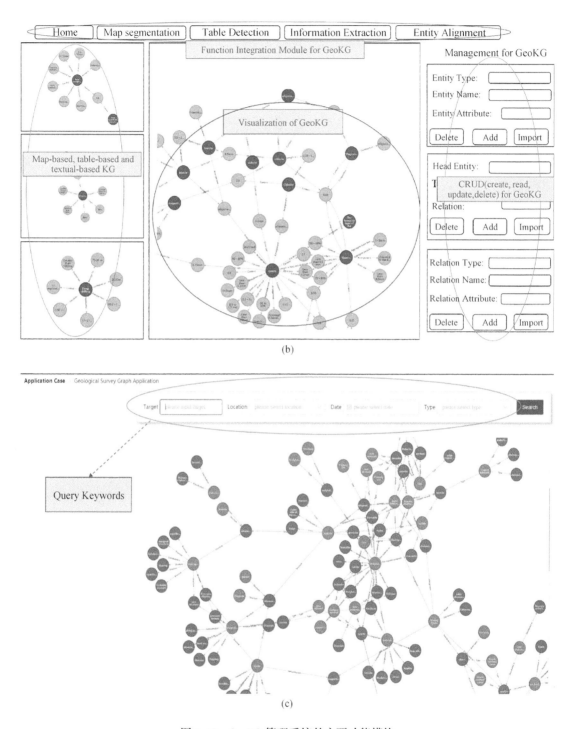

图 7-17　GeoKG 管理系统的主要功能模块

图 7-17（c）展示了 GeoKG 构建和管理功能模块，该模块采用基于 BERT 的算法进行实体对齐，以促进事件图和知识图之间的知识融合。这种集成生成了一个统一的 GeoKG，

支持信息的统计和热更新。此外，地质知识检索和多任务功能模块旨在响应地质查询。它利用查询语句中的"种子"或关键实体，并返回前五个相似实体。在图 7-17（c）中，也可以观察到第三阶相似实体内的相关知识节点和关系，以及与查询相关的知识图谱的可视化。总的来说，该系统为提高地球科学领域地质知识的理解和利用提供了一个有价值的工具，利用先进的分析技术和机器学习算法支持实际应用和决策过程。

通过提取和理解矿产资源报告的地质–文本–表格信息，以地质实体为核心的提取信息融合可以形成矿产报告的地质知识图谱或知识库。这个问答系统将通过处理如下查询来帮助信息检索：哪些寄主岩类型具有高镍矿床概率？位置 A 和 B 的伟晶岩出现有哪些空间矿物学趋势？

矿物地质领域知识形成了从长期研究中衍生出的一般规则和知识，如成矿理论和寻矿模型。区域矿物地质知识是在特定研究区域获得的知识。这种方法的本质是比较已知矿床和矿床模型的知识图谱与拟议预测位置的知识图谱之间的相似性。这种方法的最大优势是它可以比较矿床模型和与拟议预测位置相关的地质元素之间的复杂相互关系。

2. 基于地质知识图谱的智能分析

Cypher 是一种专为 Neo4j 设计的声明式查询语言，它以简洁而强大的语法为特点。Cypher 使得模式匹配、查询、修改以及更新图中的节点和关系变得流畅。使用 Cypher 的过程包含四个阶段：①开始。可以通过查询元素的 ID 或属性来找到图的初始位置。②匹配。一个与起点绑定的模式匹配过程。③条件。帮助细化结果的过滤条件。④返回。展示已获取的结果。为了全面展示各类矿床的矿化信息，使用关系声明来计算两种类型矿化的知识。这涉及使用"匹配"功能找到"主体"和"客体"节点类型之间所有最短路径。"条件""a<>b"确保返回的路径不包括相同的节点。最后，"返回"语句以获得的路径展示并可视化查询结果。

本节构建了总计 58 个与沉积、火山作用、侵入岩浆作用、变质作用和大规模变形有关的矿床。模型内的节点和关系数量指示了系统内的信息量。另外，节点与边的连接程度反映了矿化地质体、矿化构造面和结构以及矿化迹象之间的知识关联（图 7-18）。

例如，张福山铁矿床位于金山店侵入杂岩体南缘中段，宝安倒置复杂背斜与陈家湾盒状对角线之间。矿区位于大冶复杂倾斜北侧与安全倒置复杂背斜南侧之间的张华斯偏斜背斜的南侧中段。所研究区域的构造特征主要受到淮阳山型前弧西侧及纬向构造共同构造应力的影响。这导致了一个复杂的构造系统，具有西北至近东西向的褶皱、断裂带，以及一个以北北东向定向的背（定向）构造和从前系统转变而来的断裂带的新华夏系统。矿体为灰色至灰白色中至细粒长石石英砂岩；沉积相的中心部分是碳质砂岩、页岩和泥岩夹持白云石的组合。GeoKG 生成的子图为地质报告中提到的主要术语及其关系提供了有用的视觉表现。这些子图能够突出报告内的关键概念和关系，提供了一种更直观、互动的方式来探索和理解复杂的地质知识。大冶矿化特征示范如表 7-12 所示。

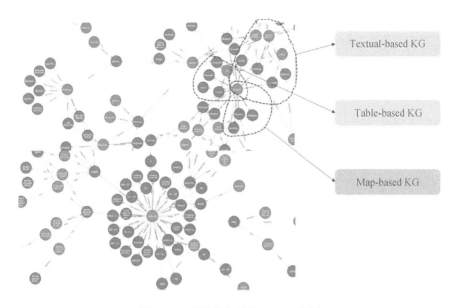

图 7-18 多任务分析的 GeoKG 示例

表 7-12 大冶矿化特征示范

项目	特征示范
成矿地质背景	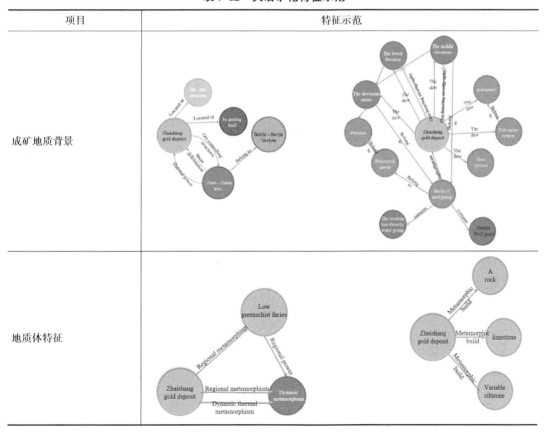
地质体特征	

项目	特征示范
成矿构造及构造特征	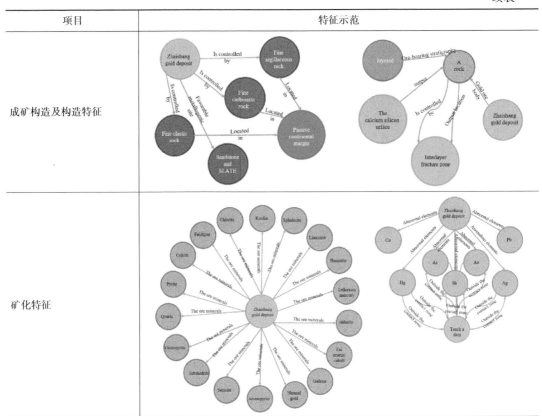
矿化特征	

3. 基于地质知识图谱的智能问答

地质知识检索和问答功能模块（表7-13）在 GeoKG 管理原型系统中整合了一个基于翻译模型驱动的图结构问答，用于响应工业查询。该模块从查询语句中识别关键实体或"种子"，并返回前五个相似实体。此外，在图7-15中，可以观察到第三阶相似实体内相关知识节点和关系，以及与查询相关的知识图谱的可视化。GeoKG 作为事件的逻辑核心，包含静态和基于事件的知识，使其能够响应一般知识查询并支持因果分析。这允许对复杂地质现象有更全面和准确的理解，并支持地球科学领域中的明智决策过程。

GeoKG 管理原型系统的查询层使用 Cypher 语言在 Neo4j 内构建和执行查询操作，利用模型对疑问句结构的理解，便于以图形或自然语言形式将查询结果返回给用户。使用此方法的问题和答案示例显示在图7-15中。

表7-13展示了与查询相关的本地 GeoKG 以及潜在答案路径，包括被调查对象（地质实体/地质现象）的行政区域、地理位置、地质构造位置、地质时代、地层、岩性、古生物等。系统利用所提出的模型来计算潜在答案的排名，并在问答模块中返回给它们。这个案例说明了所提出的方法能够有效地处理与地质相关的知识分析和推理任务。通过在 GeoKG 的图网络内利用基于路径的分析策略，能够为地质学家制定可执行决策方案提供信息基础。

表 7-13 智能问答系统示例

问答语句	系统模型
Q: What are the necessary ore-forming factors for Daye iron ore? Entity extraction：Daye iron ore, necessary Query Language： MATCH (n)-[r]->(m) WHERE(n.name=' Daye iron ore ' and r.level=' necessary ') RETURN n,m	
Q: What are the rock assemblages of Yanglin-type iron ore? Entity extraction: Yanglin type iron ore, rock combination Query Language： MATCH (n:` Ore deposits `{name:' Yanglin-style iron ore '})-[r:` Rock type `]->(m) RETURN n,m	
Q: Tell us more about Daye Iron Mine. Entity extraction: Daye iron ore, details Query Language： MATCH (n:` Ore deposits`{name:'aye Iron'})-[r]->(m) RETURN n,m	

参 考 文 献

贺根文，于长琦，李伟，等，2019. 赣南于都金银多金属矿整装勘查区 1∶50000 银坑幅矿产地质图数据集. 中国地质，46（S1）：66-74.

刘万增，陈军，翟曦，等，2021. 时空知识中心的研究进展与应用. 测绘学报，50（9）：1183-1193.

刘文聪，2022. 滑坡知识图谱构建及应用. 合肥：合肥工业大学.

刘志豪，金相国，邱芹军，等，2023. 顾及中文汉字多特征的矿产资源实体识别. 地质科学，58（4）：1535-1553.

陆锋，诸云强，张雪英，2023. 时空知识图谱研究进展与展望. 地球信息科学学报，25（6）：1091-1105.

齐浩，董少春，张丽丽，等，2020. 地球科学知识图谱的构建与展望. 高校地质学报，26（1）：2-10.

邱芹军，吴亮，马凯，等，2023a. 面向灾害应急响应的地质灾害链知识图谱构建方法. 地球科学，48（5）：1875-1891.

邱芹军，王斌，徐德馨，等，2023b. 地质领域文本实体关系联合抽取方法. 高校地质学报，29（3）：419-428.

任福，翁杰，王昭，等，2022. 关于智能地图制图的几点思考. 武汉大学学报（信息科学版），47（12）：2064-2068.

王益鹏，张雪英，党玉龙，等，2023. 顾及时空过程的台风灾害事件知识图谱表示方法. 地球信息科学学报，25（6）：1228-1239.

谢雪景，谢忠，马凯，等，2023. 结合 BERT 与 BiGRU-Attention-CRF 模型的地质命名实体识别. 地质通报，42（5）：846-855.

叶育鑫，刘家文，曾婉馨，等，2024. 基于本体指导的矿产预测知识图谱构建研究. 地学前缘，31（4）：16-25.

张洪岩，周成虎，闾国年，等，2020. 试论地学信息图谱思想的内涵与传承. 地球信息科学学报，22（4）：653-661.

张雪英，张春菊，吴明光，等，2020. 顾及时空特征的地理知识图谱构建方法. 中国科学：信息科学，50（7）：1019-1032.

周成虎，王华，王成善，等，2021. 大数据时代的地学知识图谱研究. 中国科学：地球科学，51（7）：1070-1079.

Bale T L, Vale W W, 2004. CRF and CRF receptors：role in stress responsivity and other behaviors.

Bordes A, Usunier N, Garcia-Durán A, et al, 2013. Translating embeddings for modeling multi-relational data. Advances in Neural Information Processing Systems. New York.

Devlin J, Chang M W, Lee K, et al, 2018. Bert：Pre-training of deep bidirectional transformers for language understanding. arXiv Preprint arXiv, 1810：04805.

Garcia L F, Abel M, Perrin M, et al, 2020. The GeoCore ontology：a core ontology for general use in geology. Computers & Geosciences, 135：104387.

Guo M Q, Bei W J, Huang Y, et al, 2021. Deep learning framework for geological symbol detection on geological maps. Computers & Geosciences, 157：104943.

Lan Z, Chen M, Goodman S, et al, 2019. Albert：A lite bert for self-supervised learning of language representations. arXiv Preprint arXiv, 1909：11942.

Ma X G, Ma C, Wang C B, 2020. A new structure for representing and tracking version information in a deep time knowledge graph. Computers & Geosciences, 145：104620.

Ma X G, 2022. Knowledge graph construction and application in geosciences：a review. Computers & Geosciences, 161：105082.

Mantovani A, Piana F, Lombardo V, 2020. Ontology-driven representation of knowledge for geological maps. Computers & Geosciences, 139：104446.

Miwa M, Bansal M, 2016. End-to-end relation extraction using LSTMs on sequences and tree structures. arXiv Preprint arXiv, 1601：00770.

Raskin R G, Pan M J, 2005. Knowledge representation in the semantic web for Earth and environmental terminology（SWEET）. Computers & Geosciences, 31（9）：1119-1125.

Sen M, Duffy T, 2005. GeoSciML：development of a generic GeoScience markup language. Computers & Geosciences, 31（9）：1095-1103.

Wang B, Wu L, Xie Z, et al, 2022. Understanding geological reports based on knowledge graphs using a deep learning approach. Computers & Geosciences, 168：105229.

Yue X Y, Sun S Y, Kuang Z H, et al, 2021. Vision transformer with progressive sampling. The IEEE/CVF International Conference on Computer Vision. Montreal.

第8章 地质知识图谱推理应用

8.1 推 理 概 述

8.1.1 什么是推理

推理在人类社会的发展中扮演着关键角色，是认知世界的重要途径。推理主要包括逻辑推理和非逻辑推理两种形式。基本的逻辑推理分为演绎推理、归纳推理、溯因推理和类比推理。

演绎推理（Clark，1969）是一种自上而下的逻辑过程，通过已知前提推导出必然的结论。常见的演绎推理形式包括肯定前件假言推理、否定后件假言推理和三段论。例如，根据"如果在一个地层中发现了含有大量煤炭、褐煤和泥炭的岩石，同时还有沉积着植物残体的痕迹，那么可以推断该地区在古代曾经是一个沼泽或湿地环境。""如果在一个地层中发现了含有大量煤炭、褐煤和泥炭的岩石"和"沉积着植物残体的痕迹"，可以推导出"该地区在古代曾经是一个沼泽或湿地环境"。

归纳推理（Arthur，1994）是一种自下而上的逻辑过程，通过部分观察结果得出一般性结论。归纳推理的典型形式有归纳泛化和统计推理。例如，"当地质学家在一处地质剖面中发现了多个不同种类的火成岩，如花岗岩、玄武岩和辉长岩，并且这些岩石具有相似的地球化学特征"，归纳推理可能会得出"该地区在某个时期经历过火山活动"的结论。然而，归纳推理的结论并非绝对确定，因为即使前提为真，也不能保证结论一定成立。

溯因推理（Kovács and Spens，2005）是在给定观察事实的基础上，根据已有知识推断出最可能的解释的过程。例如，"某一个地区观察发现火山岩"，溯因推理可以推断"该地曾经发生过火山活动"。

类比推理（Gentner，1983）是基于对一个事物的观察，对另一个相似事物进行推理的过程。通过寻找两者之间的相似性，可以将已知事物的结论迁移到新事物上。然而，类比推理可能导致不当类比，从而得出错误的结论。

除了这些基本的逻辑推理方式，还有其他如不确定性推理、单调推理、非单调推理、精确推理和模糊推理等。不同领域也有各自的推理问题，如在自然语言处理领域，自然语言推理判断句子间的蕴涵关系；在计算机视觉领域，视觉推理是根据图片回答相应问题；知识图谱推理则涉及对知识图谱的深入分析和应用，下面将重点介绍面向知识图谱的推理。

8.1.2 面向知识图谱的推理

面向知识图谱的推理主要围绕关系的推理展开，即基于图谱中已有的事实或关系推断出未知的事实或关系（Pearl and Paz，2022），一般着重考察实体、关系和图谱结构三个方面的特征信息。图 8-1 为地质关系图推理，利用推理可以得到新的事实和规则。具体来说，知识图谱推理主要能够辅助推理出新的事实、新的关系、新的公理以及新的规则等。

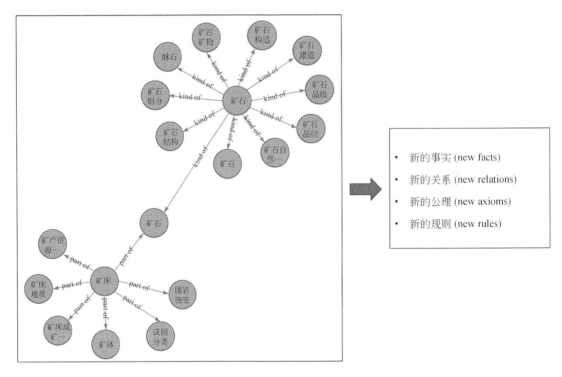

图 8-1　地质关系图推理

一个丰富完整的知识图谱形成会经历很多阶段，不同的阶段都涉及不同的推理任务，包括知识图谱补全（Kadlec et al.，2017）、不一致性检测、查询扩展等。将不同且相关的知识图谱融合为一个是一种有效地完善和扩大知识图谱的方式，而融合的过程包含两个重要的推理任务：实体对齐和关系对齐（Zhang et al.，2018），关系对齐也称为属性对齐，即识别出分别存在两个知识图谱中的两个实体实际上表示的是同一个实体，或者两个关系是同一种语义的关系，从而在知识图谱中将其对齐，形成一个统一的实体或关系。知识图谱作为现实世界知识的结构化表示，其不完整性是不可避免的。链接预测（Lin et al.，2015）作为知识图谱补全的一种推理任务，旨在预测知识图谱中可能存在的新链接。这些链接可以通过人工定义或文本抽取获得。同时，由于人工知识的局限和算法的不确定性，知识图谱中可能存在信息冲突，因此不一致性检测成为另一项关键的推理任务，目的是识别并纠正知识图谱中的错误或冲突事实。知识图谱的主要用途之一是提供准确的知识服务，响应各种查询请求。然而，由于查询可能具有模糊性，且知识图谱本身具有丰富的语义, 这可能导致查询结果不理想。推理技术在此过程中发挥重要作用, 通过查询重写提高查询结果的相关性和准确性。简而言之, 知识图谱的推理任务对于维护其质量、完整性和有效性至关重要。

知识图谱的推理的主要技术手段主要可以分为基于演绎的知识图谱推理和基于归纳的知识图谱推理两大类。基于演绎的知识图谱推理包含基于描述逻辑、Datalog、产生式规则等; 基于归纳的知识图谱推理包含路径推理、表示学习、规则学习、基于强化学习的推理等。以演绎推理为核心的知识图谱推理主要是基于描述逻辑、Datalog 等进行的, 而以归纳推理为核心的知识图谱推理主要是围绕对知识图谱图结构的分析、对知识图谱中元素的表示学习、利用图上搜索和分析进行规则学习以及应用强化学习方法等进行的。

8.2 知识的表示与推理

针对知识图谱的推理主要集中在关系推理上, 即根据图谱中已有的事实或关系推断出未知的事实或关系。推理过程主要关注实体、关系和图谱结构三个方面的特征信息。知识图谱推理能够帮助生成新的事实、关系、公理和规则等, 基于神经网络推理和符号推理, 分别如图 8-2 和图 8-3 所示。

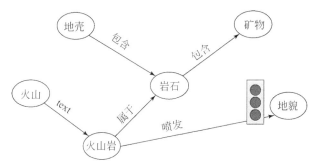

文本问题: 地壳中是否含有矿物
推理结果: 地壳中包含矿物

图 8-2　基于神经网络的推理

本章将探讨两种主要的知识图谱推理方法: 传统的基于规则和逻辑的方法以及近年来迅速发展的基于深度学习的方法。基于规则和逻辑的方法主要通过逻辑演算和规则匹配来实现结构化推理。这种方法的优点在于其严格性和可解释性, 能够提供明确的推理路径和结论, 然而随着知识图谱规模的扩大, 规则的手动定义和维护变得越来越困难。而基于深度学习的知识图谱推理提供了一种从数据中自动学习推理模式的方法, 通过训练模型从大规模的知识图谱中学习潜在的模式和特征, 无须烦琐的规则设定, 展示了处理复杂数据和知识的强大能力。

8.2.1 基于规则和逻辑的知识图谱推理方法

基于规则和逻辑的推理方法是人工智能领域中符号主义学派的重要研究议题之一。基

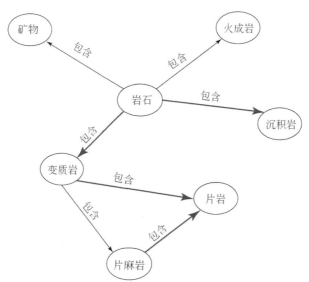

文本问题：岩石中是否包含片岩

推理结果：包含

图 8-3　基于符号的知识图谱问答推理

于规则的方法通常被视为零散且缺乏系统性，这一方法通常从解决问题的角度出发将规则与知识图谱融合，以实现推理能力。相反，基于逻辑的方法更具形式化和系统性。它将知识图谱中的实体视为一元谓词，将关系视为二元谓词，并在此基础上构建一套形式化和系统化的规则体系，将其应用于知识图谱，以实现推理过程。这样的推理过程不仅能够获得形式化的结论，而且可用于解决多种实际问题。

1. 基于规则的方法

在基于规则学习的推理方法中，规则是基于规则推理的核心，因此规则获取是一个重要的任务。在小型的领域知识图谱中，规则可以由领域专家提供，但在大型的知识图谱方面，人工提供规则的可行性较低，且很难做到全面和准确。因此，自动化的规则学习方法应运而生，旨在快速有效地从大规模知识图谱中学习出置信度较高的规则，并服务于关系推理任务。

规则一般包含两个部分，分别为规则头和规则主体，其一般形式为 rule：head←body。基于规则学习的推理方法不仅考虑了知识图谱中的三元组级别的知识，还考虑了其他形式的知识。规则学习的本质是从已知的事实中学习出一组规则，并利用这些规则进行推理。在知识图谱中，关系推理的问题可以转化为基于规则的推理问题。例如，可以利用一条规则，在已知（A belong to C）和（C belong to M）两条事实的前提下，推理得出（A belong to B）。然而，人工定义这些规则有一定的困难，并且在推断过程中存在不确定性。因此，自动学习规则的方法变得至关重要。其主要思路有以下四种：

（1）利用知识图谱的图结构特点来学习这类规则。经典的 PRA 算法（Lao and Cochen，2010）的基本思想是将两个实体的路径作为特征来预测其间存在某种关系。

（2）基于关联规则挖掘的方法。如 AMIE 算法（Galárraga et al., 2013）通过扩展规则体部分来学习预测每种关系的规则。这类算法的一个缺点是搜索空间过大。

（3）利用向量表示学习规则。例如，基于 TransE（Bordes et al., 2013）的方法可以学习出关系的关系，从而得到新的规则。另外，DRUM 模型（Sadeghian et al., 2019）也提出了一种规则学习方法，通过引入置信度张量来优化规则学习过程。

（4）利用 Neural-LP 的知识图谱推理模型（Yang et al., 2017）。它采用了一种可微规则学习的方法，可以利用基于梯度下降的方法优化规则学习。在 Neural-LP 中，实体和关系都用 one-hot 向量和矩阵算子表示，从而学习出一组规则和对应的置信度。

综上所述，规则学习是一种重要的知识图谱推理方法，可以从大规模的知识图谱中学习出置信度较高的规则，并利用这些规则进行推理。规则学习方法的发展有助于加速推理过程，并让推理过程更易于获得隐含的知识逻辑。同时，将规则学习与嵌入表示学习有机融合也是未来研究的重要方向。

2. 基于逻辑的方法

基于逻辑的知识图谱推理方法是对规则进行深入研究并将其应用到知识图谱中的一种方式。该方法将场景的概念进行形式化地抽象，并采用编码手段实现自动化的推理机制，其核心是利用形式化的语言来深入研究知识的表示与推理过程。

一阶逻辑是最经典的逻辑推理方法，该方法存在半定性的特点，意味着推理的结论在某些情况下可能无法在有限时间内得出。具体来说，当推理结论为真时，可以设计算法保证在有限时间内停止运算；然而，当结论为假时，算法可能会陷入无限运行的状态。尽管如此，一阶逻辑推理以其逻辑运算符号的丰富性和易于理解的方法，为人工智能领域的智能系统构建和自动化推理提供了重要的工具。

描述逻辑作为一阶逻辑的一个子集，是由一元谓词和二元谓词构成的语言，在本体构建和语义网络中发挥着关键作用，尤其是其子语言 ALC，通过继承和扩展一阶逻辑的运算符，促进了概念和关系的逻辑操作。在描述逻辑中，经常会定义一系列的概念集合、角色集合（也称关系集合）和逻辑运算符（图 8-4）。

¬：否定(negation)。
∧：合取(conjunction)，交(intersection)。
∨：析取(disjunction)，并(union)。
∃：存在量词(existential restriction)。
∀：全称量词(value restriction)。
⇒：实质蕴涵(material implication)。
⇔：实质等价(material equivalence)。

图 8-4 逻辑运算符

20 世纪 80 年代，以专家系统为代表的基于逻辑的推理方法，致力于替代人类专家执行复杂的决策和推理任务，在智能化应用中展现出巨大的潜力。这些系统的发展不仅展示了描述逻辑的直接优势，还证明了其在定义领域的基本概念、促进人员间交流和协作，以及开发通用工具等方面的价值。基于逻辑的推理方法具有可验证性、模块化和标准化等几个关键优势。这些特点允许不同的专家和开发人员共享理解，进行交叉验证，有助于及时发现和修正潜在的缺陷以及建立统一的逻辑语言标准，使最终用户能够达成一致的理解。而在深度学习技术风靡之前，基于逻辑的方法已经在语义网和本体的研究中得到了广泛应用，推理器的开发有助于本体构建人员在一定程度上进行推理。

8.2.2 基于深度学习的知识图谱推理

1. 基于卷积神经网络的知识图谱推理

卷积神经网络是应用最广泛的深度神经网络模型之一，在计算机视觉和自然语言处理等领域表现出了很好的效果。这种方法主要利用 CNN 在图结构数据上的优势，能够有效地捕获实体之间的结构信息和关系特征，从而实现对未知关系的推理。首先，将知识图谱表示为图结构，其中实体和关系分别对应图中的节点和边，每个节点和边可以使用向量表示，以便输入到卷积神经网络中。然后，将图结构输入到卷积神经网络中进行处理，在图中可以有效地捕获局部结构和关系模式。通过在图的不同部分进行卷积操作，网络可以学习到不同级别的特征表示。卷积操作可以提取实体和关系之间的特征表示，这些表示可以捕获实体之间的语义相似性和关系的语义信息，进而在推理过程中用于预测未知的关系。

经过多年研究，先进的卷积神经网络架构通过局部感知、共享参数、池化、非线性激活等特性，堆叠出数十层甚至成百上千层的卷积层，实现了从局部到全局的特征学习。ConvE 模型（Dettmers et al.，2018）是一种用于链接预测的卷积神经网络模型。它将知识图谱中的实体和关系投影到低维向量空间，并通过卷积操作在图结构中捕获实体和关系之间的结构信息。ConvE 模型将实体和关系的向量连接起来，输入到卷积层中，然后，通过全连接层进行预测，从而实现对未知关系的推理。ComplEx 模型（Trouillon et al.，2016）是一种复杂的低秩表示方法，它在实体和关系之间引入了复杂的交互关系，以捕获知识图谱中的更复杂的模式。ComplEx 模型将实体和关系表示为低维复数向量，并通过复杂的内积操作计算实体之间的关联度。该模型通过学习实体和关系的嵌入表示来预测实体之间的关系，从而进行知识图谱推理。ConvKB 模型（Nguyen et al.，2017）是一种基于卷积核的知识图谱嵌入模型，它利用卷积操作在知识图谱的三元组上进行特征提取。ConvKB 模型使用多个卷积核对实体和关系的嵌入进行卷积操作，从而捕获不同尺度的结构信息。该模型通过最大化正确三元组的得分来训练参数，以实现对未知关系的推理。

2. 基于图神经网络的知识图谱推理

图神经网络（graph neural networks，GNNs）的兴起为处理图结构数据提供了一种强大的新工具。它们通过在节点之间传播信息，来捕获图中的节点依赖关系，为图谱推理获得了更多图结构方面的特征，如图 8-5 所示。在知识图谱领域，由于其天然的图结构特性，GNNs 已经成为推理和表示学习的有力方法，特别是在完成知识库补全、链接预测和实体分类等任务方面发挥着重要作用。

针对知识图谱中的 OOKB（out-of-knowledge-base）实体，即那些在训练过程中未被覆

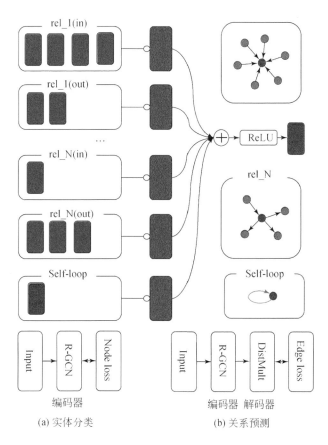

(a) 实体分类   (b) 关系预测

图 8-5   图神经网络可以为图谱推理获得更多图结构方面的特征

盖的实体,传统方法难以预测它们与知识库中其他实体之间的关系。然而,GNNs 能够根据知识库中现有实体的表示来推断 OOKB 实体的潜在关系。通过将 OOKB 实体作为中心节点,并利用其与已知实体三元组的连接作为邻居信息,GNNs 可以为这些未见实体构建有效的表示。例如,Hamaguchi 等(2017)提出利用 GNNs 中的节点表示机制,对 OOKB 实体进行有效编码,从而克服了传统模型在知识库补全任务上的局限。此外,在 GCN 模型中,所有的边都是相同的,从而边可以被忽略。但在知识图谱中,边是多种多样的,边本身也是非常关键的要素,而且很多时候,边的方向也是重要的。考虑到边以及边的方向,Schlichtkrull 等(2018)提出 R-GCNs(Relational Graph Convolutional Networks)模型,在链接预测和实体识别等任务中也取得了显著进步。该模型如图 8-6 所示,其基于 GNN 将已知实体或关系的图结构邻居信息推广到未知节点,得到这些节点的嵌入向量。结合经典的表示学习模型如 TransE 模型(Bordes et al.,2013)和 DistMult 模型(Yang et al.,2014),R-GCNs 模型不仅可以传播节点信息,还可以考虑实体间不同类型的关系,进一步优化实体表示。实验结果证明了这种结合 GNN 模型和传统表示学习的方法,在知识图谱推理任务中相较于传统方法有显著提升。

综上所述,GNN 模型不仅丰富了对知识库中实体和关系的表达能力,而且在推理未

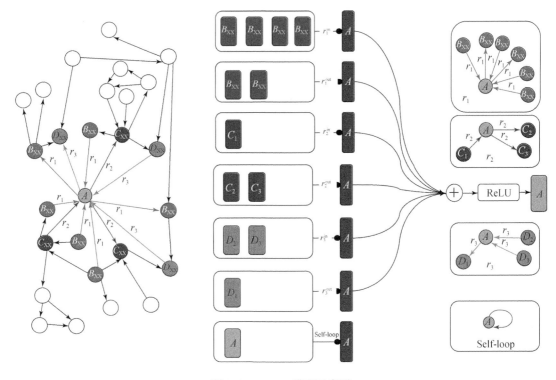

图 8-6　R-GCN 模型示意图

知实体或关系表示方面展现了特有的能力。该模型与知识图谱具有很高的匹配度，特别值得深入研究和应用。

8.3　基于地质知识图谱的智能问答

在多源数据驱动的地质图知识表达模型以及多源数据地质图知识模型构建方法的指导下，本书已经完成基于大开-当江蛇绿岩混杂亚区构造图（剖面图）和江西省于都县银坑幅 G50E011007 图幅 1∶50 000 矿产地质调查矢量数据（平面图）以及对图件附属文本进行了知识图谱的构建，在这一章节将利用已构建的知识图谱，结合 Django 框架，实现多源数据驱动的地质图领域智能问答。

8.3.1　智能问答功能实现

智能问答系统的构建主要分为三个层次：第一，问句理解层，在这一层面将用户的问题通过深度学习转化为 Cypher 语句；第二，查询层构建，在这一层面根据模型对问句的理解构建 Cypher 语言，并在 Neo4j 中执行查询，以图谱或自然语言的形式返回结果给用户；第三，回答层构建，在这一层面通过用户意图识别与映射，根据知识图谱搜索答案节点，进行结果选择，并通过语句拼装成答案返回给前端用户。问答算法的核心模块有两部分,一是对用户查询语句的转义,二是基于地质知识图谱的语义信息检索。本书算法流程见图 8-7。

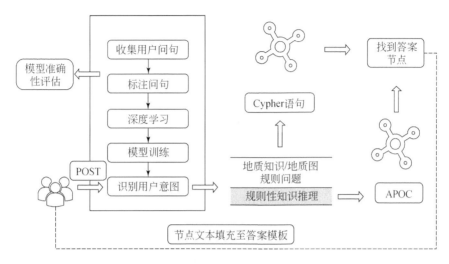

图 8-7 多源数据驱动的地质图领域智能问答算法流程

1. 问句理解层构建

识别用户意图是实现基于知识图谱智能问答的关键点,不同语境下用户提出问题的表达方式因人而异,用户的语言表达习惯存在很大差异。为了实现用户询问意图的准确理解,实验收集了 1000 条不同语境下用户提出的问题,这些问题涵盖了各种场景,进一步对用户问题进行了细致的语义标注工作,基于卷积神经网络(CNN)和长短期记忆网络(LSTM)结合的模型将用户语句转换为知识图谱中的 Cypher 查询语句。这项工作的目的是建立用户问题表达与知识图谱查询之间的映射,以准确捕捉用户提问的意图。通过深度学习模型的训练,系统可以自动理解不同语境和表达方式下用户问题的意图,生成对应的知识图谱查询语句,从而实现对用户问题的准确理解和回答。实例转换如表 8-1 所示,在 Neo4j 中主要是运用了基本的 Cypher 查询语句以及 APOC(awesome procedures on cypher)语句。例如,用户提问"白垩系下统石溪组上段地质体的岩性是什么?",系统会将其转换为"MATCH(n:Geobody {name:"白垩系下统石溪组上段"})-[:'岩性']->(p) return n,p"返回给 Neo4j 图数据库,从而查询答案节点。

表 8-1 深度学习转换 Cypher 查询语言(部分)

用户问题(不同中文表达形式)	深度学习转换 Cypher 查询语言
(1)白垩系下统石溪组上段地质体的岩性是什么 (2)白垩系下统石溪组上段的岩性	MATCH(n:Geobody{name:"白垩系下统石溪组上段"})-[:'岩性']- >(p)return n,p
(1)该图幅号以及比例尺是多少 (2)该图幅的数学信息有哪些	MATCH(n:map)RETURN n

用户问题（不同中文表达形式）	深度学习转换 Cypher 查询语言
（1）含锰建造的地层附近情况 （2）地层中含锰的旁边地层的情况	match(n:Geobody)-[:'建造']->(a:JZ) where a. name contains '锰' with a,n match(n:Geobody)-[:'西北'｜:'西南'｜:'东'｜:'北'｜:'南'｜:'东北' ｜:'东南'｜:'西']->(c) return a,n,c
（1）统计地层中含有白云岩的总面积 （2）含有白云岩的地层在图幅中有多大面积	Match(a:Geobody)-[:'建造']->(b) where b. name contains '白云岩' with a,b match(a)-[:'面积']->(c) return a,b,c
（1）破碎带北边有什么地层 （2）破碎带北方向的地层是什么	MATCH(n:Geobody{name:"破碎带"})-[:'北']->(p) return n,p
（1）跟第四系全新统联圩组相同建造的地层有什么 （2）四系全新统联圩组相同建造地层是	MATCH(p:Geo {name: "第四系全新统联圩组"}) CALL apoc. neighbors. tohop(p, "建造类型",2) YIELD node RETURN node

2. 查询层问题构建

在查询层中，基于模型对问题进行理解，构建 Cypher 语句，并在 Neo4j 中执行查询操作。查询结果以图形或自然语言形式返回给用户。问题分为地质知识/地质图规则问题和规则性知识推理型问题两大类别。规则问题使用基本 Cypher 语句进行答案节点查询，而规则性知识推理型问题则使用 APOC（awesome procedures on cypher）语句进行深度节点查找。部分 Cypher 语句返回节点如表 8-2 所示。

3. 回答层构建

在回答层的处理过程中，经过前两个步骤的问句理解以及答案查询，在找到答案节点后，回答层会进入到下一个阶段，即系统会将这个最终选定的答案节点，通过特定的语句拼装过程，转化为用户容易理解的答案形式，然后返回给前端用户。这个过程确保了用户能够得到准确而且详细的回答，满足了用户的查询需求。

8.3.2　智能问答系统展示

在基于地质图知识图谱构建的智能问答系统中，用户输入如普通语境下的问题来与系统内置的知识图谱数据库进行初步的互动。系统首先利用深度学习技术来分析和理解在多种常规语境下提出的问题，并进一步将这些问题转化为基于 Cypher/APOC 查询语言的查询指令。通过这种方式，系统能够在知识图谱中搜索相关的节点，并把寻找到的答案有效地返回给用户。在这个智能问答系统中，主要包含智能问答界面和实体查询界面两个核心的操作模块。其中，智能问答界面的主要功能是向用户提供文本形式的答案，整个智能问答的界面布局如图 8-8 ~ 图 8-10 所示。同时，实体查询界面的功能则专注于根据用户的查询需求返回特定的节点以及这些节点的相关联节点信息，如表 8-3 所示。表 8-4 中展示了一些问答的实际例子。该智能问答系统不仅能够提高用户与地质图知识图谱交互的效率，而且还能够在一定程度上提升用户获取信息的准确性和便捷性。

表 8-2　查询层答案节点返回（部分）

问题举例	图谱查询结果
石炭系上统黄龙组地质体的岩性是什么	石炭系上… —岩性→ 乳白色或…
破碎带北边有哪些地层	破碎带 —东北→ 崇下山… 破碎带 —北→ 崇下山…
含煤地层有哪些，他们岩性分别是什么	长石石英 ←岩性— 二叠系上；石炭系下 —矿化→ 煤 ←矿化— 二叠系上；石炭系下 —岩性→ 灰白色石；灰白色石 ←岩性— 石炭系下 —矿化→ 煤
该图幅号以及比例尺是多少	500 000 ←比例尺— 银坑幅 —邻接图幅→ 青塘幅

续表

问题举例	图谱查询结果
跟第四系全新统联圩组相同建造的地层有什么	
图幅中平面面积最大的地层是什么	
矿产类型为破碎带蚀变岩型的矿点有哪些	
白垩系下统石溪组下段东北的东北是什么	

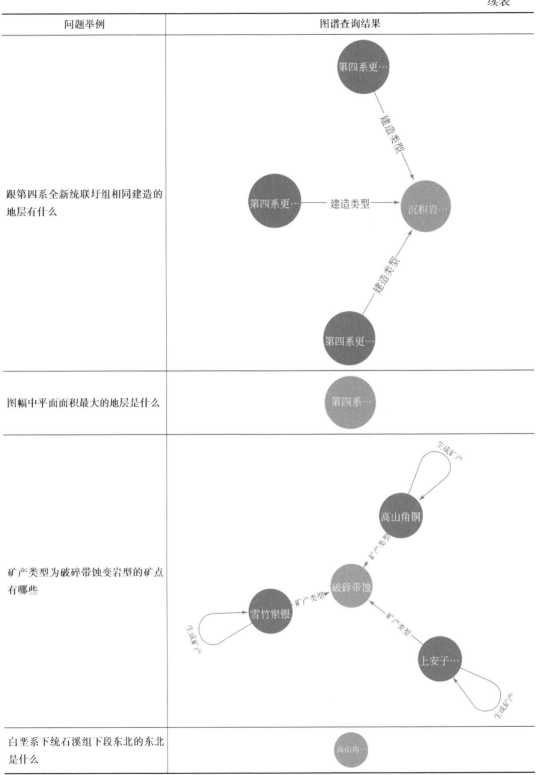

图 8-8　智能问答系统界面–智能问答

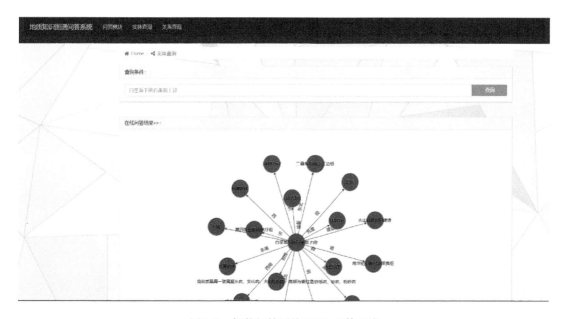

图 8-9　智能问答系统界面–实体查询

图 8-10　智能问答系统界面–关系查询

表 8-3　知识图谱节点查询展示

节点/关系查询	查询结果
大坑岩体	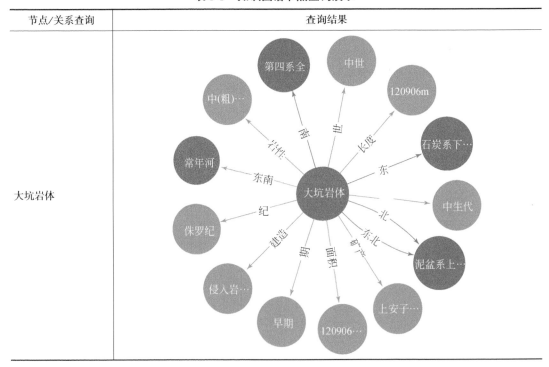

节点/关系查询	查询结果
更新统	
桃树排锰矿	
白垩系下统石溪组上段	

节点/关系查询	查询结果
岩前透闪石滑石矿	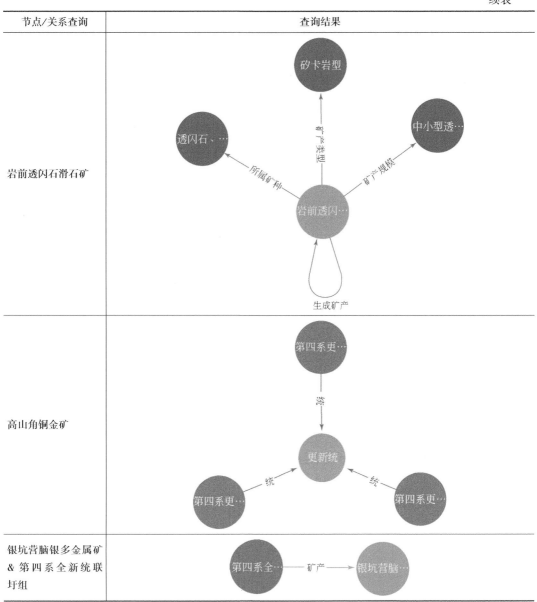
高山角铜金矿	
银坑营脑银多金属矿 & 第四系全新统联圩组	

表8-4 问答实例展示

问题	转换 Cypher/APOC	返回答案
（1）白垩系下统石溪组上段地质体的岩性是什么 （2）白垩系下统石溪组上段的岩性	MATCH(n:Geobody{name:"白垩系下统石溪组上段"})-[:岩性]->(p)return n,p	白垩系下统石溪组上段属于沉积岩建造，主要包含紫红色黏土质粉砂岩夹少量长石石英砂岩、钙质粉砂岩、粉砂质泥岩和泥灰岩薄层

问题	转换 Cypher/APOC	返回答案
(1) 含煤地层有哪些，他们岩性分别是什么 (2) 列举一下含煤地层的岩性	Match (n: Geobody) – [: ' 矿 化 '] – > (b: Kuanghua{name:"煤"}) with n,b match (n) – [:'岩性']–>(c) return n,b,c	含煤地层有石炭系下统梓山组下段石炭系下统摔山组上段以及二叠系上统乐组，岩性分别为灰白色石英岩、岩、砂岩粉岩、质页岩、质泥岩夹煤层及煤线、长石石英孙岩 细砂岩—粉砂岩碳质页岩、泥岩夹煤层
(1) 该图幅图幅号以及比例尺是多少 (2) 该图幅的数学信息有哪些	MATCH (n:map) RETURN n	图幅号为 G50E011007，比例尺为 50 000
(1) 含锰建造的地层附近情况 (2) 地层中含锰的旁边地层的情况	match (n:Geobody) – [:'建造']–>(a:JZ) where a. name contains ' 锰 ' with a, n match (n: Geobody) – [:'西北'|'西南'|'东'|'北'|'南'|'东北'|'东南'|'西']–>(c) return a,n,c	含锰建造的地层为二叠系中统车头组，周围有第四系更新统连塘组、第四系全新统联组以及侏罗系中统罗坳组二段
(1) 统计地层中含有白云岩的总面积 (2) 含有白云岩的地层在图幅中有多大面积	Match (a:Geobody) – [:'建造']–>(b) where b. name contains '白云岩'with a,b match (a) – [:'面积']–>(c) return a,b,c	含白云岩的地层总面积为 44 851m²
(1) 破碎带北边有什么地层 (2) 破碎带北方向的地层是什么	MATCH (n:Geobody{name:"破碎带"}) – [:'北']–>(p) return n,p	破碎带北边地层为第四系全新统联组、侏罗系中统罗坳组三段、第四系更新统进贤组、青白口纪晚世库里组一段以及青白口纪晚世神山组二段
(1) 图幅中平面面积最大的地层是什么，其面积是多少 (2) 告诉我最大面积的地层	MATCH (p: Geo) with apoc. agg. maxItems (p, p. Area) AS maxItems RETURN maxItems. value AS value,maxItems. items AS items	图幅中面积最大的地层为第四系全新统联圩组，面积为 523 803m²
(1) 白垩系下统石溪组下段东北的东北是什么 (2) 白垩系下统石溪组下段东北的东北还有地层么	MATCH(p:Geo{name:"白垩系下统石溪组下段"}) CALL apoc. neighbors. athop(p,"东北",2) YIELD node RETURN node	白垩系下统石溪组下段东北的东北还有地层，地层为高山角岩体
(1) 跟第四系全新统联圩组相同建造的地层有什么 (2) 四系全新统联圩组相同建造地层是	MATCH(p:Geo {name: "第四系全新统联圩组"}) CALL apoc. neighbors. tohop (p," 建造类型",2) YIELD node RETURN node	第四系全新统联圩组相同建造的地层为第四系更新统进贤组，第四系更新统进贤组以及第四系更新统赣县组，他们的建造为沉积岩建造

8.4 面向不同应用场景的地质知识图谱推理及应用展望

地质知识图谱的构建不仅可以提供传统知识图谱的知识支持等功能，同时可以结合大型语言模型来构建对话问答系统的新路径，提高大模型的专业化能力。此外，知识图谱约束下的三维地质建模充分考虑了地质体之间的隐式关系与约束条件，一定程度上提高了三维模型的精度，为更全面地展现各种矿床成因的整体性和关联性及新一轮找矿突破提供新思路与方法。

8.4.1 智能知识检索与问答

丰富的地质数据与数据挖掘低效率之间的矛盾，导致业务层面地质数据信息查询、信息之间关系挖掘不充分。而通过梳理地质知识认知体系，构建融合多源异构数据地质知识图谱，能够提升专业知识服务质量，支持专业知识检索与问答。相对于传统信息服务方法，基于领域知识图谱展示地质概念的多维信息，通过概念可视化展示，使得非专业领域的人员也能够清楚理解概念之间的关系。

对于地质知识图谱知识检索主要涉及对用户查询理解、模板匹配、查询语句生成、检索结果展示环节，原理主要为实体的匹配，一般利用图数据库种 Match 语言进行检索（图 8-11）。

此外，与传统的信息检索系统相比，知识图谱在智能知识问答领域能够准确理解问题中的语义环境和用户的真实意图，在处理输入信息时的限制更少，输出的答案也更加贴近人类的正常回答模式。结合大语言模型与知识图谱创建的智能问答系统新模式，不仅可以减少在专业领域直接生成的回答不能完全满足专业需求的缺陷，而且可以弥补单一知识图谱传统问答在开放域知识方面不足。二者的结合能够有效地利用知识图谱增强大语言模型的生成结果，并借助大语言模型的语义理解能力来进行知识图谱的检索与丰富。

首先，对输入的问题"石炭系形成的时间"文本进行信息过滤，即文本分类，判断出该文本是否与地质领域相关。其次，通过知识库中检索与文本相关的知识，以提示的方式和问题一起输入大模型，如 ChatGPT、ChatGLM、Bard 等，大模型通过推理生成具备专业知识的答案。然后，对该回答进行知识抽取，从回答中抽取出三元组。将抽取出的三元组和多模态构建的地质知识图谱进行匹配，以验证回答的专业性，同时将知识图谱中的节点以问题的形式输入大模型，获取易读的自然语言解释，从而实现大模型和知识图谱的双向转换。

8.4.2 地质知识图谱驱动下的三维地质精细建模

深刻掌握地表地形、地貌、地层岩性以及地质结构之间的空间关系对于了解地下结构、地质活动以及矿产资源的勘探与开发至关重要。目前，三维地质建模的主要数据来源

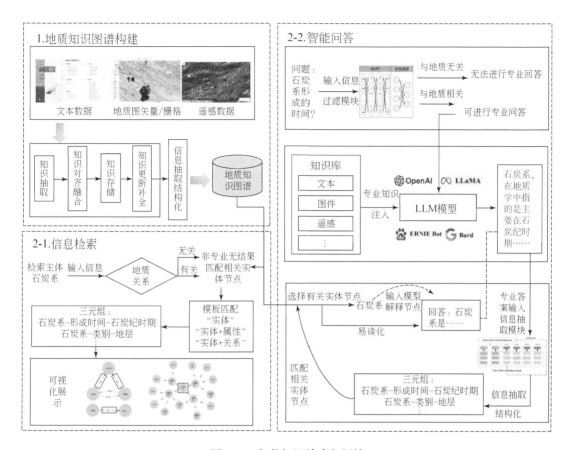

图8-11　智能知识检索与问答

是二维图形数据库和钻探数据，对于其他类型数据的应用较少，数据间隔阂较大，融合面临一定挑战。尽管地质体的形态表示已相对成熟，但对地质过程的理解和分析还不够深入。因此，构建地质知识图谱，通过提取和表达地质领域的知识，挖掘地质概念之间的约束关系，建立多模态地质数据的特征关联模型，为地质建模提供新的数据源和视角，以提高模型的精确度和实用性成为一项重要工作。

在建立地质知识图谱的过程中，虽然地质语义实体及其相互关系已经得到了明确，但作为一种符号性的知识，知识图谱并不能直接用于构造要素的重构计算。因此，需要将其转换成可直接应用于建模的约束条件。这个转换过程首先基于原始构造数据来估计曲面的交线，从这些交线中提取构造特征参数，如断距、断层倾角以及断层附近的层面倾角等。通过评估这些参数的变化是否遵循地质规律，可以间接衡量原始构造数据的质量，从而允许对数据中不合理的部分进行自动调整，避免与解释数据的冲突。之后，利用这些经过评估的交线作为曲面重构的边界，并将调整后的构造解释数据作为种子数据，通过插值方法来重构曲面。在知识图谱的指导下，进一步构建闭合的块体，最终形成一个与知识图谱相一致的三维构造，如图8-12所示。

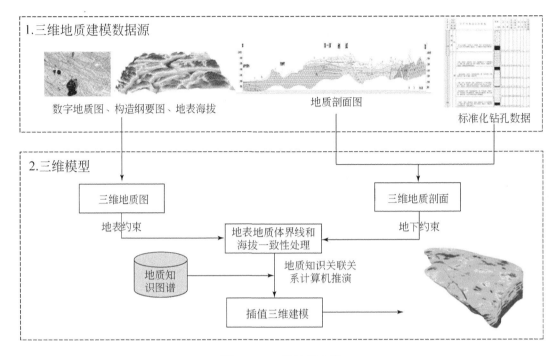

图 8-12　三维地质建模

8.4.3　融合多源数据的基于地质知识图谱的智能找矿预测

地质知识图谱可以整合分散、异构、多模态的地质信息并将其进行集中存储，更全面地展现各种矿床成因的整体性和关联性，其不仅打破了传统地质图使用几何形状表示地质现象的局限性，还使地质知识图具有了表达空间属性的能力。并根据各种矿床成因要素的重要性，不断扩展图谱知识体系的深度，增强知识覆盖率和关系复杂性，支持挖掘传统地质数据中的隐含信息。

以相关图数据提取断层、地层、侵入体和蚀变带的空间特征和语义关系，结合地质报告、研究报告、论文等半结构化或非结构化资料，构建矿产地质知识图谱，采用链路预测、中心性计算、社区发现、相似度计算等知识图谱分析方法进行知识推理，发现地质要素与成矿作用的关联关系，通过图嵌入的方法，关联相关地质分析数据，实现"知识–数据"的集成，结合深度学习方法，挖掘隐藏的成矿地质规律与模式，发现有利的成矿空间位置、成矿时间、成矿物质和成矿能量供给条件，预测可能的成矿位置，确定有利找矿区或找矿靶区，如图 8-13 所示。

8.4.4　基于地质知识图谱的地质灾害监测预警

地质灾害的高位隐蔽、突发性、不确定性、链式效应等特点，对灾害监测预警和广域范围内隐患识别的准确率是一个突出的矛盾。地质灾害数据的类型及总量不断增加，相比

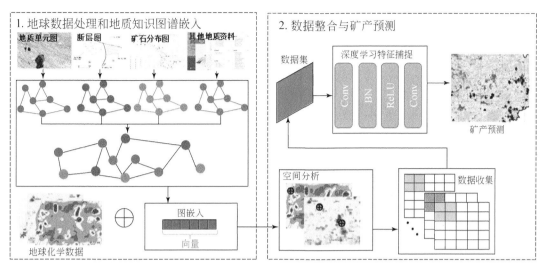

图 8-13　智能找矿预测

于传统信息服务知识库，地质知识图谱在处理和展示海量地质灾害数据有价值信息方面具有巨大优势，为地质灾害信息间潜在关系与链式传导的获取、使用和展示提供了新的方案，有助于地质灾害相关数据的快速收集、融合和关联。

地质灾害既具有地球科学领域的基本特征，又具有自然灾害领域的独特特征，当前针对地质灾害的知识表示模型，尚未建立起致灾因子、孕灾环境、承灾体之间复杂关联的表示，对成因机理等概念知识的表达能力不足，从而限制了滑坡的科学管理。此外，现有数据驱动的滑坡空间预测方法对监测数据依赖程度高，知识驱动的方法受主观因素干扰，如图 8-14 所示。

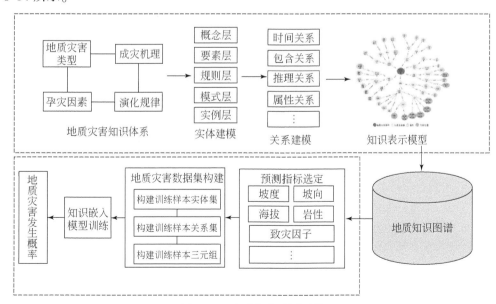

图 8-14　地质灾害监测预警

　　因此，构建立以地质灾害类型、成灾机理、孕灾因素和演化规律为基础的全域地质灾害易发性知识体系，在构建地质知识图谱的基础上，利用专家知识筛选预测指标，运用地质知识图谱对指标进行延伸，并对预测指标的共线性和重要性进行评估，以选取合适的致灾因子、孕灾环境、成灾模式和前兆变形等特征作为预测指标。同时，从地质知识图谱中提取相应的预测指标数据，运用推理模型判断发生地质灾害的概率，为灾害知识管理提供实际应用价值。

参 考 文 献

Arthur W B, 1994. Inductive reasoning and bounded rationality. The American Economic Review, 84 (2): 406-411.

Bordes A, Usunier N, Garcia- Durán A, et al, 2013. Translating embeddings for modeling multi- relational data//The 26th International Conference on Neural Information Processing Systems. Lake Tahoe.

Clark H H, 1969. Linguistic processes in deductive reasoning. Psychological Review, 76 (4): 387-404.

Dettmers T, Minervini P, Stenetorp P, et al, 2018. Convolutional 2d knowledge graph embeddings//The AAAI conference on artificial intelligence. New Orleans.

Galárraga L A, Teflioudi C, Hose K, et al, 2013. AMIE: association rule mining under incomplete evidence in ontological knowledge bases//The 22nd international conference on World Wide Web. Rio de Janeiro.

Gentner D, 1983. Structure- mapping: a theoretical framework for analogy. Cognitive Science, 7 (2): 155-170.

Hamaguchi T, Oiwa H, Shimbo M, et al, 2017. Knowledge transfer for out-of-knowledge-base entities: a graph neural network approach. arXiv Preprint arXiv, 1706: 05674.

Kadlec R, Bajgar O, Kleindienst J, 2017. Knowledge base completion: Baselines strike back. arXiv preprint arXiv, 1705: 10744.

Kovács G, Spens K M, 2005. Abductive reasoning in logistics research. International Journal of Physical Distribution & Logistics Management, 35 (2): 132-144.

Lao N, Cohen W W, 2010. Relational retrieval using a combination of path- constrained random walks. Machine Learning, 81 (1): 53-67.

Lin Y K, Liu Z Y, Sun M S, et al, 2015. Learning entity and relation embeddings for knowledge graph completion//The AAAI conference on artificial intelligence. Austin.

Nguyen D Q, Nguyen T D, Nguyen D Q, et al, 2017. A novel embedding model for knowledge base completion based on convolutional neural network. arXiv Preprint arXiv, 1712: 02121.

Pearl J, Paz A, 2022. Graphoids: Graph-Based Logic for Reasoning about Relevance Relations or When would x tell you more about y if you already know z? //Probabilistic and Causal Inference: The Works of Judea Pearl. New York: Association for Computing Machinery.

Sadeghian A, Armandpour M, Ding P, et al, 2019. Drum: end-to-end differentiable rule mining on knowledge graphs. arXiv, 1911: 00055.

Schlichtkrull M, Kipf T N, Bloem P, et al, 2018. Modeling relational data with graph convolutional networks// The semantic web: 15th international conference, ESWC 2018. Heraklion.

Trouillon T, Welbl J, Riedel S, et al, 2016. Complex embeddings for simple link prediction//International conference on machine learning. New York.

Yang B S, Yih W T, He X D, et al, 2014. Embedding entities and relations for learning and inference in knowledge bases. arXiv Preprint arXiv, 1412: 6575.

Yang F, Yang Z L, Cohen W W, 2017. Differentiable learning of logical rules for knowledge base reasoning//
The 31st International Conference on Neural Information Processing Systems. Long Beach.

Zhang Y M, Liu L, Fu S, et al, 2018. Entity alignment across knowledge graphs based on representative
relations selection//2018 5th International Conference on Systems and Informatics（ICSAI）. Nanjing.